高等职业教育"十三五"系列教材

Jixie Zhitu yu AutoCAD
机械制图与 AutoCAD

辛东生 **主 编**

郑　峥　陈春梅　张洪民　古小平 **副主编**

U0294169

人民交通出版社股份有限公司

北京

内 容 提 要

本书为高等职业教育"十三五"系列教材。全书共包括 9 个项目，主要包括机械制图基础知识、投影法、立体及表面交线、组合体视图、机件常用的表达方法、标准件及常用件的画法、零件图、装配图、AutoCAD2020基础。

本书主要供高职高专院校机械类、汽车类专业教学使用。

图书在版编目 (CIP) 数据

机械制图与 AutoCAD/辛东生主编. —北京：人民
交通出版社股份有限公司,2020.7
ISBN 978-7-114-16466-8

Ⅰ.①机… Ⅱ.①辛… Ⅲ.①机械制图—AutoCAD 软
件—高等职业教育—教材 Ⅳ.①TH126

中国版本图书馆 CIP 数据核字(2020)第 059205 号

书　　　名：	机械制图与 AutoCAD
著 作 者：	辛东生
责任编辑：	李　良
责任校对：	孙国靖　魏佳宁
责任印制：	张　凯
出版发行：	人民交通出版社股份有限公司
地　　址：	(100011)北京市朝阳区安定门外外馆斜街 3 号
网　　址：	http://www.ccpcl.com.cn
销售电话：	(010)59757973
总 经 销：	人民交通出版社股份有限公司发行部
经　　销：	各地新华书店
印　　刷：	北京虎彩文化传播有限公司
开　　本：	787×1092　1/16
印　　张：	21.75
字　　数：	544 千
版　　次：	2020 年 7 月　第 1 版
印　　次：	2023 年 7 月　第 2 次印刷
书　　号：	ISBN 978-7-114-16466-8
定　　价：	59.00 元

(有印刷、装订质量问题的图书,由本公司负责调换)

前言

QIANYAN

随着职业教育教学改革的不断深入,职业学校对课程结构、课程内容及教学模式提出了更高的要求。教职成〔2015〕6号文件《教育部关于深化职业教育教学改革全面提高人才培养质量的若干意见》中提出:"对接最新职业标准、行业标准和岗位规范,紧贴岗位实际工作过程,调整课程结构,更新课程内容,深化多种模式的课程改革";教职成〔2019〕13号文件《教育部关于职业院校专业人才培养方案制订与实施工作的指导意见》中提出:"坚持面向市场、服务发展、促进就业的办学方向,健全德技并修、工学结合育人机制,突出职业教育的类型特点,深化产教融合、校企合作,加快培养复合型技术技能人才"。为此,人民交通出版社股份有限公司根据教育部文件精神,依据教育部颁布的职业学校汽车运用与维修专业教学标准,组织编写了本套教材。

本套教材总结了全国众多职业与技工院校的汽车专业教学经验,将岗位所需要的知识、技能和职业素养融入汽车专业教学中,体现了职业教育的特色。教材特点如下:

(1)"以服务发展为宗旨,以促进就业为导向",加强文化基础教育,强化技术技能培养,符合汽车专业实用人才培养的需求;

(2)教材编写符合职业院校学生的认知规律,注重知识的实际应用和对学生职业技能的训练,符合汽车类专业教学与培训的需要;

(3)教材内容注重培养学生的职业技能,与市场需求相吻合,反映了目前汽车的新知识、新技术与新工艺,便于学生毕业后适应岗位技能要求;

(4)教材内容简洁,通俗易懂,图文并茂,易于培养学生的学习兴趣,提高学习效果。

《机械制图与AutoCAD》为汽车类专业的基础课之一。主要内容包括:机械制图基础知识、投影法、立体及表面交线、组合体视图、机件常用的表达方法、标准件及常用件的画法、零件图、装配图与AutoCAD2020基础。本书在视图选择上,重点挑选了与汽车构造相关的典型零部件;在AutoCAD的版本选择上,以最新版的制

1

图软件(AutoCAD2020)为基础进行讲解。

本教材同时包含习题集,其特点有:突出高职院校的办学特色,以培养技术技能型应用人才为教学目的,以强化应用、培养学生绘图和读图技能为教学重点;全部采用最新的《技术制图》与《机械制图》的国家标准及其他有关标准;图形清晰、准确,线条一致,符号统一;为了便于教学,习题集编写的顺序与主教材内容顺序一致。

本书由山东交通职业学院辛东生担任主编,山东交通职业学院郑峥、陈春梅、张洪民及重庆三峡职业学院古小平担任副主编。其中,辛东生编写了项目1、项目8、项目9及习题集,郑峥编写了项目6、项目7及习题集,陈春梅编写了项目4、项目5,张洪民编写了项目2、项目3,古小平负责本书及习题集中部分图的处理工作。本书在编写过程中,参考并应用了大量文献资料,并邀请福田雷沃重工的技术专家对书稿进行了审阅。在此,对参考文献的原作者和对本书提出宝贵意见和建议的行业、企业专家表示衷心的感谢!

由于编者水平有限,书中难免出现疏漏和不足之处,敬请读者予以批评、指正。

编　者
2020 年 1 月

目录

→ MULU

项目 1

机械制图基础知识

概 述

　　机械制图是研究图样的一门学科。图样就是根据投影原理、国家标准和有关规定,表示工程对象,并有必要的技术说明的图。不同的工程领域,对图样有不同的要求,如机械图样、建筑图样、水利图样等。机械图样就是用来表达机件(机器或零部件)的形状、大小和技术要求的图形,图 1-1 所示为旋阀装配图。机械制图就是绘制和识读机械图样的一门学科。

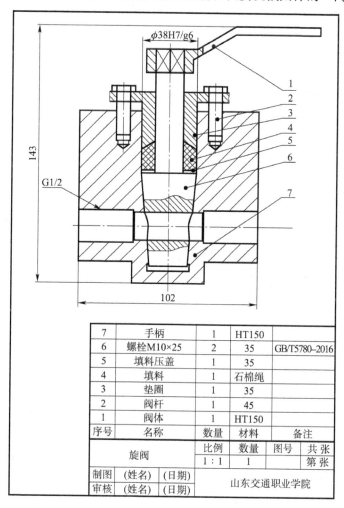

7	手柄	1	HT150	
6	螺栓M10×25	2	35	GB/T5780–2016
5	填料压盖	1	35	
4	填料	1	石棉绳	
3	垫圈	1	35	
2	阀杆	1	45	
1	阀体	1	HT150	
序号	名称	数量	材料	备注

旋阀		比例	数量	图号	共张
		1 : 1	1		第张
制图	(姓名)	(日期)		山东交通职业学院	
审核	(姓名)	(日期)			

图 1-1　旋阀装配图

在现代化工业生产中,设计者通过图样表达设计思想及技术创新,生产者根据图样了解设计、加工制造、质量检验、装配、调试要求、组织生产,使用者根据图样了解产品结构、功能,进行使用和维护,维修者根据图样进行检测和维修。因此图样是工程界的重要技术资料,如同语言、文字一样,是信息交流的重要工具,故称为工程界通用的技术语言。工程技术人员、生产工人及相关的管理人员必须掌握这门语言,具备绘制和识读图样的能力。

设计者要完整、清晰、准确地绘制出机械图样,除需要有耐心细致和认真负责的工作态度外,还要求遵守国家标准《技术制图》与《机械制图》中的各项规定,掌握正确的绘图方法。国家标准对技术图样中图形的各种线型、尺寸标注等是怎样规定的?手工绘图时各种绘图工具该怎样使用?平面图形中的各线连接该怎样画出?

任务1 国家标准的基本规定

❶ 任务引入

如图 1-1 所示的图样中,图样的规格、图形线条粗细、尺寸标注等要求在国家标准中是怎样规定的?

❷ 相关理论知识

2.1 图纸幅面和格式(GB/T 14689—2008)

2.1.1 图纸幅面

图纸幅面指的是图纸宽度与长度组成的图面。绘制技术图样时应优先采用 A0、A1、A2、A3、A4 五种规格尺寸的基本图幅,见表 1-1 所规定的基本幅面 $B \times L$。这五种基本幅面中,各相邻幅面的面积大小均相差一倍。如:以长边对折裁开,A1 是 A0 的一半,其余后一号是前一号幅面的一半。必要时,也允许选用加长幅面,但加长后的幅面尺寸须由基本幅面的短边成整数倍增加后得出。

基本幅面及图框尺寸(单位:mm) 表 1-1

幅面代号		A0	A1	A2	A3	A4
尺寸 $B \times L$		841×1189	594×841	420×594	297×420	210×297
边框	a	25				
	c	10			5	
	e	20			10	

2.1.2 图框格式

在图纸上必须用粗实线画出图框,其格式分为不留装订边和留装订边两种,注意同一产品的图样只能采用一种格式。不留装订边的图幅格式如图 1-2a)所示,周边尺寸 e 按表 1-1 中规定选取。留装订边的图幅格式如图 1-2b)所示,周边尺寸 a 和 e 也按表 1-1 中规定选取。加长幅面的按 A1 的周边尺寸确定。

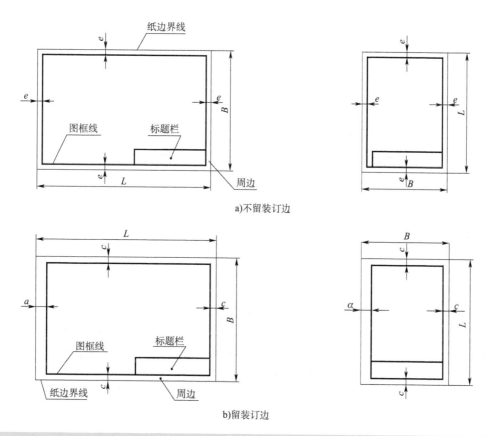

a)不留装订边

b)留装订边

图1-2　图框格式

2.1.3　标题栏(GB/T 10609.1—2008)

绘图时,必须在每张图纸的右下角画出标题栏,并且看图方向应与看标题栏的方向一致。

标题栏的格式、内容和尺寸在 GB/T 10609.1—2008 中已作了规定,如图1-3 所示。学生制图作业,建议采用图1-4 所示的标题栏。注意:本书中所用长度单位均为毫米(mm)。

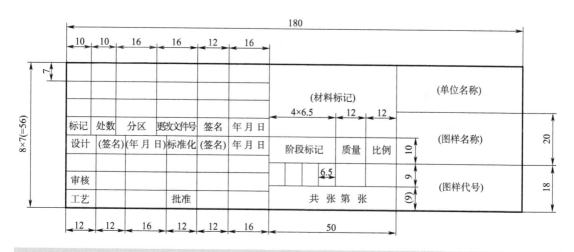

图1-3　标题栏的格式、分栏及尺寸

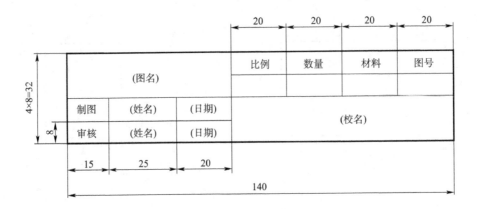

图 1-4　学生练习用简化标题栏

2.2　比例（GB/T 14690—1993）

比例是指图样中图形与其实物相应要素的线性尺寸之比,如图 1-5 所示。比例分为原值、缩小、放大三种,见表 1-2。画图时,应按照表 1-2 规定的系列中选取适当的比例。尽量选用优先选择系列,且最先采用 1:1 的比例,必要时,可选取表 1-2 中的允许选择系列。不论缩小或放大,在图样上标注的尺寸均为机件的实际大小,与比例无关。

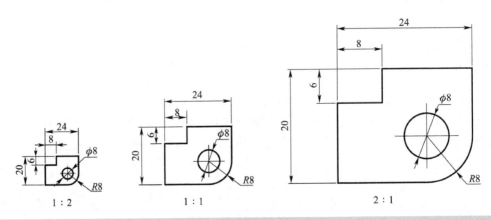

图 1-5　图样比例示意图

比　例　表　　　　　　　　　　　　　　　表 1-2

种　　类	定　　义	优先选择系列	允许选择系列
原值比例	比值为 1 的比例	1:1	
放大比例	比值大于 1 的比例	5:1　2:1 $5 \times 10^n:1$　$2 \times 10^n:1$ $1 \times 10^n:1$	4:1　2.5:1 $4 \times 10^n:1$　$2.5 \times 10^n:1$

种　类	定　义	优先选择系列	允许选择系列
缩小比例	比值小于1的比例	1:2　1:5　1:10 $1:2 \times 10^n$　$1:5 \times 10^n$ $1:1 \times 10^n$	1:1.5　1:2.5　1:3　1:4 $1:1.5 \times 10^n$　$1:2.5 \times 10^n$ $1:4 \times 10^n$　$1:6 \times 10^n$

注意:绘制同一机件的各个视图应采用相同的比例,并在标题栏的比例一栏中注明。当某个视图需要采用不同比例时,必须另行标注。

2.3　字体(GB/T 14691—1993)

图样上用文字填写标题栏和技术要求,用数字标注尺寸。图样中书写的字体必须做到:字体工整,笔画清楚,间隔均匀,排列整齐。

字的大小按字号规定,字号表示字体的高度,字体高度(用 h 表示)的公称尺寸系列为(单位:mm):1.8、2.5、3.5、5、7、10、14、20 八种。如需要书写更大的字,其字体高度应按 $\sqrt{2}$ 的比率递增。

2.3.1　汉字

汉字应采用长仿宋字体,并采用国家正式推行的简化字。汉字的高度 h 不应小于3.5mm,其字宽一般为 $h\sqrt{2}$。长仿宋体汉字示例如图1-6所示。

10号字 **字体工整笔画清楚间隔均匀排列整齐**

7号字 **横平竖直注意起落结构均匀填满方格**

图1-6　长仿宋体汉字示例

2.3.2　字母和数字

字母和数字按笔画宽度分 A 型 B 型两种。A 型字体笔画宽度(d)为高度(h)的1/14;B 型字体笔画宽度(d)为高度(h)的1/10。但在同一图样中,只允许选用其中的一种字体。

字母和数字可写成斜体或直体。通常是用斜体,字头向右倾斜,与水平线成75°。当与汉字混写时一般用直体。用作指数、分数、极限偏差和注脚等时,应采用小一号字体。各种字母、数字示例如图1-7所示。

2.4　图线(GB/T 17450—1998 和 GB/T 4457.4—2002)

工程图样是用不同形式的图线画成的。为了便于绘图和看图,国家标准规定了图线的名称、形式、尺寸、应用及画法规则等。

ABCDEFGHIJKLMNOPQRSTUVWXYZ

abcdefghijklmnopqrstuvwxyz

12345678910   Ⅰ Ⅱ Ⅲ Ⅳ Ⅴ Ⅵ Ⅶ Ⅷ Ⅸ Ⅹ

R3   *2×45°*   *M24-6H*   *φ60H7*   *φ30g6*

$\phi 20^{+0.021}_{0}$ $\phi 25^{-0.007}_{-0.020}$ Q235   HT200

图 1-7 字母、数字示例

2.4.1 线型及其应用

国家标准《技术制图 图线》(GB/T 17450—1998)中规定了绘制各种技术图样的基本线型、基本线型的变形及其相互组合。它们适用于各种技术图样,如机械、电气、建筑和土木工程图样等。在实际应用时,各专业要根据该标准制定相应的图线标准,见表 1-3。

2.4.2 粗实线的线宽及选择

粗实线的宽度应按图样的类型和尺寸大小,在标准规定的下列 9 种系列中选择,该系列的公比为 $1:\sqrt{2}$ ($\approx 1:1.4$),分别为:0.13mm、0.18mm、0.25mm、0.35mm、0.5mm、0.7mm、1.0mm、1.4mm、2.0mm。粗实线线宽的选择,根据图纸幅面的大小和图形复杂程度等因素综合考虑选取,优先采用 0.5 ~ 0.7mm 组别。粗实线的线宽一旦选定,细线的宽度即为粗线的一半,且同一图样中的同一类图线的线宽应保持一致。

2.4.3 图线的画法

(1)两线段相交时,应线段与线段相交,如图 1-8a)、b)、c)、d)所示。

(2)虚线与粗实线相交时,当虚线在粗实线的延长线上时虚线与粗实线间应留有空隙;当虚线与粗实线垂直相交时,则虚线必须与粗实线相交在一起,如图 1-8e)所示。

(3)中心线与外轮廓相交的画法,如图 1-9 所示。

当画圆的中心线时,圆心应是长划的交点,细点画线的两端应超出外轮廓线 3 ~ 5mm,如图 1-9a)、b)所示。

当画小圆的中心线时,可采用细实线,细实线的两端应超出外轮廓线 2 ~ 3mm,如图 1-9c)所示。

当画其他形状的中心线时,外轮廓线应与长划相交,细点画线的两端应超出外轮廓线 3 ~ 5mm,如图 1-9d)所示。

2.4.4 图线应用示例

图线应用示例如图 1-10 所示。

表1-3

图线及其应用（摘自 GB/T 4457.4—2002）

图线类型	图线名称	图线样式	图线宽度	图线代码	一般应用	图 例
	粗实线		d 为 0.5～2mm,优先采用 0.5～0.7mm	01.2	可见轮廓线、相贯线、剖切符号用线；螺纹牙顶线、螺纹长度终止线；齿顶圆线	可见轮廓线 不可见轮廓线
基本线型	细实线		d/2	01.1	尺寸线、尺寸界线、指引线、剖面线；重合断面的轮廓线、螺纹牙底线；齿轮的齿根圆线	可见轮廓线 尺寸界线 尺寸线
	细虚线		d/2	02.1	不可见棱边线、不可见轮廓线	重合断面图的轮廓线
	粗虚线		d	02.2	允许表面处理的表示线	镀铬
	细点画线		d/2	04.1	轴线、对称中心线、分度圆（线）、孔系分布的中心线	轴线 对称中心线 辅助线

图线类型	图线名称	图线样式	图线宽度	图线代码	一般应用	图例
基本线型	细双点画线	[9d / 24d 点画线样式]	$d/2$	05.1	相邻辅助零件的轮廓线、轨迹线;可动零件的极限位置的轮廓线;剖切面前面的结构轮廓线;成形前的轮廓线	轨迹线、可动零件的极限位置的轮廓线、短中心线、相邻辅助零件的轮廓线
	粗点画线	[粗点画线样式]	d	04.2	限定范围表示线	35-40 HRC
基本线型变形	波浪线	[波浪线样式]	$d/2$	01.1.21	断裂处边界线,视图与剖视图的分界线	断裂处的边界线、视图与剖视图的分界线
	双折线	[双折线样式 4d、24d、30°、p9]	$d/2$	01.1.22	断裂处边界线,视图与剖视图的分界线	断裂处边界线、视图与剖视图的分界线

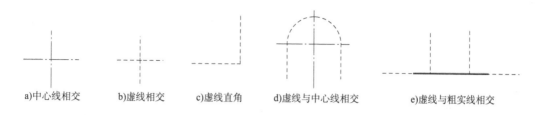

a)中心线相交　b)虚线相交　c)虚线直角　d)虚线与中心线相交　e)虚线与粗实线相交

图 1-8　图线相交的画法

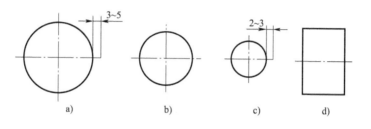

a)　　　b)　　　c)　　　d)

图 1-9　中心线与轮廓线相交画法

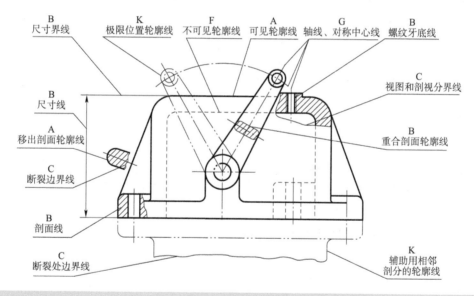

图 1-10　图线应用示例

2.5　尺寸标注(GB/T 4458.4—2003)

图形只能反映物体的形状,其大小是由标注的尺寸确定的。尺寸是机械图样的重要内容之一,是机件加工制造的直接依据。因此,在标注尺寸时,必须严格遵守国家标准中的有关规定,做到正确、齐全、清晰、合理。

国家标准《机械制图　尺寸标注》(GB/T 4458.4—2003)和《技术制图　简化表示法　第 2 部分:尺寸注法》(GB/T 16675.2—2012)对尺寸标注的基本方法作了规定,在绘制、阅读图样时必须严格遵守。

2.5.1 基本规则

(1)机件的真实大小应以图样上所标注的尺寸数值为依据,与图形的大小及绘图的准确度无关。

(2)图样中的尺寸以毫米(mm)为单位时不需标注单位,如果使用其他单位,则需要说明相应的计量单位。

(3)图样中所标注的尺寸为该图所示机件的最终完工尺寸,否则应另加说明。

(4)机件的每一尺寸,一般只标注一次,并应标注在反映结构最清晰的图上。

2.5.2 尺寸的组成及画法

尺寸是由尺寸界线、尺寸线(包括尺寸线终端)和尺寸数字组成,又称尺寸的三要素,如图 1-11 所示。

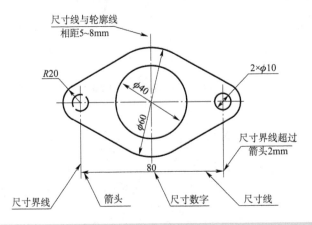

图 1-11 尺寸的组成

(1)尺寸界线。

①尺寸界线表示尺寸的度量范围。它用细实线绘制,是由图形的轮廓线、对称的中心线、轴线等处引出。也可利用轮廓线、轴线或对称中心线作尺寸界线,如图 1-11 所示。

②尺寸界线与尺寸线一般情况相互垂直,另一端应超出尺寸线 2 ~ 3mm,如图 1-11 所示。当尺寸界线过于贴近轮廓线时,也允许倾斜画出,如图 1-12 所示。

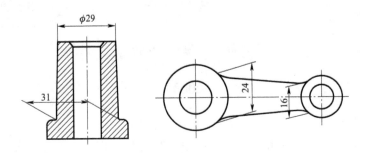

图 1-12 光滑过渡处的尺寸界线与尺寸数字

(2)尺寸线。

①尺寸线表示尺寸的度量方向。它用细实线绘制,不能用其他图线代替,也不得与其他图线重合。

机械制图习题集

学院:＿＿＿＿＿＿＿＿＿＿＿＿＿＿＿

班级:＿＿＿＿＿＿＿＿＿＿＿＿＿＿＿

学号:＿＿＿＿＿＿＿＿＿＿＿＿＿＿＿

姓名:＿＿＿＿＿＿＿＿＿＿＿＿＿＿＿

人民交通出版社股份有限公司

北 京

目　　录

项目 1　机械制图的基础知识

1.1　中文字体练习

工程图样上的字体应做到:笔画清晰、字体工整、排列整齐、间隔均匀,长仿宋体的书写要领是:横平竖直、注意起落、结构匀称、填满方格。

机	械	制	图	校	核	审	定	比	例	技	术	要	求	姓	名	材	料	班	级

1.2　字母练习

字母和数字分为 A 型和 B 型。字体的笔画高度用 d 表示。A 型字体笔画宽度为 $d = h/14$,B 型字体的笔画宽度为 $d = h/10$。字母和数字可写成斜体和直体,斜体字的字头与水平基准线成 75°,用作指数、分数、极限偏差、注脚等的数字及字母,一般应采用小一号的字体。

A	B	C	D	E	F	G	H	I	K	L	M	N	P	R	S	T	U	V	W

1.3　数字练习

字母和数字分为 A 型和 B 型。字体的笔画高度用 d 表示。A 型字体笔画宽度为 $d = h/14$，B 型字体的笔画宽度为 $d = h/10$。字母和数字可写成斜体和直体，斜体字的字头与水平基准线成 $75°$，用作指数、分数、极限偏差、注脚等的数字及字母，一般应采用小一号的字体。

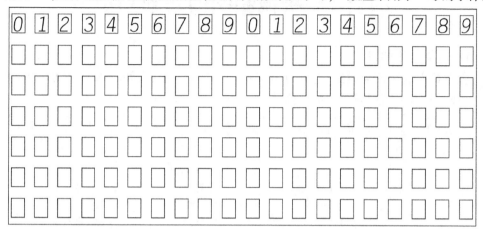

1.4　按下列图中给定的尺寸用 1:1 的比例抄画图形，并标注尺寸

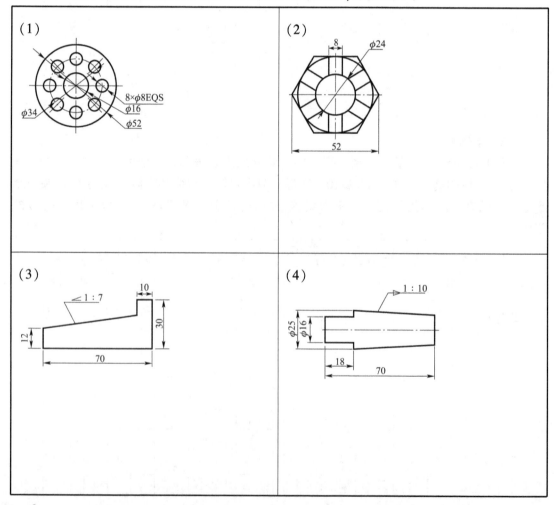

1.5 完成下列图形的线段连接

(1)根据图中的尺寸,在指定位置画出连接圆弧,比例为1:1。

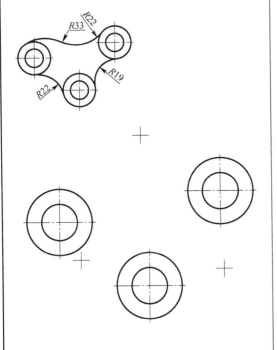

(2)根据图中尺寸抄画下列图形,比例为2:1。

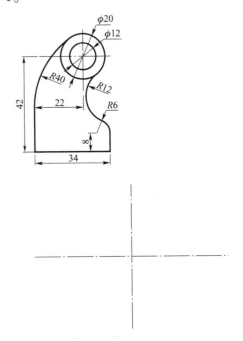

(3)根据图中的尺寸,在指定位置画出连接圆弧,比例为1:1。

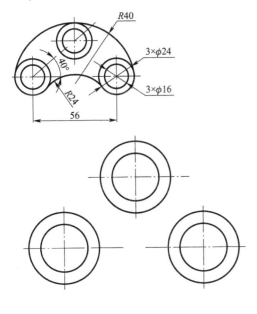

(4)根据图中尺寸抄画下列图形,比例为2:1。

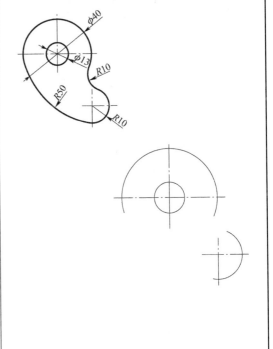

1.6 尺寸标注

（1）分析下列图形长度方向的基准,高度方向的基准,并指出哪些是定形尺寸,哪些是定位尺寸。

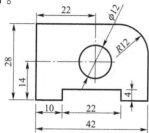

（2）找出下图中错误的尺寸标注,将下图抄画在右侧,并重新标注。

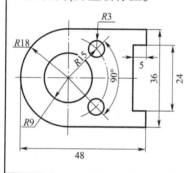

（3）标注平面图形的尺寸(尺寸数字取整数)

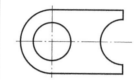

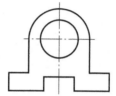
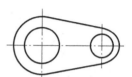

1.7 抄画平面图形,比例为1:1

（1）

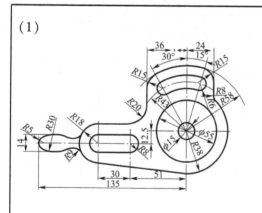

（2）

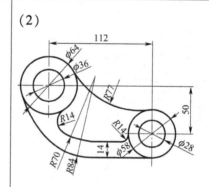

1.8 大作业

（1）作业要求。

选用 A3 图纸，横放，比例为 1:1，标注尺寸，图名为：平面图形。

（2）作图步骤及提示。

①分析图形尺寸，确定作图步骤。先画已知线段，再画中间线段，最后画连接线段。将连接点（切点）和连接弧中心标出，便于描深时用。

②画底稿，先画出图框及标题栏，再画作图基准线，接着依次画出已知线段、中间线段、连接线段，最后画尺寸界线、尺寸线。图面布置要合理、匀称，底稿线要轻而细，作图要准确。

③检查底稿，修正错误，整理图面。

④按规定的线型描深图线，同类型的图线粗细、深浅一致。按"先粗后细、先曲后直，先水平、后垂直倾斜"的顺序描深。

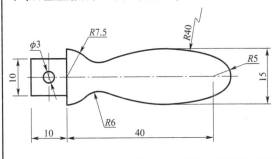

项目2 投影法

2.1 三视图的投影关系

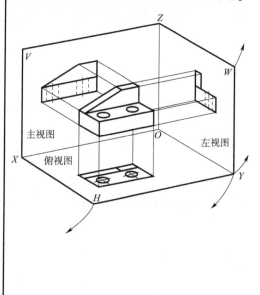

根据轴测图及其在三投影面体系中所处的位置，画出它的三视图并回答问题。

写出三视图间的三等关系：

主视图、俯视图_____；

主视图、左视图_____；

俯视图、左视图_____。

视图所反映物体的方位关系：

主视图反映物体的_____和_____；

俯视图反映物体的_____和_____；

左视图反映物体的_____和_____；

俯视图、左视图远离主视图的一面，表示物体的_____面，靠近主视图的一面，表示物体的_____面。

三视图之间的位置关系：

主视图在正中间，俯视图在主视图的_____；

左视图在主视图的_____。

2.2 点的投影

(1)已知 A、B 两点的两面投影，试补全其第三面投影，并判断 A、B 两点的相对位置关系。

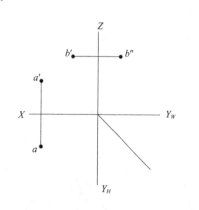

(2)已知点 A 到 V、H、W 面的距离分别是30、10、15，点 B 在点 A 的上面10，左面15，后面15 处，试完成 A、B 两点的三面投影。

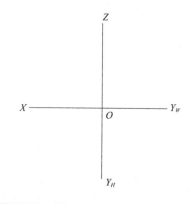

2.2 点的投影

(3)已知点的两面投影,求其第三面投影,并说明点的空间位置,比较点 A 与点 B 的相对位置(在图中直接量取整数)。

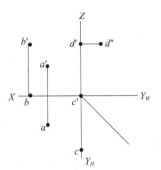

点 A 在_____; 点 B 在_____;
点 C 在_____; 点 D 在_____;
点 A 在点 B 的
_____方_____mm;
_____方_____mm;
_____方_____mm。

(4)已知点 A 与 W 面的距离为 20mm,点 B 距离点 A12mm;点 C 在点 A 的正前方 15mm;点 D 在点 A 的正下方 10mm。补全各点的三面投影,并标注可见性。

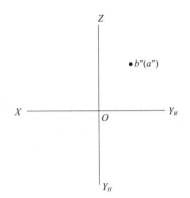

2.3 直线的投影

(1)已知直线 AB 两面投影,试判断其位置,并将其填写在横线上。

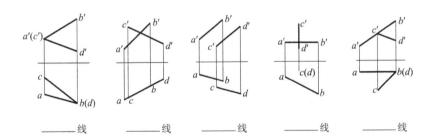

_____线　　_____线　　_____线　　_____线　　_____线

(2)已知直线 AB 两面投影,试判断其位置,并将其填写在横线上。

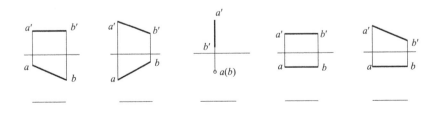

_____　　_____　　_____　　_____　　_____

（3）判断直线 *AB*、直线 *BC*、直线 *AC* 的类型并填空。

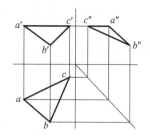

AB 是_____直线

BC 是_____直线

AC 是_____直线

（4）已知两直线 *AB* 和 *CD* 的两面投影，试作一水平线分别与两直线 *AB* 和 *CD* 交于 *E* 点和 *F* 点，且这一水平线到 *H* 面的距离为 20mm。

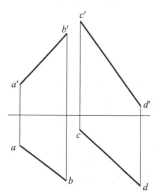

（5）已知直线 *AB*、*CD* 和 *EF* 的两面投影，试作一直线 *GH* 使其分别与直线 *CD* 和 *EF* 相交，同时又与直线 *AB* 平行。

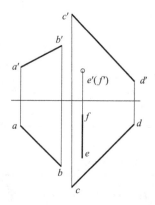

（6）已知直线 *AB* 与直线 *CD* 相交垂直，求直线 *CD* 的水平投影。

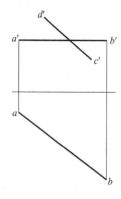

（7）过点 *K* 作直线，分别与直线 *AB*、直线 *CD* 相交。

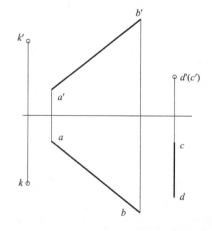

2.4 平面的投影

（1）判断下列各图中的平面是什么位置平面。

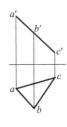

_____面　　　_____面　　　_____面　　　_____面

（2）判断点 K 是否属于平面 ABC。

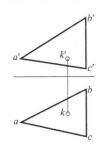

（3）已知平面 ABC 和直线 EF、FG 的一面投影，试补全另一面投影。

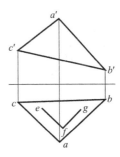

（4）已知平面图形的一面投影，试分别补全其另一面的投影。

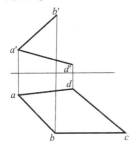

（5）M、N 两点在 ABCD 平面内，作出它们的另一面投影。

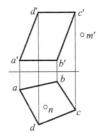

（6）直线 MN 属于已知平面 ABC，作出直线的另一面投影。

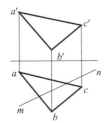

（7）在平面 ABC 上作正平线 EF 的两面投影，EF 距离 V 面 15mm。

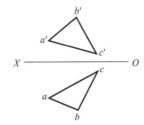

项目3 立体及表面交线

3.1 平面立体

(1)已知三棱锥表面上点的一面投影,试补全三棱锥的第三投影,并补全其表面上点的另两面投影。 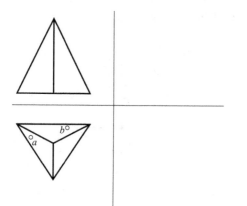	(2)补全平面立体的第三投影,并补全立体表面上点的另两面投影。 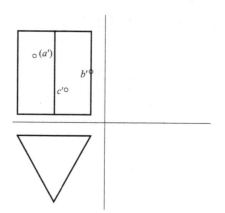
(3)求平面立体的第三面投影,并补全立体表面上点的另两面投影。 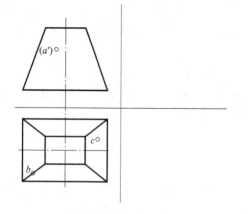	(4)已知三棱锥表面上线的一面投影,试补全其他面的投影。 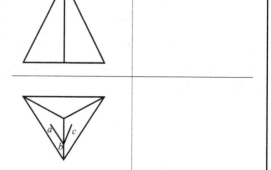

3.2 曲面立体

（1）求圆柱的水平投影,并补全圆柱面上点 A、B、C 的其他投影。	（2）已知圆台及其表面上点的两面投影,试补全其他面的投影。
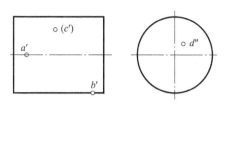	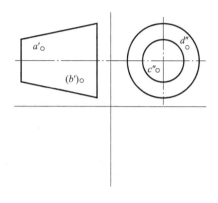

3.3 截交线

（1）看懂轴测图,补画第三视图。	（2）看懂轴测图,补画第三视图。

（3）分析平面立体的截切,补全其三面投影。	（4）分析平面立体的截切,补全其三面投影。

3.3 截交线

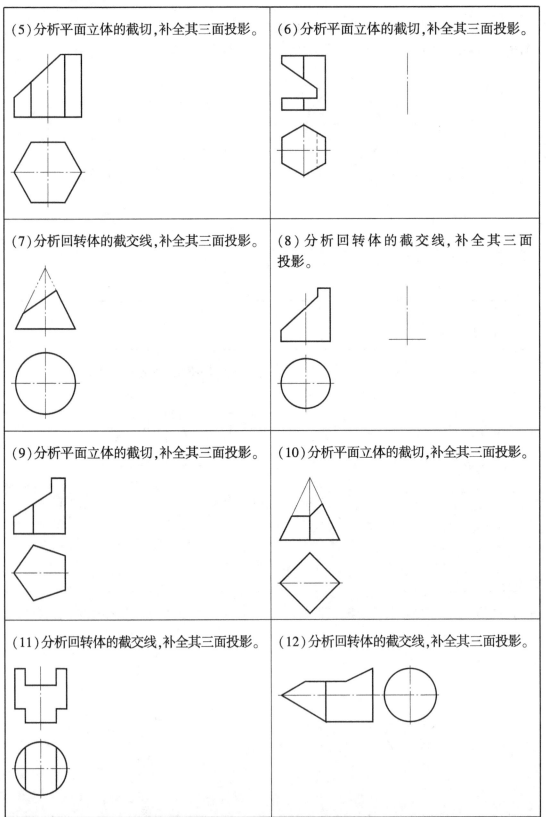

(5) 分析平面立体的截切,补全其三面投影。	(6) 分析平面立体的截切,补全其三面投影。
(7) 分析回转体的截交线,补全其三面投影。	(8) 分析回转体的截交线,补全其三面投影。
(9) 分析平面立体的截切,补全其三面投影。	(10) 分析平面立体的截切,补全其三面投影。
(11) 分析回转体的截交线,补全其三面投影。	(12) 分析回转体的截交线,补全其三面投影。

3.4 画出相贯线的投影,并完成三视图

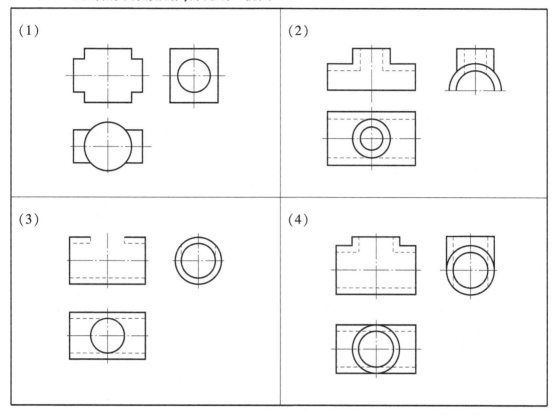

项目4 组合体视图

4.1 根据轴测图指出相应的三视图

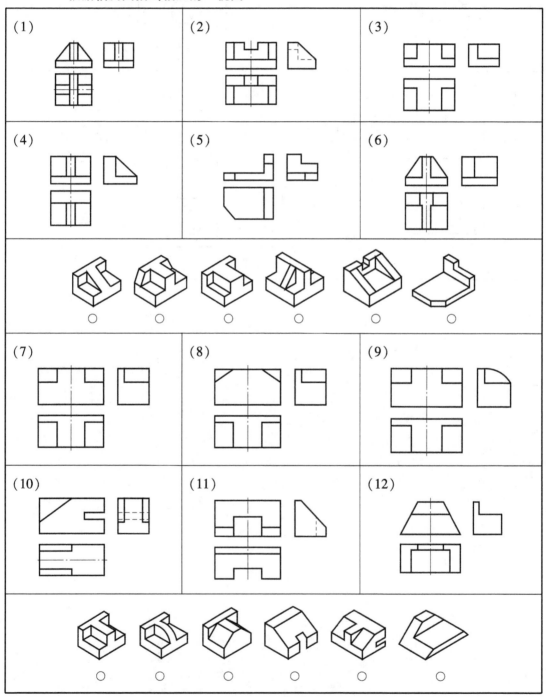

4.1 根据轴测图指出相应的三视图

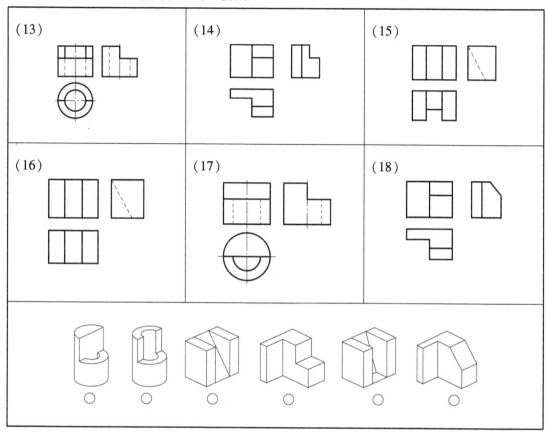

4.2 依据轴测图画组合体三视图

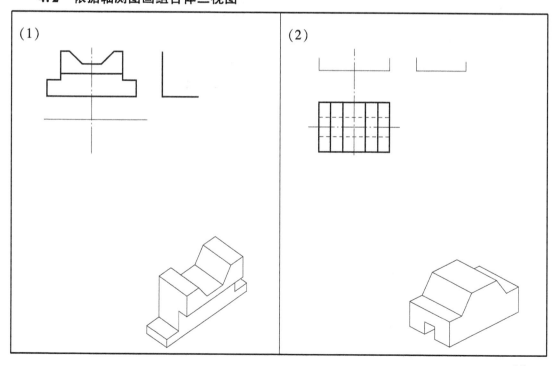

4.2 依据轴测图画组合体三视图

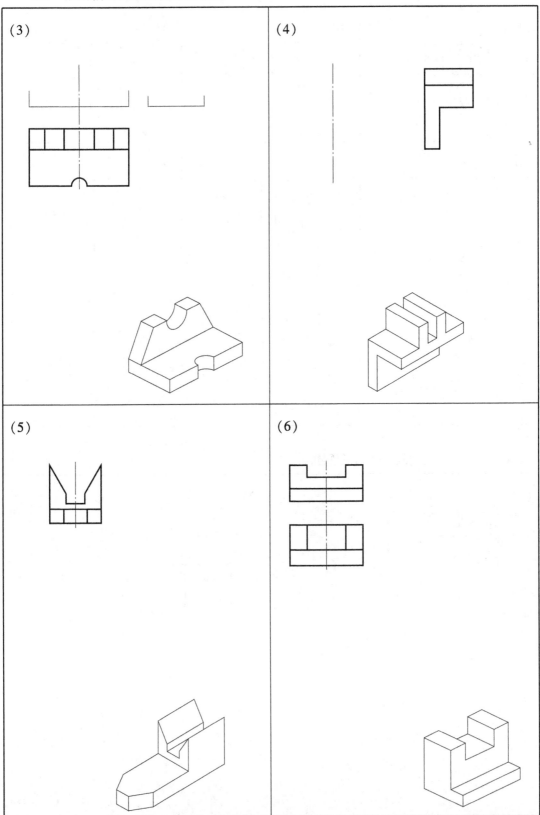

(3)

(4)

(5)

(6)

4.2 依据轴测图画组合体三视图

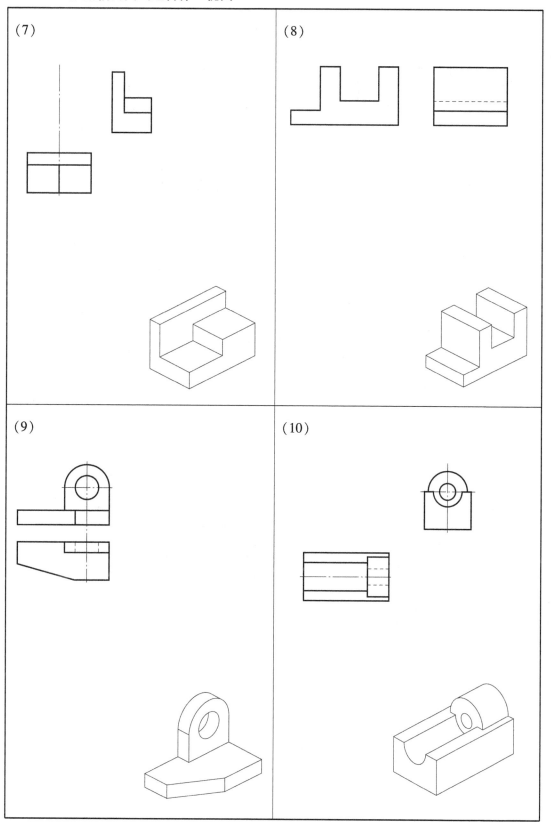

(7)

(8)

(9)

(10)

4.3 依据轴测图补全视图中所缺的图线

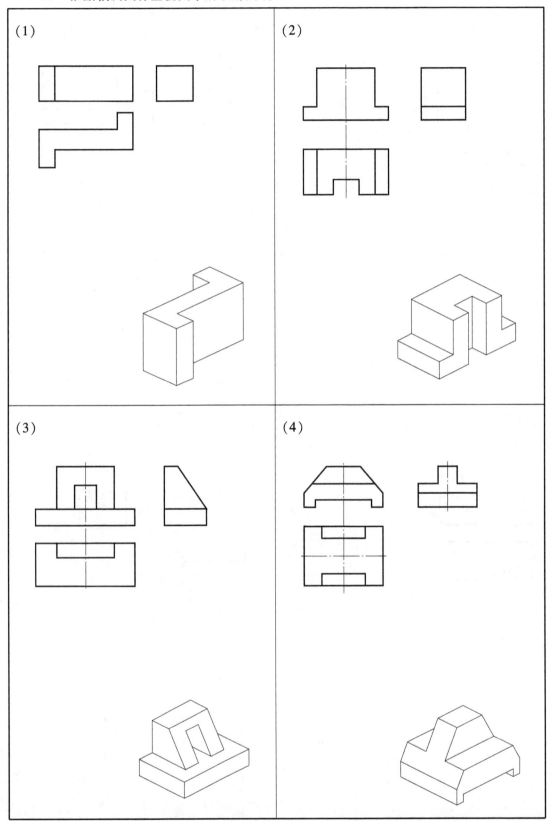

4.3 依据轴测图补全视图中所缺的图线

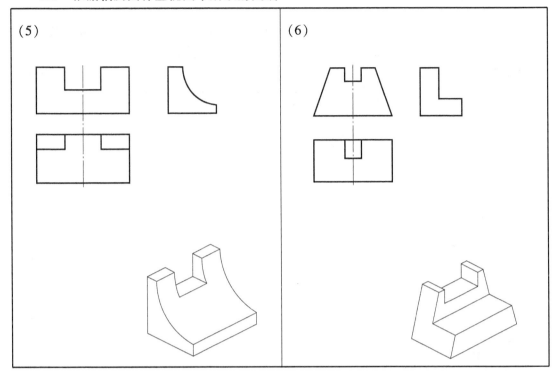

(5)

(6)

4.4 补全视图中所缺的图线

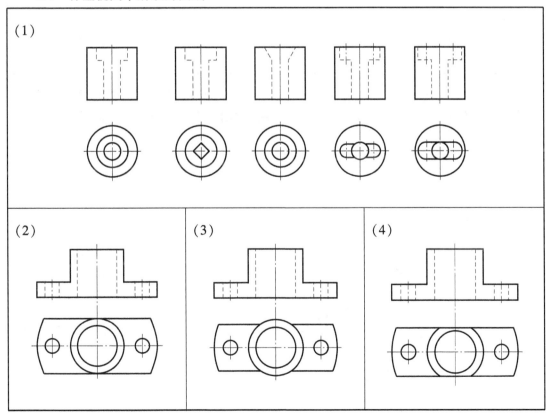

(1)

(2)

(3)

(4)

4.5　绘制组合体三视图

（1）根据轴测图上标注的尺寸，按1:1的比例画出组合体的三视图。提示：该组合体是由底板Ⅰ、支撑板Ⅱ、筋板Ⅲ、叠加而成的。画图步骤：先画底板Ⅰ，再画支撑板Ⅱ，最后画筋板Ⅲ。画图时应注意：①按照形体分析法将每一个基本几何体的三个视图画完后再画其他基本几何体的三个视图；②先从反映基本形体特征较明显的视图开始。

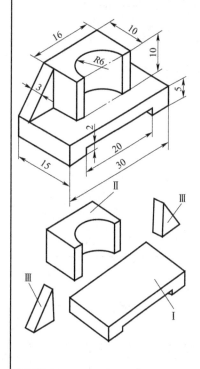

（2）根据轴测图上标注的尺寸，按1:1的比例画出组合体的三视图，并标注尺寸。

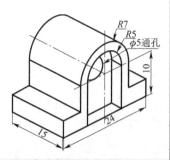

（3）根据轴测图上标注的尺寸，按1:1的比例画出组合体的三视图，并标注尺寸。

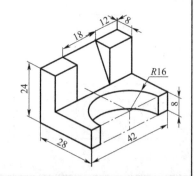

4.5 绘制组合体三视图

(4)根据轴测图上标注的尺寸,按1:1的比例画出组合体的三视图,并标注尺寸。	(5)根据轴测图上标注的尺寸,按1:1的比例画出组合体的三视图,并标注尺寸。
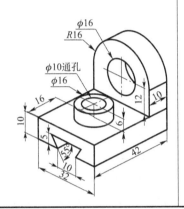	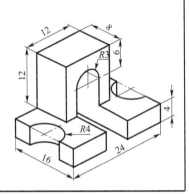

4.6 分析视图,标注尺寸(尺寸数值按1:1的比例从图中量取,取整数)

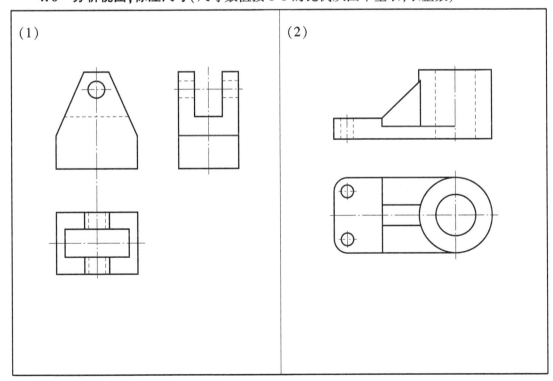

4.7 看组合体的视图,补画第三视图

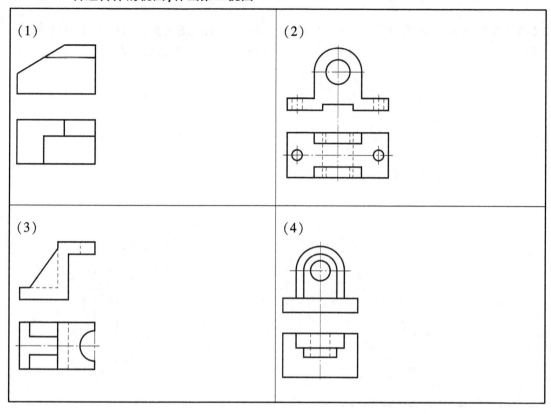

项目 5　机件常用的表达方法

5.1　视图

(1)根据主视图、俯视图,在指定的位置补画其他4个基本视图。

(2)根据轴测图,用适当的方法画出机件的俯视图。

(3)在适当的位置画出向视图。

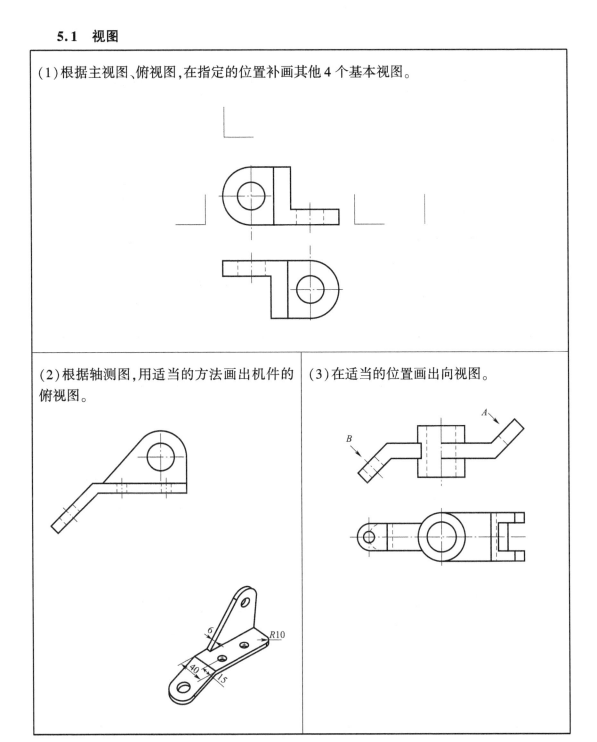

5.2 补画剖视图中的漏线

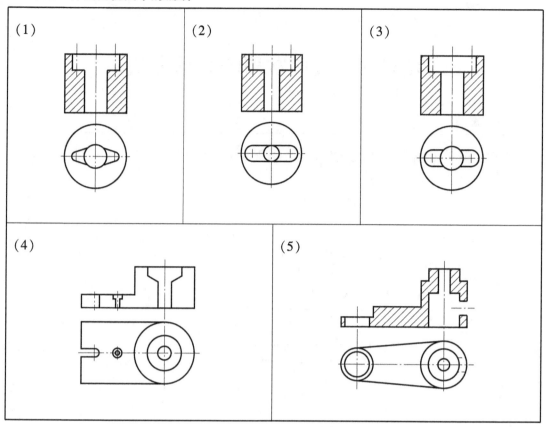

5.3 画全剖视图

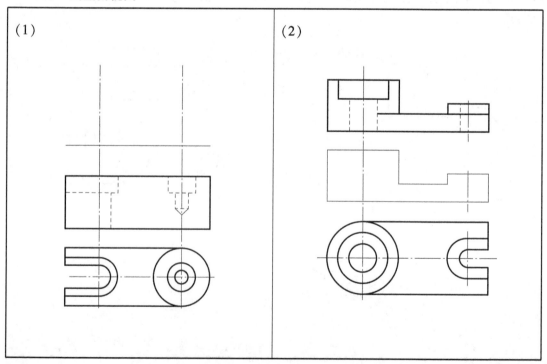

5.3 画全剖视图

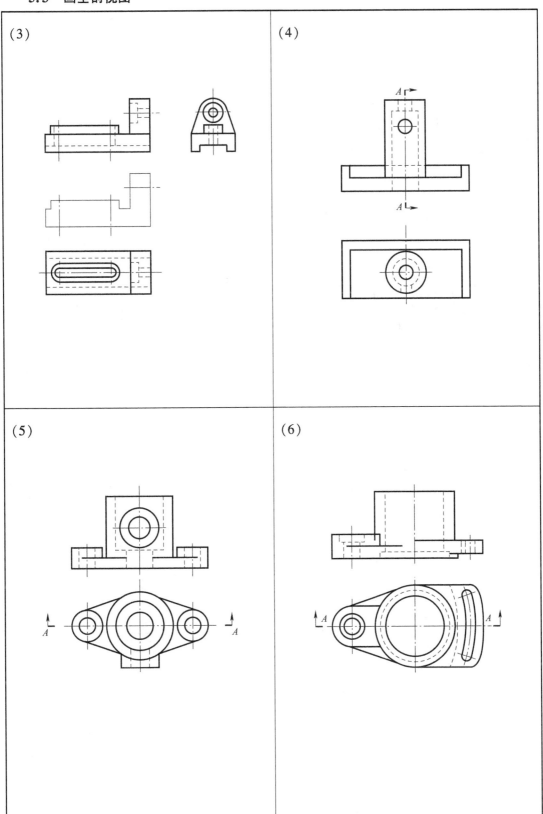

5.4 画半剖视图

(1)

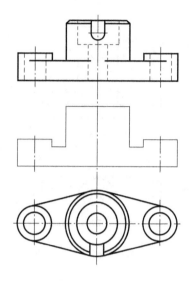

(2)

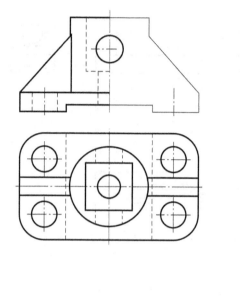

(3)

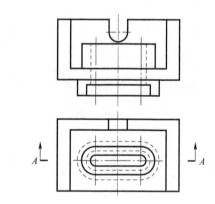

(4)

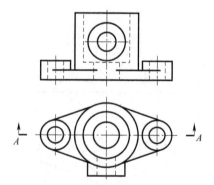

5.5 画全剖视图

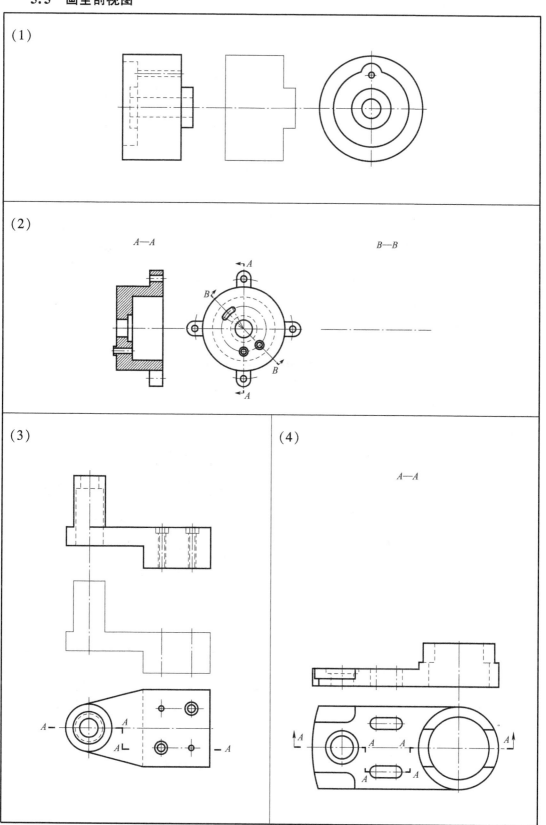

5.5 画全剖视图

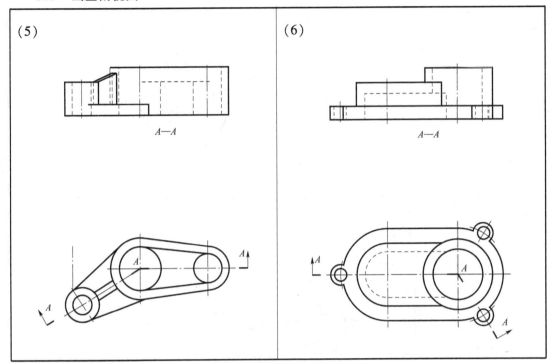

（5）

（6）

$A{-}A$

$A{-}A$

5.6 画局部剖视图

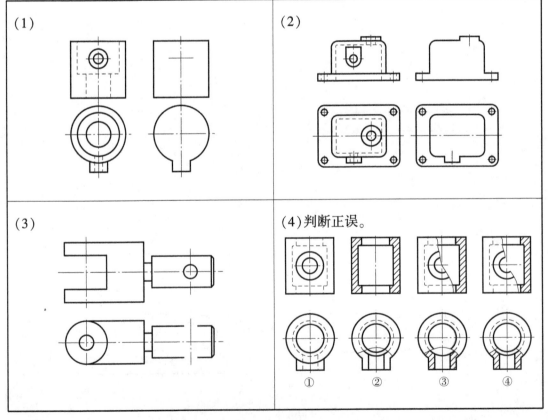

（1）

（2）

（3）

（4）判断正误。

① ② ③ ④

5.7 画断面图

(1)判断下列断面图是正确的,还是错误的。

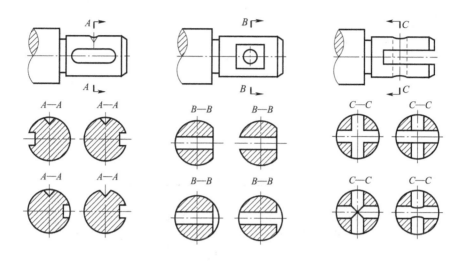

(2)在图中指定位置画出 A—A、B—B 和 C—C 断面图。

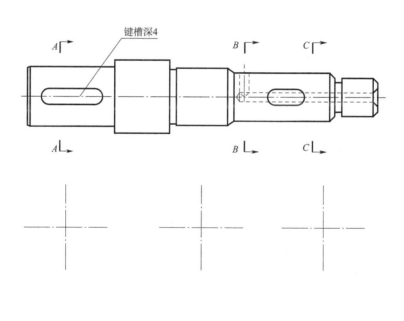

5.7 画断面图

(3)在图中指定位置画出 *A—A*、*B—B* 的断面图和位置 I 的局部放大图。

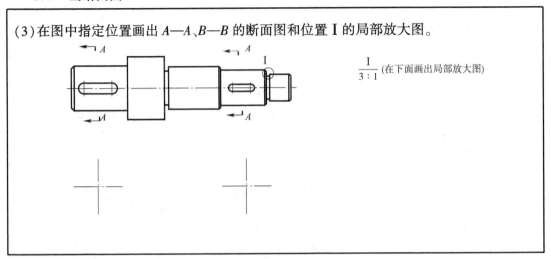

$\dfrac{\text{I}}{3:1}$ (在下面画出局部放大图)

5.8 规定画法(在指定位置,按规定画法画出正确的剖视图)

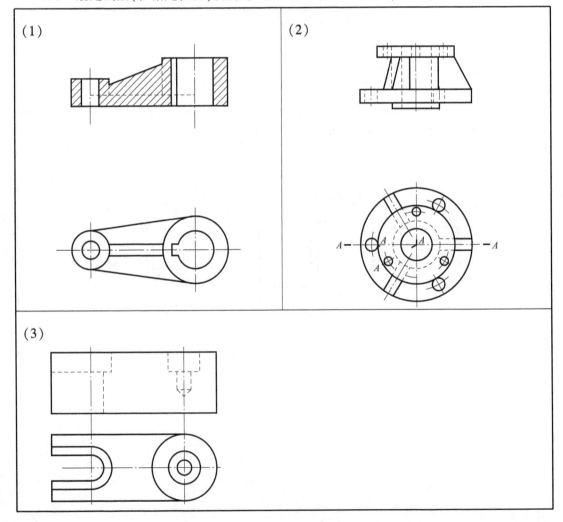

(1)

(2)

(3)

项目6　标准件及常用件的画法

6.1　螺纹的规定画法和标注

(1)绘制螺纹的主视图、左视图。

①外螺纹:大径 M20 螺纹长 30mm,螺杆长 40mm 后断开,螺纹倒角 C2。

②内螺纹(螺孔):大径 M20 螺纹长 30mm,孔深 40mm,螺纹倒角 C2。

(2)将题①的外螺纹调头,放入题②的螺孔,旋合长度为 20mm,作旋合后的主视图。

(3)根据给定的项目对螺纹进行标注。

①粗牙普通螺纹大径为 16mm,中等旋合长度,右旋。

②细牙普通螺纹大径为 18mm,中等旋合长度,左旋。

(4)根据标注的螺纹代号,查表并说明螺纹的各要素。

该螺纹为＿＿＿＿＿＿＿;

公称直径为＿＿＿＿＿;

螺距为＿＿＿＿＿;

线数为＿＿＿＿＿;

旋向为＿＿＿＿＿;

螺纹公差代号为＿＿＿＿＿。

Tr20×8(P4)-LH-7H

6.2 螺纹和键的规定画法和标注

（1）根据已知螺纹紧固件六角头螺栓标注的尺寸,写成其标记。 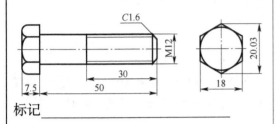 标记＿＿＿＿＿＿＿＿＿＿＿＿＿＿＿＿＿＿	（2）根据已知螺纹紧固件双头螺柱标注的尺寸,写成其标记。 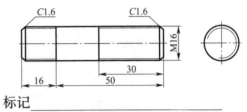 标记＿＿＿＿＿＿＿＿＿＿＿＿＿＿＿＿＿＿
（3）根据已知螺纹紧固件六角螺母标注的尺寸,写成其标记。 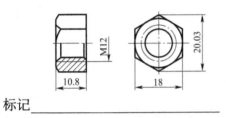 标记＿＿＿＿＿＿＿＿＿＿＿＿＿＿＿＿	（4）画出轴的断面图 *A—A*,并标注全键槽的尺寸 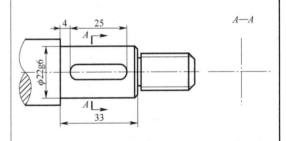
（5）画出带轮轮毂部分的局部视图,并标注全键槽的尺寸。 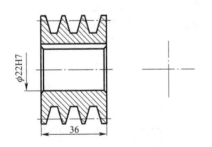	（6）用普通平键、平垫、螺母,将(8)和(9)两图中的轴和带轮连接起来,画出连接的装配图。键的标记是 GB/T 1096—2003 键 6 × 6 ×25。

6.3 齿轮和销的规定画法和标注

（1）已知直齿圆柱齿轮 $m=5$，$z=40$，齿轮端部倒角为 $C2$，比例为 1:2，试完成齿轮的两个视图，并标注尺寸。

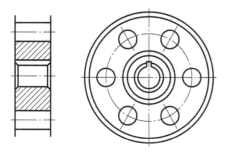

（2）已知直齿圆柱齿轮 $m=2$，$z=36$，两齿轮中心距 $a=54\text{mm}$，试计算大小齿轮的公称尺寸，并完成齿轮啮合图。

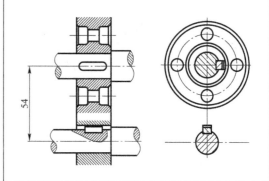

（3）齿轮与轴用直径为 10mm 的圆柱销连接，画全销连接的剖视图。

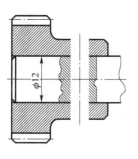

（4）画 $d=6\text{mm}$ 的圆柱 A 型销连接图。

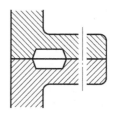

项目 7 零 件 图

7.1 零件的技术要求

(1)根据孔和轴的公差值,分别标注出配合后的公差。

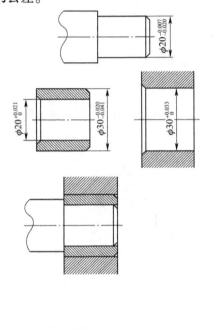

(2)根据孔和轴的公差值,分别标注出配合后的公差。

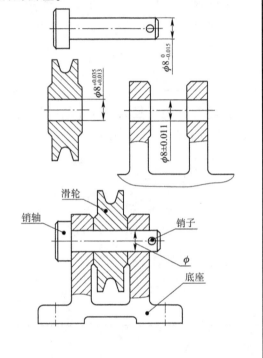

(3)填空。

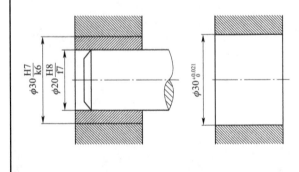

轴套与泵体配合:

①公称尺寸为_____,属于基_____制。

②轴的公差等级为 IT____级,孔的公差等级为 IT____级,属于_____配合。

③轴套的上极限偏差为_____,下极限偏差为_____,公差为_____。

7.1 零件的技术要求

(4)填空。

$\phi 30^{+0.015}_{-0.002}$　$\phi 20^{+0.033}_{0}$　$\phi 20^{-0.02}_{-0.041}$

轴套与轴配合：

①公称尺寸为_____，属于基_____制。

②轴的公差等级为 IT ____级，孔的公差等级为 IT ____级，属于_____配合。

③轴套的上极限偏差为_____，下极限偏差为_____，公差为_____。

④泵体孔的上极限偏差为_____，下极限偏差为_____，公差为_____。

(5)绘出下列孔、轴配合的公差带图，说明基准制和配合性质。 孔 $\phi 20^{+0.033}_{0}$　　轴 $\phi 20^{+0.020}_{-0.041}$	(6)绘出下列孔、轴配合的公差带图，说明基准制和配合性质。 孔 $\phi 30^{+0.021}_{0}$　　轴 $\phi 30^{+0.041}_{+0.028}$
(7)绘出下列孔、轴配合的公差带图，说明基准制和配合性质。 $\phi 25\text{H7}/\text{g6}$	(8)绘出下列孔、轴配合的公差带图，说明基准制和配合性质。 $\phi 25\text{K7}/\text{h6}$

7.1 零件的技术要求

(9)表面粗糙度的标注。

表面	表面粗糙度值	说明
A、B	6.3	用去除材料的加工方法获得的表面
C	1.6	
D	3.2	
E、F、G	12.5	
其余	用不去除材料的加工方法获得的表面	

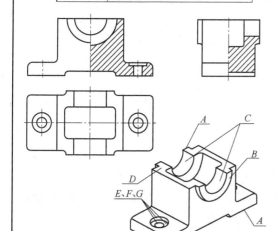

(10)根据图形中几何公差的表示,回答分别表示的含义。

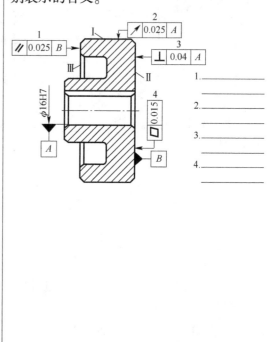

1. _____

2. _____

3. _____

4. _____

7.2 零件图读图

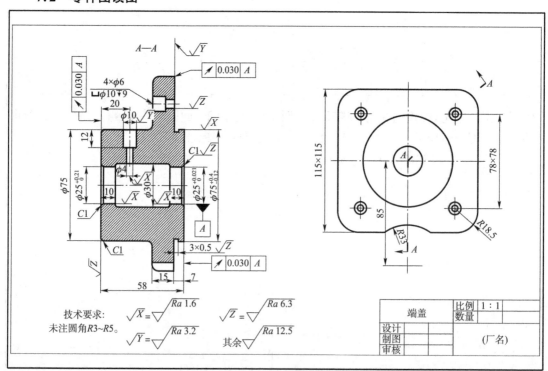

技术要求:
未注圆角R3~R5。

$\sqrt{X} = \sqrt{Ra\ 1.6}$ $\sqrt{Z} = \sqrt{Ra\ 6.3}$

$\sqrt{Y} = \sqrt{Ra\ 3.2}$ 其余 $\sqrt{Ra\ 12.5}$

端盖	比例	1:1
	数量	
设计		
制图		(厂名)
审核		

7.2 零件图读图

(1)读上页零件图,回答问题。

①该零件图的名称为_____,该零件属于_____类零件,比例为_____。

②该零件图共有_____个视图来表达该零件,主视图采用_____画法。

③该零件图共有_____级表面粗糙度,左端面的表面粗糙度值为_____。

④该零件图上 C1 表示_____,其中 C 表示_____,1 表示_____。

⑤$\phi 25^{+0.021}_{0}$公称尺寸为_____,上极限偏差为_____,下极限偏差为_____,公差为_____。上极限尺寸为_____,下极限尺寸为_____。

⑥圈出零件图中的沉头孔。

(2)读本页零件图,回答问题。

①该零件图的名称为_____,该零件属于_____类零件。

②该零件的总长为_____。$2 \times \phi 18$ 指的是_____结构,2 指的是_____,$\phi 18$ 指的是_____。该零件左端面倒角的大小为_____。

③该零件的键槽采用_____画法。键槽长度为_____,键槽宽度为_____,键槽深度为_____。

④该零件共有_____级表面粗糙度,右端面的表面粗糙度为_____,$\phi 20^{+0.03}_{0}$外圆柱面的表面粗糙度值为_____,按照表面粗糙度值从大到小排列为_____。

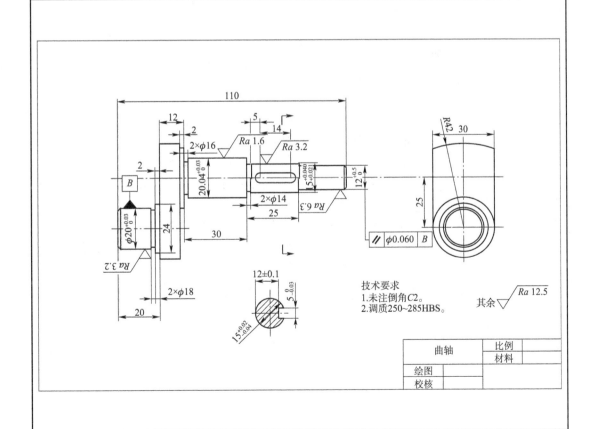

技术要求
1.未注倒角C2。
2.调质250~285HBS。

其余 $\sqrt{Ra\ 12.5}$

曲轴		比例	
		材料	
绘图			
校核			

7.2 零件图读图

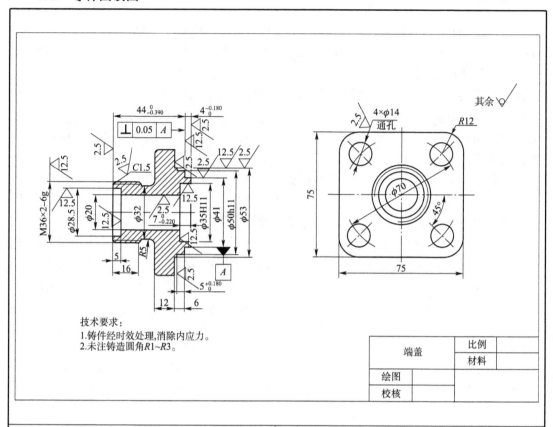

技术要求:
1.铸件经时效处理,消除内应力。
2.未注铸造圆角R1~R3。

端盖	比例	
	材料	
绘图		
校核		

(3)读本页端盖零件图,回答问题。

①该零件图的名称为_____,该零件属于_____类零件,主视图采用了_____画法。

②该零件共有_____个$\phi14$的通孔。

③基准17指的是_____。

④C1.5指的是_____结构。

⑤M36×2-6g指的是_____(内、外)螺纹。M指的是_____,此处螺纹的旋向为_____。

⑥$44^{0}_{+0.39}$公称尺寸为_____,上极限偏差为_____,下极限偏差为_____,尺寸公差为_____。上极限尺寸为_____,下极限尺寸为_____。

⑦$\phi35H11$公称尺寸为_____,H的是_____,11指的是_____。

(4)读下页上半部分的支架类零件图,回答问题。

①该零件属于_____类零件,从结构上可以分为_____、_____、_____三部分。

②此零件的连接部分是一个_____形肋板,连接部分的肋板厚度分别为_____和_____。

③38H11的含义是_____。

④在视图中,下列尺寸属于哪种类型(定形、定位)。$\phi20$是_____尺寸、17是_____尺寸,55是_____尺寸、36是_____尺寸。

⑤框格 ⊥ 0.05 A 表示的几何公差项目是_____,其被测要素是_____,基准要素是_____。

7.2　零件图读图

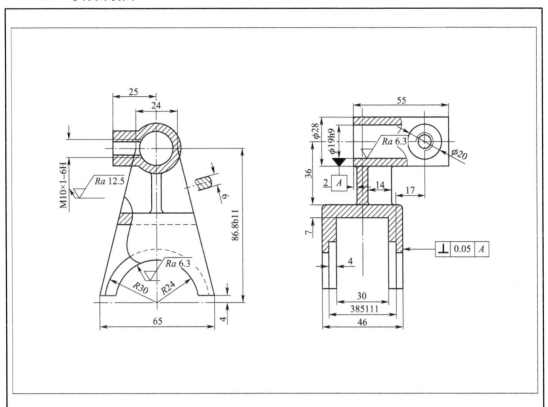

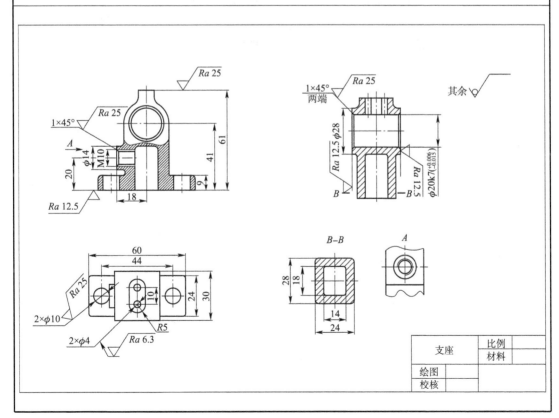

支座	比例	
	材料	
绘图		
校核		

7.2 零件图读图

(5)读上页下半部分的零件图,回答问题。

①主视图属于_____剖视图,它是用剖切平面_____剖切得到的。

②底板上共有_____个供连接用的通孔,它们的定形尺寸是_____,定位尺寸是_____,表面粗糙度为_____。

③左部螺纹代号 M10 表示螺纹的类型为_____,大径为_____,线数为_____,旋向为_____。

④顶部凸台共有_____个通孔,它们表面粗糙度为_____。

⑤该零件采用了_____种表面粗糙度代号,按表面粗糙度值从大到小排列为_____。

⑥试说明 $\phi20k7(^{+0.004}_{-0.015})$ 的含义:公称尺寸为_____,上极限偏差为_____,下极限偏差为_____,尺寸公差为_____,公差代号为_____,上极限尺寸为_____,下极限尺寸为_____,其中基本偏差代号为_____,其值为_____,标准公差等级代号为_____,其值为_____。

(6)读本页零件图,回答问题。

①该零件的名称是_____,材料是_____,比例是_____。

②该零件共用了_____个图形来表达,主视图中共有两处作了_____。并采用_____画法,另两个图形的名称是_____。

③在轴的右端有一个_____孔,其大径是_____,螺纹深度是_____,螺孔深度是_____,旋向是_____。

④在轴的左端有一个键槽,其长度是_____,深度是_____,宽度是_____。

⑤尺寸 $\phi25 \pm 0.06$ 的公称尺寸是_____,上极限尺寸为_____,下极限尺寸为_____,公差值为_____。

⑥图中未注倒角的尺寸是_____,未注表面粗糙度符合_____的表面,其 Ra 值是_____。

⑦在图上指明 3 个方向的尺寸基准。

⑧图中的两个断面图,没有进行标注,请说明理由。

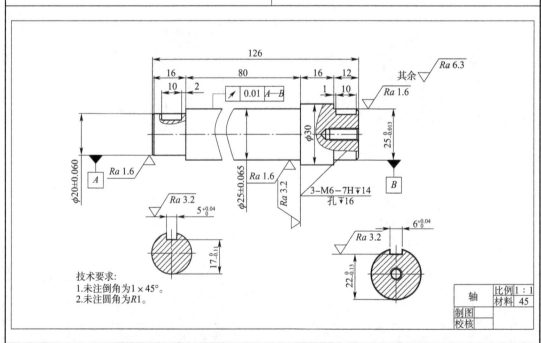

技术要求:
1.未注倒角为1×45°。
2.未注圆角为R1。

轴	比例	1:1
	材料	45
制图		
校核		

7.2 零件图读图

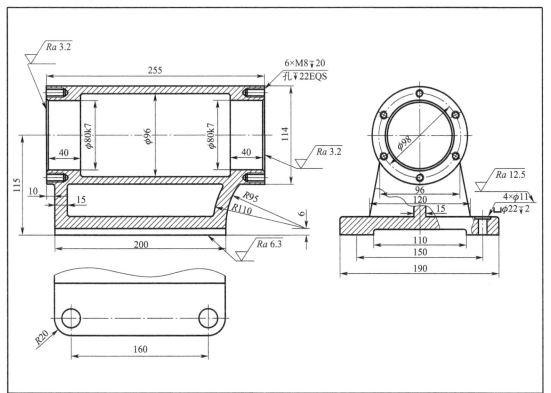

(7)读本页箱体类零件图,回答问题。

①根据零件名称和结构形状,此零件属于_____类零件。

②主、左视图分别采用_____剖、_____剖画法,另外一个图形是_____视图。

③在主、左视图中,下列尺寸属于哪种类型(定形、定位)。115 是_____尺寸,$\phi98$ 是_____尺寸,$R110$ 是_____尺寸,$R95$ 是_____尺寸;150 是_____尺寸。

④零件上共有_____个螺纹孔,它们是_____
_____。

(8)读下页上半部分的箱体类零件图,回答问题。

①主视图采用的是_____剖视法,左视图采用的是_____剖画法,主视图中的两个圆弧是_____线。

②主视图中,106 是_____尺寸,用于确定_____的位置,28 是_____尺寸,用于确定_____的位置,左视图中,$2 \times \phi17$ 孔的位置由_____尺寸确定。

③该零件要求最高的表面粗糙度是_____
_____。

④孔 $\phi62H8$ 的上极限尺寸为_____,下极限尺寸为_____。当该孔的尺寸为 $\phi62.05$ 时,该零件是否合格?_____
_____

⑤框格 $\boxed{\odot \, \phi0.02 \, A}$ 表示被测要素是_____,基准要素是_____,允许的误差值为_____。

7.2 零件图读图

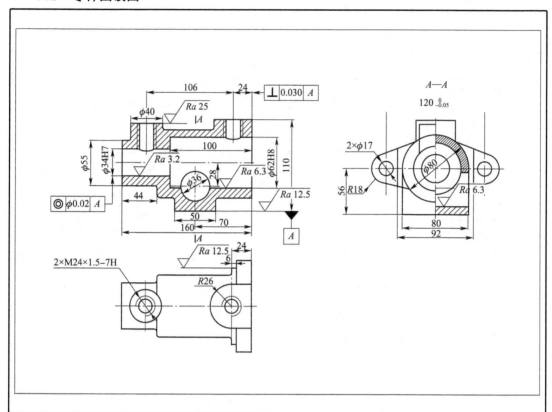

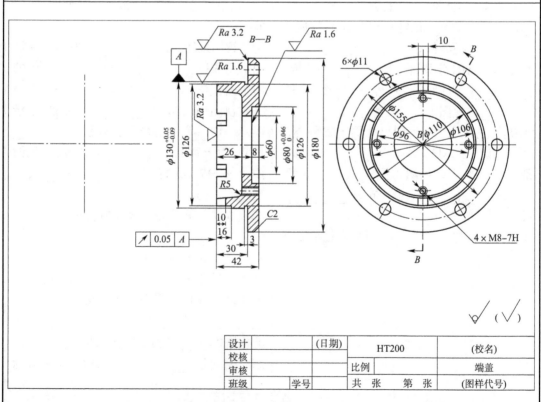

设计		(日期)	HT200		(校名)
校核					
审核			比例		端盖
班级	学号		共 张 第 张		(图样代号)

7.2 零件图读图

(9)读上页下半部分的零件图,回答问题。

①主视图采用了_____剖的_____剖视图。

②端盖上有_____个槽,它们的宽度为_____,深度为_____。

③端盖的周围有_____个圆孔,它们的直径为_____,定位尺寸为_____。

④零件表面要求最高的表面结构代号为_____,要求最低的为_____。

⑤ ↗|0.05|A 的含义:被测量部位是_____,基准位置是_____,公差项目为_____,公差值为_____。

⑥在给定位置,画出右视图的外形图。

(10)读本页箱体类零件图,回答问题。

①主视图采用的是_____剖视法,左视图采用的是_____剖画法,主视图中的两个圆弧是_____线。

②主视图中,106 是_____尺寸,用于确定_____的位置,28 是_____尺寸,用于确定_____的位置,左视图中,2×φ17 孔的位置由_____尺寸确定。

③该零件要求最高的表面粗糙度是_____。

④孔 φ68H8 的上极限尺寸为_____,下极限尺寸为_____。当该孔的尺寸为 φ62.05 时,该零件是否合格?_____。

⑤框格 ◎|φ0.02|A 表示被测要素是_____,基准要素是_____,允许的误差值为_____。

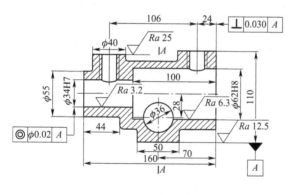

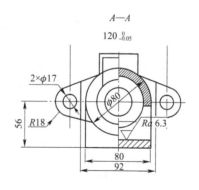

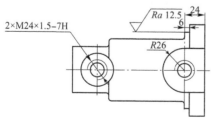

项目8 装 配 图

8.1 读装配图回答问题

(1)读定滑轮装配图并回答问题。

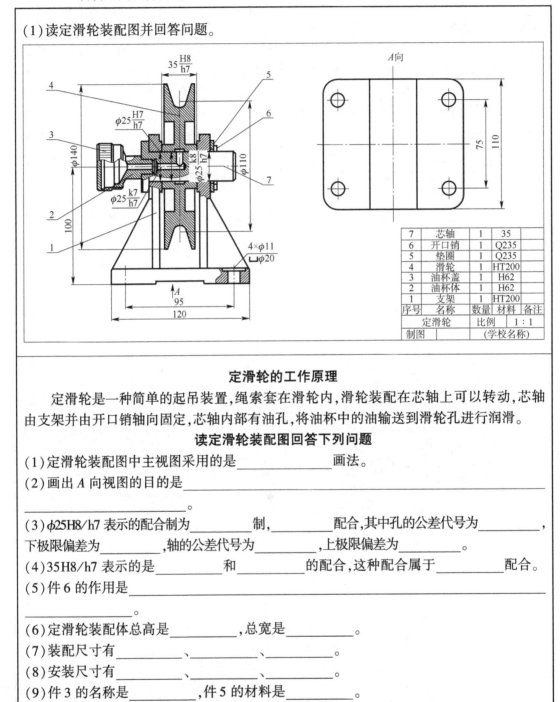

7	芯轴	1	35	
6	开口销	1	Q235	
5	垫圈	1	Q235	
4	滑轮	1	HT200	
3	油杯盖	1	H62	
2	油杯体	1	H62	
1	支架	1	HT200	
序号	名称	数量	材料	备注
定滑轮		比例	1:1	
制图			(学校名称)	

定滑轮的工作原理

定滑轮是一种简单的起吊装置,绳索套在滑轮内,滑轮装配在芯轴上可以转动,芯轴由支架并由开口销轴向固定,芯轴内部有油孔,将油杯中的油输送到滑轮孔进行润滑。

读定滑轮装配图回答下列问题

(1)定滑轮装配图中主视图采用的是＿＿＿＿＿＿＿＿画法。

(2)画出 A 向视图的目的是＿＿＿＿＿＿＿＿＿＿＿＿＿＿＿＿＿＿＿＿＿＿

＿＿＿＿＿＿＿＿＿＿＿＿＿＿。

(3)$\phi25H8/h7$ 表示的配合制为＿＿＿＿＿＿＿制,＿＿＿＿＿＿＿配合,其中孔的公差代号为＿＿＿＿＿＿,下极限偏差为＿＿＿＿＿＿,轴的公差代号为＿＿＿＿＿＿,上极限偏差为＿＿＿＿＿＿。

(4)35H8/h7 表示的是＿＿＿＿＿＿＿和＿＿＿＿＿＿＿的配合,这种配合属于＿＿＿＿＿＿＿配合。

(5)件 6 的作用是＿＿＿＿＿＿＿＿＿＿＿＿＿＿＿＿＿＿＿＿＿＿＿＿＿＿＿＿

＿＿＿＿＿＿＿＿＿＿＿＿。

(6)定滑轮装配体总高是＿＿＿＿＿＿＿,总宽是＿＿＿＿＿＿＿。

(7)装配尺寸有＿＿＿＿＿＿＿、＿＿＿＿＿＿＿、＿＿＿＿＿＿＿。

(8)安装尺寸有＿＿＿＿＿＿＿、＿＿＿＿＿＿＿、＿＿＿＿＿＿＿。

(9)件 3 的名称是＿＿＿＿＿＿＿,件 5 的材料是＿＿＿＿＿＿＿。

8.1 读装配图回答问题

（2）读钻模夹具装配图并回答问题。

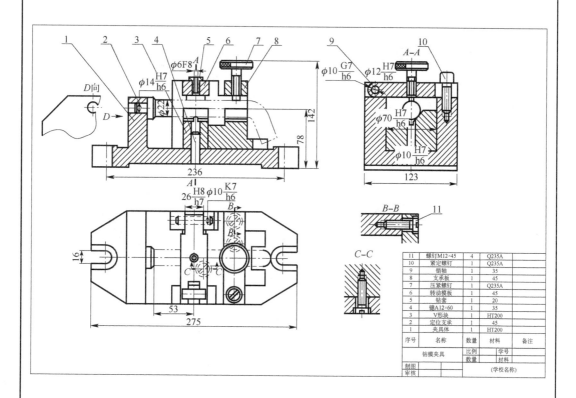

11	螺钉JM12×45	4	Q235A	
10	紧定螺钉	1	Q235A	
9	销轴	1	35	
8	支承板	1	45	
7	压紧螺钉	1	Q235A	
6	转动模板	1	45	
5	钻套	1	20	
4	键A12×60	1	35	
3	V形块	1	HT200	
2	定位支承	1	45	
1	夹具体	1	HT200	
序号	名称	数量	材料	备注

钻模夹具　比例　学号
　　　　　数量　材料
制图　　　　　（学校名称）
审核

钻模夹具工作原理

　　钻模是一种专用夹具,用来定位和夹紧工件,以便钻孔,被加工零件放在 V 形块上,并靠在定位支承上,再放上支承板,然后用手转动压紧螺钉,卡住被加工零件,最后旋紧紧定螺钉,将被加工零件压紧,钻头沿着钻套下降,即可在被加工零件上钻出通孔。

读钻模夹具装配图并回答下列问题

（1）$B—B$、$C—C$ 剖视图表达目的是 _____,D 向视图是为了表达
_____。

（2）件 3 与件 1 采用 _____ 连接方式。

（3）件 7 的名称为 _____,作用是 _____。

（4）主视图中 78 为 _____ 尺寸,左视图中 $\phi10G7/h6$ 为 _____ 尺寸。

（5）装配尺寸有 _____,总体尺寸有 _____。

（6）画出零件 1 的零件外形图。

8.1 读装配图回答问题。

（3）读拆卸器装配图并回答问题。

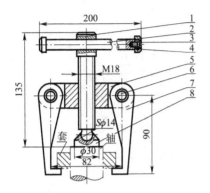

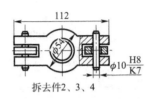

拆去件2、3、4

8	压紧垫	1	45	
7	抓子	2	45	
6	销10×60	2		GB/T119.1—2000
5	横梁	1	Q235−A	
4	挡圈	1	Q235−A	
3	沉头螺钉M5×8	1		GB/T68—2000
2	把手	1	Q235−A	
1	压紧螺杆	1	45	
序号	名称	数量	材料	备注

拆卸工具	比例		共 张
	质量		第 张

制图	(姓名)	(日期)	
设计			
审核			

拆卸器工作原理

拆卸器用来拆卸紧密配合的两个零件。工作时,把压紧垫 8 触至轴端,使抓子 7 勾住轴上要拆卸的轴承或套,顺时针转动把手 2,使压紧螺杆 1 转动,由于螺纹的作用,横梁 5 此时沿螺杆 1 上升,通过横梁两端的销轴,带着两个抓子 7 上升,直至将零件从轴上拆下。

读拆卸器装配图并回答下列问题

（1）该拆卸器是由_____种共_____个零件组成。

（2）主视图采用了_____剖和_____剖,剖切平面与俯视图中的_____重合,故省略了标注,俯视图采用了_____剖。

（3）图中双点画线表示_____,是_____画法。

（4）图中件 2 是_____画法。

（5）图中有个 10×60 的销,其中 10 表示_____,60 表示_____。

（6）$S\phi14$ 表示_____形的结构。

（7）件 4 的作用是_____。

（8）拆画零件 1 和零件 5 的零件图。

8.2 装配图读图练习

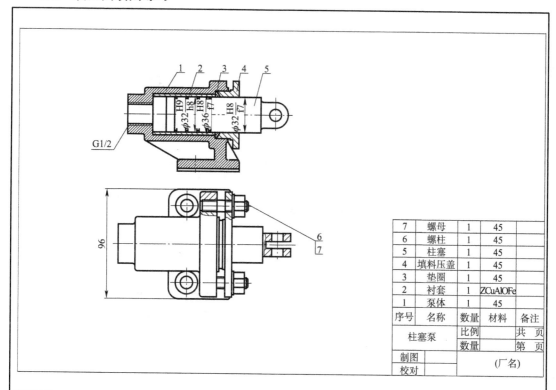

7	螺母	1	45	
6	螺柱	1	45	
5	柱塞	1	45	
4	填料压盖	1	45	
3	垫圈	1	45	
2	衬套	1	ZCuAlOFe	
1	泵体	1	45	
序号	名称	数量	材料	备注

柱塞泵	比例		共 页
	数量		第 页
制图		(厂名)	
校对			

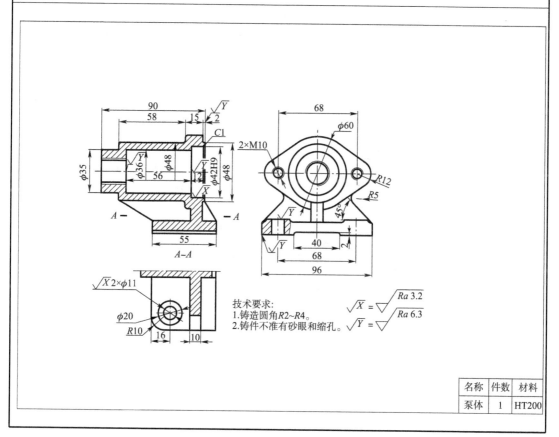

技术要求:
1. 铸造圆角R2~R4。
2. 铸件不准有砂眼和缩孔。

$$\sqrt{X} = \sqrt{\frac{Ra\ 3.2}{}}$$
$$\sqrt{Y} = \sqrt{\frac{Ra\ 6.3}{}}$$

名称	件数	材料
泵体	1	HT200

8.2 装配图读图练习

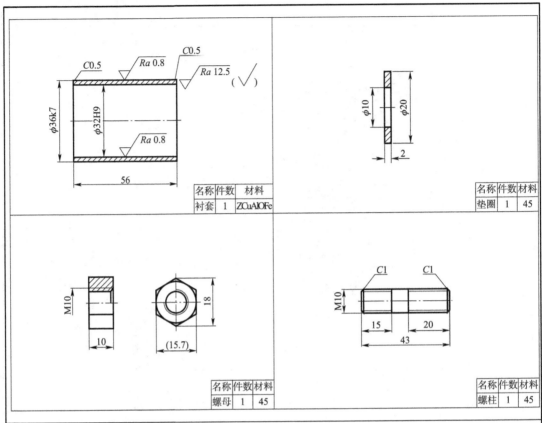

名称	件数	材料
衬套	1	ZCuAlOFe

名称	件数	材料
垫圈	1	45

名称	件数	材料
螺母	1	45

名称	件数	材料
螺柱	1	45

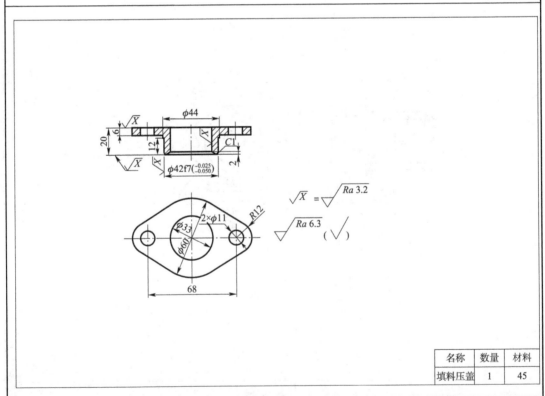

名称	数量	材料
填料压盖	1	45

8.2 装配图读图练习

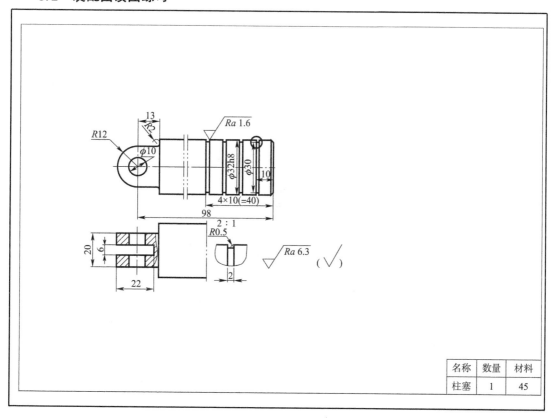

名称	数量	材料
柱塞	1	45

ISBN 978-7-114-16466-8

9 787114 164668 >

②标注尺寸线时,尺寸线必须与所注的线段平行,与轮廓线间距10mm,互相平行的两尺寸线间距均为7~8mm。

③尺寸线与尺寸线之间,尺寸线与尺寸界线之间应尽量避免相交。即小尺寸在里面,大尺寸在外面,如图1-13a)所示。

④尺寸线终端的画法有箭头和斜线两种。图1-14a)所示为箭头的形式,其中的 d 的数值粗实线的宽度一致。箭头适合于各种类型的图样;图1-14b)所示为斜线形式,用细实线绘制,其倾斜方向应与尺寸界线呈顺时针45°,并过尺寸线与尺寸界线的交点;当没有足够的位置画箭头时,可采用实心小圆点代替,如图1-14c)所示。同一张图样中只能采用一种尺寸线终端的形式,对于半径、直径、角度与弧长的尺寸标注,尺寸终端都用箭头。

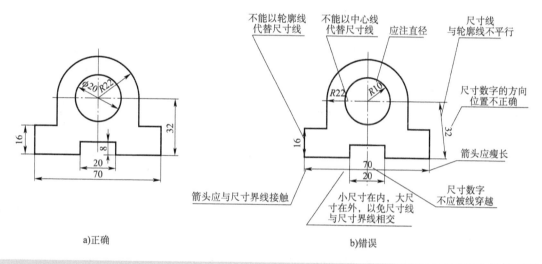

a)正确　　　　　　　　　　　　　　b)错误

图1-13　尺寸线标注方法及注意事项

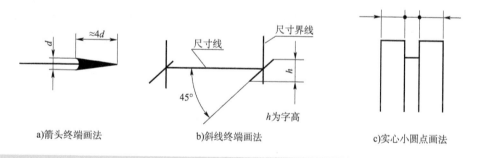

a)箭头终端画法　　　　b)斜线终端画法　　　　c)实心小圆点画法

图1-14　尺寸终端符号的画法

(3)尺寸数字。

①尺寸数字表示尺寸度量的大小,反映机件的实际大小。尺寸数字有线性尺寸数字和角度尺寸数字两种,见表1-4,其中的线性尺寸注法及尺寸数字书写规范见栏内的 a)图。

②尺寸数字一律用标准字体书写,在同一张图样上尺寸数字的字高应保持一致。

③线性尺寸的数字注写规定见表1-4中的线性尺寸注法及尺寸数字书写规范一栏。

2.5.3　尺寸标注示例

尺寸标注规范示例见表1-4。

机械制图与**AutoCAD**

标注内容	示　例	说　明
线性尺寸注法及尺寸数字书写规范	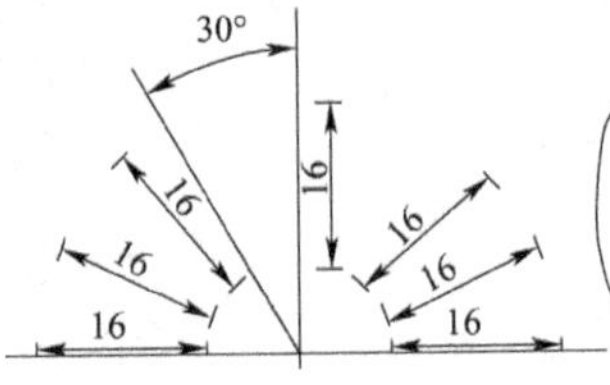 a) 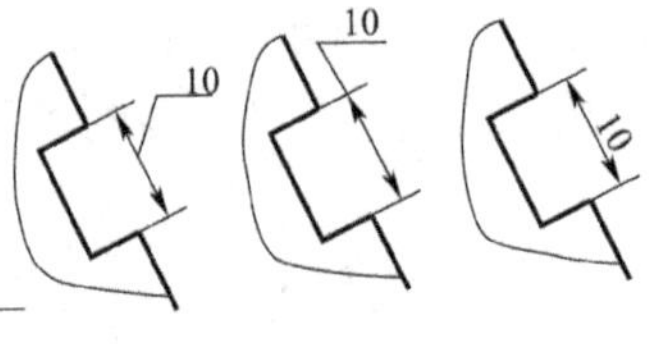 b) 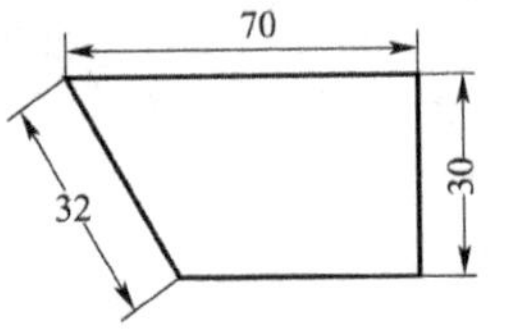 c) 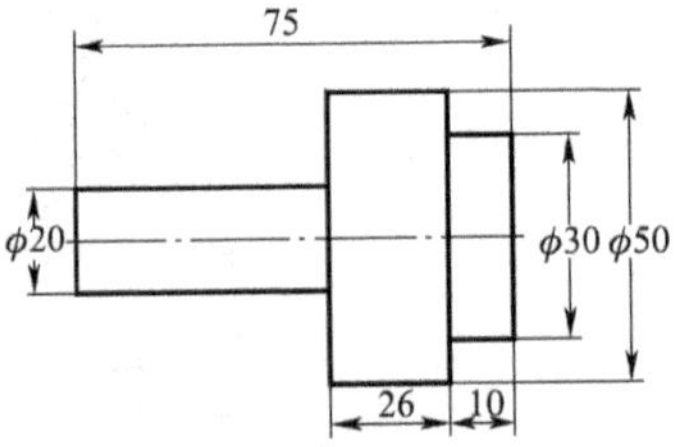 d)	线性尺寸的数字通常注写在尺寸线的上方或中断处。尺寸数字不允许被任何图线通过，尺寸数字与图线重叠时，需将图线断开，如左图 c)、d) 中所示的尺寸 30、$\phi30$。当图中没有足够地方标注尺寸时，可引出标注。 线性尺寸数字的注写方向如图 1-13a) 所示，水平方向的尺寸数字字头向上，铅垂方向的尺寸数字字头向左，倾斜方向的尺寸数字字头有朝上的趋势。 尽量避免在左图 a) 图示 30° 的范围内标注尺寸，当无法避免时，可按左图 b) 所示的方法标注。 对于非水平方向的尺寸，在不致引起误解时，其数字可水平地注写在尺寸线的中断处，如左图 c)、d) 所示，但在同一张图样上应尽可能采用同一种方法
角度尺寸注法	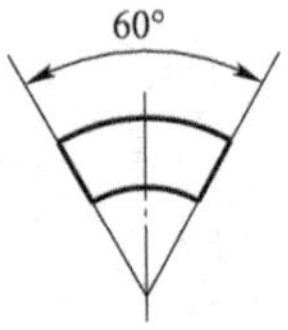 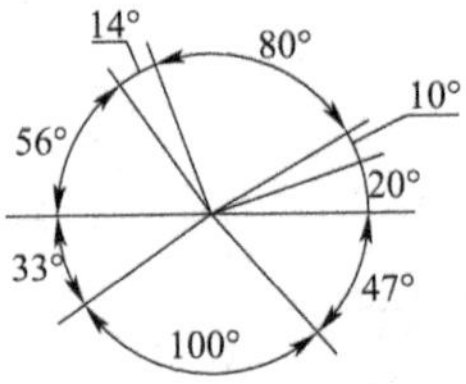	标注角度的尺寸界线应沿径向引出，尺寸线画成圆弧，圆心是该角的顶点。 尺寸数字一律水平书写，一般注在尺寸线的中断处，也可写在尺寸线的上方或外侧，必要时也可引出标注
圆的尺寸注法	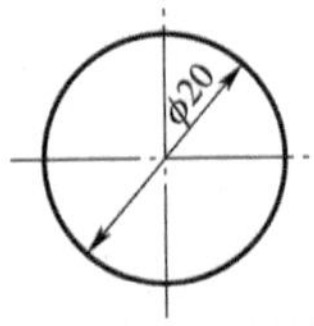 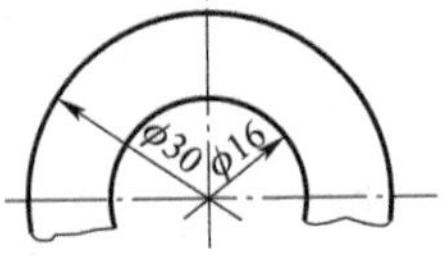	标注圆的直径尺寸时，应以圆周为尺寸界线，并使尺寸线通过圆心。 标注大于半圆的圆弧直径尺寸时，尺寸线应画至略超过圆心，只在尺寸线的一端画箭头指向圆弧。 在尺寸数字前面加注直径符号"ϕ"

标注内容	示 例	说 明
圆弧尺寸注法	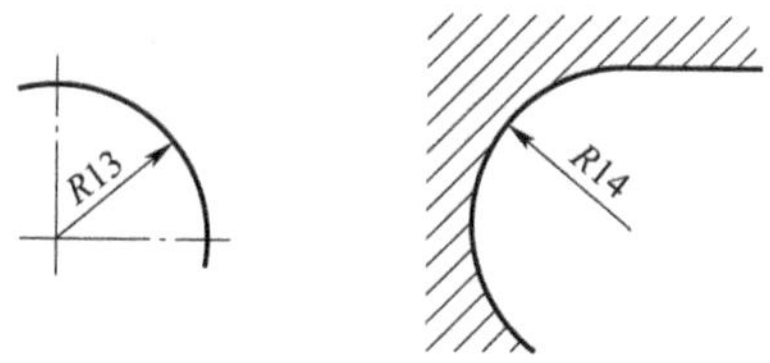	标注小于或等于半圆的圆弧半径尺寸时,尺寸线应从圆心出发引向圆弧,只画一个箭头,并在尺寸数字前加注半径符号"R"
大圆弧尺寸注法	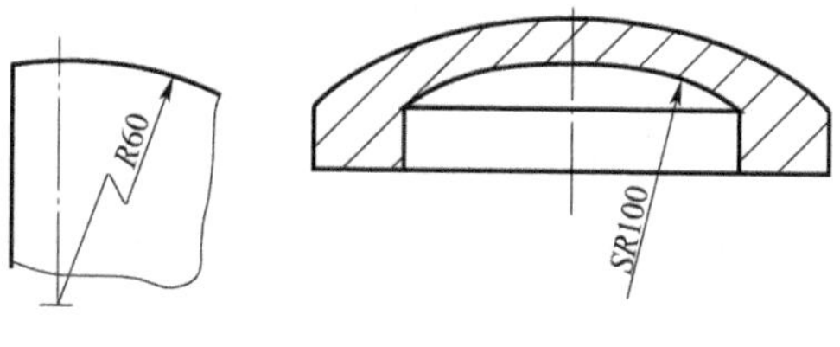	当圆弧的半径过大或在图纸范围内无法标出圆心位置时,可按左图形式标注
弧长及弦长的尺寸注法	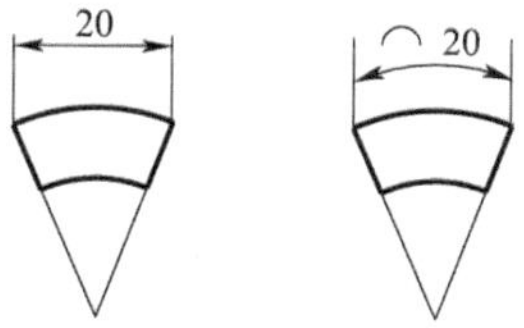	弧长及弦长的尺寸界线应平行于该弧或弦的垂直平分线;标注弧长时,应在尺寸数字前加注弧长符号"⌒"
小尺寸的注法	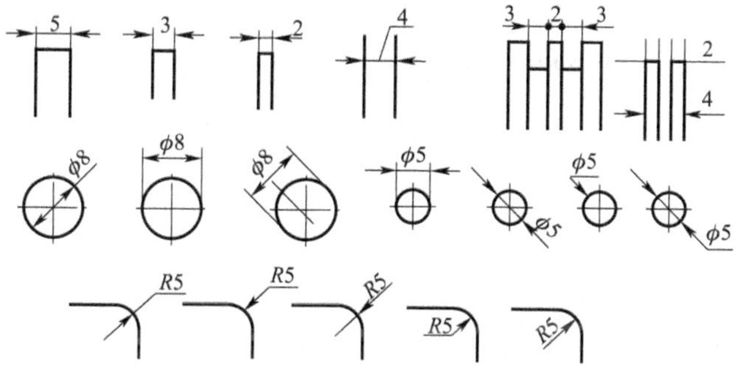	当图形较小,在尺寸界线之间没有足够位置画箭头或注写尺寸数字时,可按图示方式进行标注,此时,允许用圆点或斜线代替箭头
球面尺寸注法	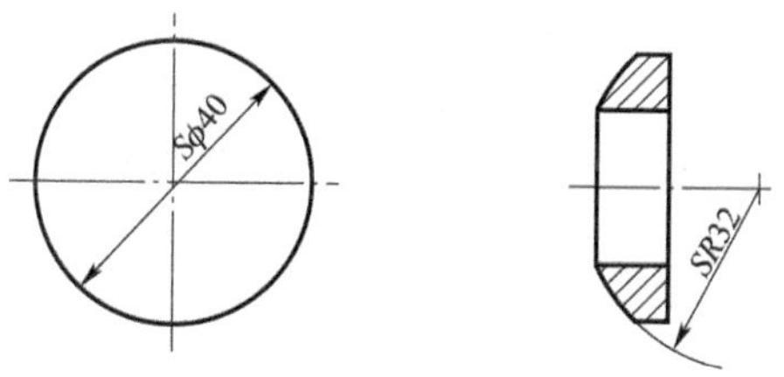	标注球面直径或半径尺寸时,应在尺寸数字前加注符号"Sφ"或"SR"

2.5.4 尺寸标注常用的符号及缩写词

尺寸标注常用的符号及含义见表 1-5。

符　号	含　义	符　号	含　义
ϕ	直径	∨	埋头孔
R	半径	⊔	沉孔或锪平
S	球	▽	深度
EQS	均布	□	正方形
C	45°倒角	∠	斜度
t	厚度	▷	锥度
⌒	弧长	⌒→	展开长

任务2　绘图工具的选用及使用

❶ 任务引入

如图1-1所示的图样中,机件的图形都是由线条组成,为了提高尺规绘图的质量和效率,绘图时,应该选用什么样的绘图工具? 这些绘图工具该怎样使用?

❷ 相关理论知识

学会正确地使用各种绘图工具。下面介绍几种常用的绘图工具及其使用方法。

2.1　图板、丁字尺和三角板

2.1.1　图板

图板是木质的矩形板,其尺寸大小依据图纸幅面规格有0号、1号、2号三种规格。工作表面应平坦,左右两导边应平直。图纸可用胶带纸固定在图板上,如图1-15所示。

2.1.2　丁字尺

丁字尺的尺头和尺身的结合处必须牢固,尺头的内侧面必须平直,用时紧贴图板的导边,使尺身的工作边处于良好的位置。丁字尺主要用来画水平线,画水平线时,用左手按着尺头,如图1-15a)所示。画垂直线时,先将三角板与丁字尺垂直放好,再用左手按着三角板画线,如图1-15b)所示。用毕后应将丁字尺挂在墙上,以免尺身弯曲变形。

2.1.3　三角板

画图时最好有一副规格不小于30cm的三角板。它和丁字尺配合使用,可画出不同角度的线,如0°、45°、60°以及$n \times 15$°的各种斜线和平行线,如图1-16所示。三角板和丁字尺应经常用细布揩拭干净。

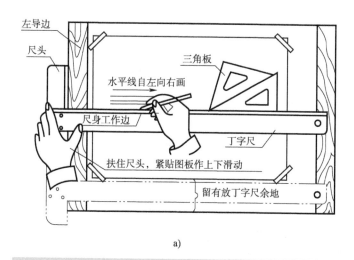
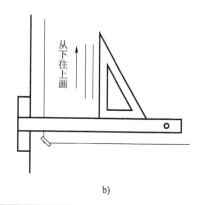

图 1-15　图板、丁字尺和三角板及水平线、垂直线的画法

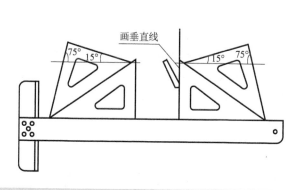
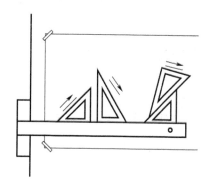

图 1-16　丁字尺与三角板配合得到多个角度的画法

2.2　圆规和分规

2.2.1　圆规

圆规主要用来画圆和圆弧。画圆或圆弧时,圆规的钢针应使用有台阶的一端,此时钢针略长于铅芯,笔尖与纸面垂直,避免图纸上的孔不断扩大,如图 1-17 所示。

2.2.2　分规

分规是等分线段、移置线段以及从尺上量取尺寸的工具。它的两个针尖并拢时必须平齐(图 1-18),调整分规两腿开度,可用来等分线段(图 1-19)和截取尺寸(图 1-20)。

2.3　铅笔

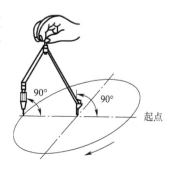

图 1-17　圆规的使用方法

绘图铅笔的铅芯有软硬之分,可分为软(B)、硬(H)和中性(HB)三种。B 前数字越大,表明铅芯越软;H 前数字越大,表明铅芯越硬;HB 表明软硬适中。

  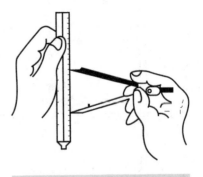

| 图1-18 针尖对齐 | 图1-19 分规等分线段 | 图1-20 分规截取尺寸 |

2.3.1 粗线铅笔的修磨和使用

粗实线是图样中最重要的图线，为了把粗实线画得均匀整齐，关键是正确地修磨和使用铅笔，绘制粗实线的铅笔以 HB 或 B 的铅笔为宜。将铅芯修理成长方体形，如图1-21a)所示。使用时用矩形的短棱和纸面接触，矩形铅芯的宽侧面和丁字尺或三角板的导向棱面贴紧，用力要均匀，速度要慢，一遍画不黑可重复运笔。

2.3.2 细线铅笔的修磨和使用

画细实线、虚线、点画线等细线所用的铅笔牌号为 H 或 2H，将铅芯修理成圆锥形，如图1-21b)所示。当铅芯磨秃后要及时修磨，修磨方法如图1-21c)所示。不要凑合着画，绘制虚线和点画线时，初学者要数丁字尺或三角板上的毫米数，这样经过一段时间的练习后，画出的虚线或点画线的线段长才能整齐相等。

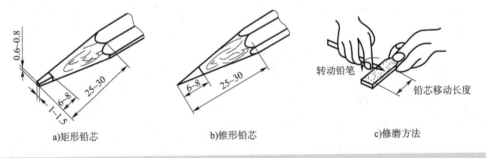

a)矩形铅芯　　　　　　b)锥形铅芯　　　　　　c)修磨方法

图1-21 铅笔的修磨

2.4 其他绘图用品

2.4.1 曲线板

曲线板用来描绘非圆曲线。其用法如下。

首先，用作图方法找出曲线上的足够数量的点后，徒手轻轻地将各已知点连成曲线，如图1-22a)所示。

其次，根据曲线的曲率大小及其变化趋势，选择曲线板上曲率吻合的部分分段，并自曲率半径较小的地方开始分段描绘，如图1-22b)所示。描绘时，最好能有 3～4 个已知点与曲线板上的曲线重合，但不宜全都描完。

最后，根据曲线变化趋势选用曲线板的另一段，使其与曲线上的3、4、5、6等点重合，也只

16

描其中的一段。注意要使前后描绘的两段曲线有一小段重合,以保证曲线光滑重复上述步骤,直到描完曲线为止,如图1-22c)所示。

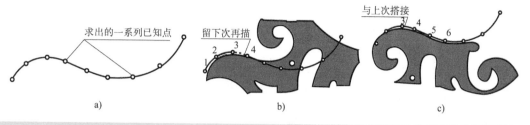

图1-22 曲线板的使用

2.4.2 绘图纸

绘图纸要求质地坚实,用橡皮擦拭不易起毛。绘图时,将丁字尺尺头紧靠图板的导边,以丁字尺的工作边为准,将图纸摆正;图纸的四个角一般用胶带纸固定在图板的左下方,图纸下方应留下放置丁字尺的位置。

使用时,首先判断图纸的正反面。判断的方法,用橡皮擦拭,不易起毛的是正面。

2.4.3 比例尺

比例尺又称三棱尺,是将标准尺寸换算成比例刻度刻在尺子上。它的三个棱面上刻有6种不同比例的刻度。绘图时,可按照所需比例从比例尺直接量取尺寸,不需要另行计算。

2.4.4 软毛刷

修改图形后,在图面上会留下很多细屑,可用软毛刷将其刷去,不要用嘴吹或用手掸掉,以免弄脏图纸,影响图面质量。

另外,绘图用品还有橡皮、小刀、擦图片、胶带、细砂纸等。

任务3 几何作图

① 任务引入

如图1-1所示的图样中,图样的图形中,都是各种几何图形的组合。只有熟练地掌握各种几何图形的作图方法,才能保证绘制质量,提高绘图速度。那么,几何图形该怎样画呢?

② 相关理论知识

下面介绍几种几何图形的作法。

2.1 等分线段

以五等分 AB 为例,作图步骤如图1-23所示。

(1)过已知直线的一端点 A,画任意角度的一条射线 AC。

(2)用分规自射线的起点 A 量取5个相等线段。

(3)将等分的最末点 C 与已知线段的另一端点 B 相连,再过各等分点作该线 BC 的平行线与已知线段相交,即得到已知线段的五等分。

用此方法可以作已知线段的 n 等分。

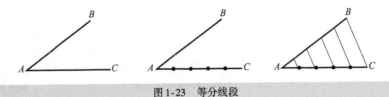

图1-23　等分线段

2.2　圆的内接正多边形的画法

(1)用计算角度法等分圆周及正多边形。

欲将圆周进行 n 等分,可以计算等分后的圆心角 $=360°/n$,再用量角器量取各圆心角等分圆周。

(2)用作图法等分圆周作正多边形。

①用圆规作圆的三、六等分及正多边形,如图1-24所示。

②用丁字尺和三角板配合作圆的六等分及正六边形,如图1-25所示。

③用圆规作圆的五等分及作正五边形,如图1-26所示。作 OH 的中点 M,以 M 点为圆心,MA 为半径作圆弧与中心线交与 N,线段 AN 即为圆周五等分的弦长,以 AN 长依次截取圆周五个等分点,连接相邻各点,即得到内接正五边形,调整等分方向再进行一次五等分就可以将圆十等分。

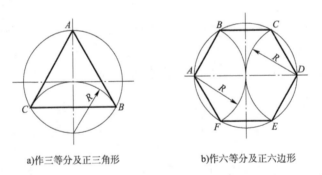

a)作三等分及正三角形　　　　b)作六等分及正六边形

图1-24　用圆规作三、六等分圆周及正多边形

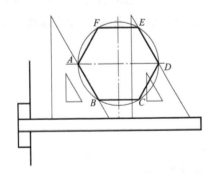

图1-25　用丁字尺和三角板配合作六等分圆周及正六边形

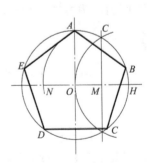

图1-26　作五等分圆周正五边形

2.3　斜度和锥度

（1）斜度。

斜度是指一直线或平面相对于另一直线或平面倾斜的程度，其大小用倾斜角的正切值表示，并将比值写成 $1:n$ 的形式，即斜度 $= \tan\alpha = H:L = 1:n$。标注斜度时，斜度符号的斜线方向应与图线的倾斜方向一致。斜度的画法如图 1-27 所示。

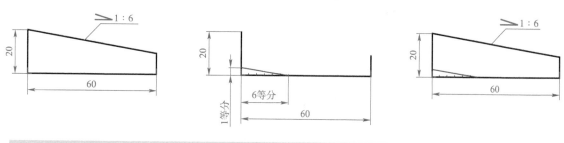

图 1-27　斜度的画法

（2）锥度。

锥度是圆锥底圆直径与圆锥高度之比，或圆台上下两底圆直径之差与圆台高度之比。锥度的画法如图 1-28 所示。标注锥度时，该符号应配置在基准线上，基准线与圆锥轴线平行，并通过引出线与圆锥轮廓素线相连，且锥度符号的方向应与圆锥方向一致。

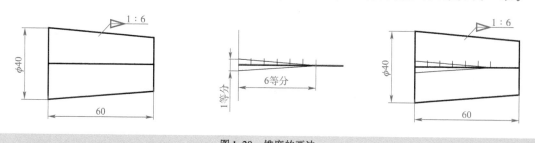

图 1-28　锥度的画法

2.4　圆弧连接

在工程图样中的大多数图形都是由直线与圆弧、圆弧与圆弧光滑连接而成。圆弧连接是指用已知半径的圆弧光滑地连接两条已知线段（直线或圆弧）的作图方法。这种起连接作用的圆弧称为连接弧，如图 1-29 所示。

画连接弧的关键是要准确地求出连接弧的圆心 O 及连接点（即切点）A、B 的位置，再画出连接弧并描深。

（1）圆弧连接两直线。

如图 1-30a）所示，作与直线 MN 和 EF 相切且半径为 R 的连接圆弧。其作图步骤如图 1-30b）、c）、d）所示。

（2）圆弧连接直线和圆弧。

如图 1-31a）所示，用半径为 R 的圆弧光滑的连接半径为 R_1 的圆（内切）和直线 MN。其作图步骤如图 1-31b）、c）、d）所示。

（3）圆弧外切连接两圆弧。

如图 1-32a）所示，作半径为 R_1 和 R_2 两圆的外切圆弧。其作图步骤如图 1-32b）、c）、d）所示。

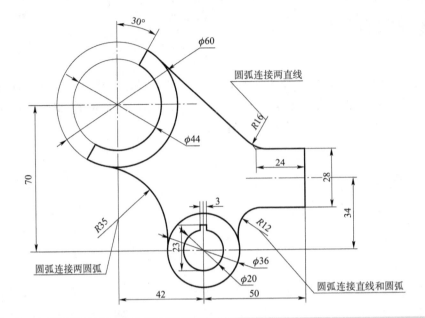

图 1-29　圆弧连接的三种情况

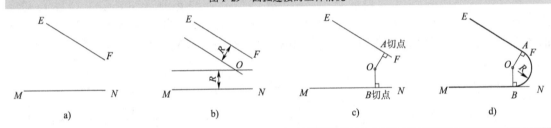

图 1-30　圆弧连接两直线

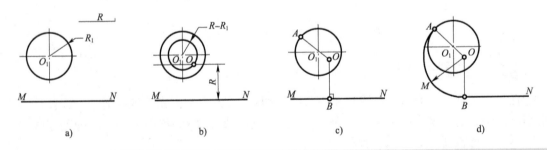

图 1-31　圆弧连接直线和圆弧

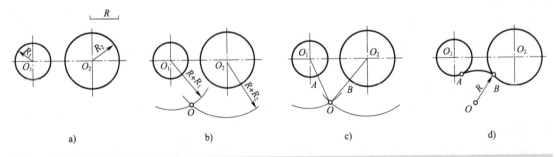

图 1-32　圆弧外切连接两圆弧

（4）圆弧内切连接两圆弧。

如图 1-33a）所示，作半径为 R_1 和 R_2 两圆的内切圆弧。其作图步骤如图 1-33b）、c）、d）所示。

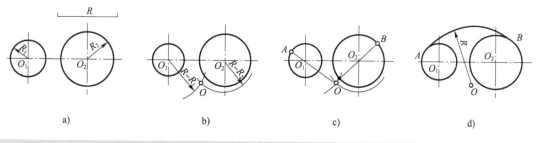

图 1-33　圆弧内切连接两圆弧

任务4　平面图形的画法

1 任务引入

如图 1-34 所示，手柄是由若干直线和曲线封闭连接而成的平面图形。在这个平面图形中，有些线段的尺寸已完全给出，可以直接画出。而有些线段就无法直接画出，那么该怎么办呢？所以，就应该在绘图前对所绘图形进行分析，分析线段之间的相对位置和连接关系，以确定正确的作图方法和步骤。

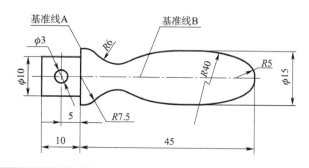

图 1-34　圆弧内切连接两圆弧

2 相关理论知识

下面，以图 1-34 所示平面图形为例进行尺寸分析和线段分析。

<h4 style="display:inline;">2.1</h4> **平面图形的尺寸分析**

2.1.1　尺寸基准

确定平面图形的尺寸位置的几何元素称为尺寸基准，简称基准。平面图形尺寸有水平和垂直两个方向（相当于坐标轴 x 方向和 y 方向），因此基准也必须从水平和垂直两个方向考虑。平面图形中尺寸基准是点或线。常用的点基准有圆心、球心、多边形中心点、角点等。常用作基准线的有：①对称图形的对称线；②较大圆的中心线；③较长的直线。如图 1-34 所示的手柄是以水平的对称线和较长的竖直线作为基准线的。

2.1.2 定形尺寸

确定平面图形上各部分几何形状大小的尺寸称为定形尺寸,如直线的长度、圆及圆弧的直径或半径,以及角度大小等。图 1-34 中的 $\phi3$、$\phi10$、$R7.5$、$R6$、$R40$、$R5$ 均为定形尺寸。

2.1.3 定位尺寸

确定平面图形上的各组成部分(圆心、线段等)与基准之间的相对位置的尺寸称为定位尺寸,如图 1-34 中确定 $\phi3$ 小圆位置的尺寸 5 为定位尺寸。

2.2 平面图形中圆弧连接的分析

平面图形中,有些线段具有完整的定形尺寸和定位尺寸,可根据标注的尺寸直接绘出;有些线段的定形尺寸和定位尺寸没有全部标出,要分析已标出的尺寸和该线段与相邻线段的连接关系,通过几何作图才能绘出。因此,通常按尺寸是否标出齐全将线段分为已知线段、中间线段和连接线段三种。

2.2.1 已知线段

定形尺寸和定位尺寸全部标出的线段,如图 1-33 所示图形中直径为 $\phi3$、$\phi10$ 的圆,半径为 $R5$ 的圆弧,长度尺寸为 5、10 等。

2.2.2 中间线段

注出定形尺寸和一个方向的定位尺寸,必须依靠相邻线段间的连接关系才能画出的线段,如图 1-34 所示图形中的半径为 $R7.5$、$R40$ 的圆弧。

2.2.3 连接线段

只注出定形尺寸,未注出定位尺寸的线段。其定位尺寸需根据该线段与相邻两线段的连接关系,通过几何作图方法求出,如图 1-34 所示中半径为 $R6$、$R40$ 的圆弧。

2.3 平面图形绘图步骤及尺寸标注注意事项

2.3.1 准备工作

(1)备齐必需的绘图工具和仪器。
(2)确定比例、图幅,并且固定图纸。
(3)根据各组成部分的尺寸关系确定作图基准、定位。

2.3.2 绘制底稿

(1)画出基准线,并根据各个封闭图形的定位尺寸画出定位线。
(2)画出已知线段。
(3)画出中间线段。
(4)画出连接线段。

2.3.3 整理全图

底图完成后,仔细检查核对,修正错误,擦去多余的图线。

2.3.4 标注尺寸

标注尺寸的一般步骤为:

（1）分析图形各部分的构成，确定基准。
（2）注出定形尺寸。
（3）注出定位尺寸。
（4）检查、调整、补遗删多。

2.3.5　加深图线

加深图线时，一般用 B、2B 或 HB 型铅笔，加深图线的顺序一般是先画圆弧，后画直线，先水平，后垂直，再倾斜，从上往下，从左向右依次加深。

2.4　平面图形的尺寸标注需考虑的问题

平面图形绘制完成后，需正确、完整、清晰地标注尺寸。标注尺寸时要考虑以下问题：
（1）需要标注哪些尺寸，才能做到尺寸齐全，且不多不少，无自相矛盾的现象。
（2）怎样注写才能使尺寸清晰直观，符合国家标准有关规定。

③ 任务实施

绘制手柄平面图形，画图步骤如图 1-35 所示。

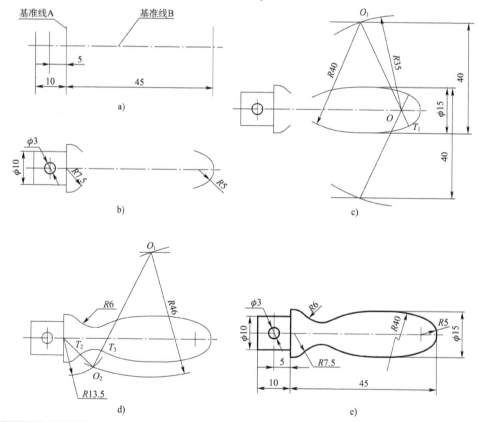

图 1-35　手柄平面图形

3.1　准备工作

（1）备齐必需的绘图工具和仪器。
（2）确定比例、图幅，并且固定图纸。

(3)根据各组成部分的尺寸关系确定作图基准、定位。

3.2 绘制底稿

(1)画出基准线,并根据各个封闭图形的定位尺寸画出定位线,如图1-35a)所示。

(2)画出已知线段,如图1-35b)所示。

(3)画出中间线段,如图1-35c)所示。

(4)画出连接线段,如图1-35d)所示。

(5)检查底稿,擦去多余的图线。

3.3 标注尺寸

先标注定形尺寸,再标注定位尺寸。

3.4 加深图线

加深图线,如图1-35e)所示。

 复习与思考题

一、填空题

1.比例为图形与其实物相应要素的线性尺寸之比,有_____比例、_____比例和_____比例。

2.机件的图形是用各种不同图线画成的,其中可见轮廓线用_____线画,不可见轮廓线用_____线画,尺寸线和尺寸界线用_____线画,而中心线和对称中心线则用_____线画。

3.机件的真实大小以图样上所注的_____为依据。图样中所注的尺寸一般是以_____为单位,此时可不标注单位名称。

4.确定平面图形上各部分几何形状大小的尺寸称_____尺寸。确定图形中各组成部分(圆心、线段等)与基准之间的相对位置的尺寸称_____尺寸。

5.确定平面图形的尺寸位置的几何元素称为_____,简称_____。

6.绘制平面图形中的线段,应先画出_____线段,然后画_____线段,最后画_____线段。

7.绘制平面图形,一般要经过_____、_____、_____、_____等步骤。

二、选择题

1.下列符号中表示强制国家标准的是(   )。

  A.GB/T   B.GB/Z   C.GB

2.不可见轮廓线采用(   )来绘制。

  A.粗实线   B.虚线   C.细实线

3.下列比例当中表示放大比例的是(   )。

  A.1:1   B.2:1   C.1:2

4.下列比例当中表示缩小比例的是(   )。

  A.1:1   B.2:1   C.1:2

5.在标注球的直径时应在尺寸数字前加(   )。

A. R B. φ C. Sφ

6.机械制图中一般不标注单位,默认单位是( )。

A. mm B. cm C. m

7.下列缩写词中表示均布的意思是( )。

A. SR B. EQS C. C

8.角度尺寸在标注时,文字一律( )书写。

A. 水平 B. 垂直 C. 倾斜

9.标题栏一般位于图纸的( )。

A. 右下角 B. 左下角 C. 右上角

10.如图 1-36 所示,尺寸正确标注的图形是( )。

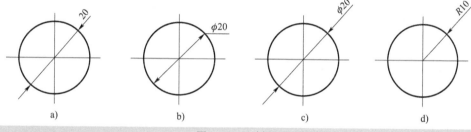

图 1-36 尺寸标注

三、简答题

1.图纸有几种基本图幅?它们之间的面积大小有什么关系?

2.绘制平面图形时,哪些直线常用作基准线?

3.手工绘图时圆弧连接有哪几种类型?圆弧连接的关键是什么?

四、技能训练

1.在 A4 图纸上 1:1 绘制如图 1-37 所示图形,要求绘制图框和标题栏,并标注尺寸。注意粗实线、细点画线的画法要符合制图标准,尺寸标注中的字体及高度符合国家标准要求。

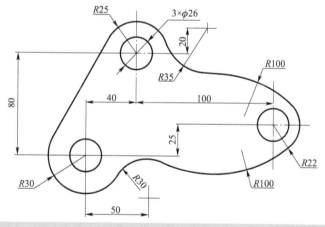

图 1-37 平面图形

2.在 A4 图纸上 1:1 绘制如图 1-38 所示图形,要求绘制图框和标题栏,并标注尺寸。绘图时,注意根据平面图形的分析,分析定形尺寸、定位尺寸,分析已知线段、中间线段和连接线段,再按照作图步骤完成。

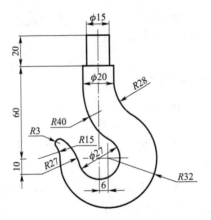

图 1-38　吊钩

项目 2

投　影　法

概　　述

工程上常用正投影法绘制三视图表达物体的形状,而物体(几何体)一般都是由点、线、面基本几何元素组成的。因此,为了能够准确地绘制物体的三视图来表达物体的形状,必须了解投影法的概念、类型及其投影特点,熟悉三视图的形成过程及其之间的关系和点、直线、平面的投影特性,掌握绘制物体三视图的方法和步骤。为此,本项目主要包括三部分:投影法的基本概念,三视图和点、直线、平面的投影。

任务 1　投影法的基本知识

1 任务引入

当日光或灯光照射物体时,在地面或墙上就会出现物体的影子,这就是我们在日常生活中所见到的投影现象。工程中表达物体结构形状的机械图样也是采用投影法绘制而成的,那么这些投影法有何不同呢?为了弄清楚投影法,更好地绘制机械图样,作为工程技术人员应该了解投影法的概念和类型,熟悉各种投影法的特点及其应用领域,掌握正投影法及其投影的基本性质。

2 相关知识

2.1　投影法及其类型

2.1.1　投影法

在日常生活中,经常可以看到,物体经灯光或阳光的照射,在地面或墙面上产生影子的现象,这就是投影现象。如图 2-1 所示,将三角板 ABC(以下简称 △ABC)放在平面 P 和光源 S 之间,自光源 S 通过 A、B、C 三点的光线 SA、SB、SC 延长后分别与平面 P 交于 a、b、c 三点,得到 △ABC 的投影图形 △abc。平面 P 称为投影面,点 S 称为投影中心,SAa、SBb、SCc 称为投射线,△abc 称为 △ABC 在投影面 P 上的投影。这种投射线通过物体,向选定的投影面投射,并在该投影面上得到图形的方法称为投影法。投射线

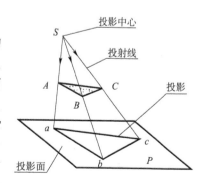

图 2-1　投影法(中心投影法)

的方向称为投射方向,选定的平面称为投影面,投射所得到的图形称为投影。

2.1.2 投影法类型

根据投射线间的相对位置,投影法可分为中心投影法和平行投影法两大类。

(1)中心投影法。

投射线汇交于一点的投影法,称为中心投影法(图2-1)。

中心投影法得到物体的投影与投影中心、空间物体和投影面三者之间相互位置有关,投影不能反映物体的真实大小,故它不适用于绘制机械图样。但中心投影法绘制的图形富有立体感,故中心投影法通常用来绘制建筑物或富有逼真感的立体图,也称为透视图。

(2)平行投影法。

投射线相互平行的投影法,称为平行投影法(图2-2)。根据投影线相对于投影面的方向,平行投影法又分为正投影法和斜投影法。

①正投影法。投射线与投影面相垂直的平行投影法,称为正投影法,如图2-2a)所示。

②斜投影法。投射线与投影面相倾斜的平行投影法,称为斜投影法,如图2-2b)所示。在正投影法中,因为投射线相互平行且垂直于投影面,所以当平面图形平行于投影面时,它的投影就反映出该平面图形的真实形状和大小,且与平面图形到投影面的距离无关。因此,机械图样一般都采用正投影法绘制。

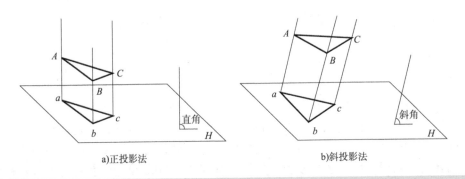

a)正投影法　　　　　　　　　　　b)斜投影法

图2-2　平行投影法

2.2　正投影法的基本性质

(1)实形性。

当平面图形(或空间直线)平行于投影面时,其投影反映实形(或实长)。这种投影性质称为实形性,如图2-3a)所示。

(2)积聚性。

当平面图形(或空间直线)垂直于投影面时,其投影积聚为一条直线(或一个点)。这种投影性质称为积聚性,如图2-3b)所示。

(3)类似性。

当平面图形(或空间直线)倾斜于投影面时,其投影为与实形不全等的类似图形(或一长度缩短的直线)。这种投影性质称为类似性,如图2-3c)所示。

(4)平行性。

空间两平行直线的投影仍互相平行,且平行的两直线段的长度之比等于其投影长度之比,即 $AB // CD$,则 $ab // cd$,且 $AB:CD = ab:cd$,如图2-3d)所示。

(5)从属性。

若点在直线上,则点的投影必在相应投影线上,且点分直线线段的空间长度之比等于其投影长度之比,即 $AK:KC = ak:kc$(定比定理),如图 2-3e)所示。直线或平面上的点,其投影必在该直线或平面的投影上,如图 2-3e)所示。

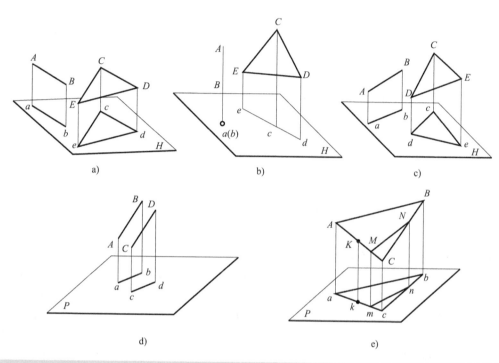

图2-3 正投影法的基本性质

❸ 任务实施

采用正投影法对三角板、直尺等绘图工具进行投影绘制投影图,来进一步验证正投影法的基本性质。

注意:正投影法的投射线垂直于投影面,如图 2-2a)所示。通过绘制投影图形,验证正投影法的基本性质。

思考:日常生活中,日光或灯光照射物体时,在地面或墙上就会出现物体的影子,这些投影现象属于哪种投影法。

任务 2 三 视 图

❶ 任务导入

在许多情况下,只用一个或两个视图是不能完整清晰地表达和确定形体的形状和结构的。所以,在工程学上通常采用三视图(主视图、俯视图、左视图三个基本视图)来表达物体的结构形状。物体立体图及三视图如图 2-4 所示。

绘制物体的三视图首先要熟悉三视图的形成过程及三视图之间的投影关系等。

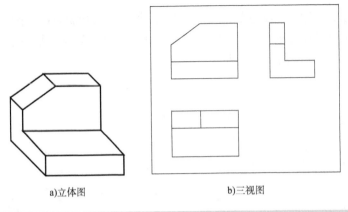

a)立体图   b)三视图

图2-4 物体立体图及三视图

② 知识准备

2.1 三视图的形成

国家标准规定,用正投影法绘制的物体的图形称为视图。把三角形板件物体放在观察者

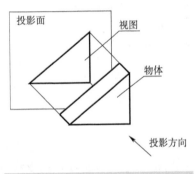

图2-5 视图

和投影面之间,将观察者的视线视为相互平行且垂直于投影面的投射线,得到该三角形板件物体投射到投影面上的投影图(三角形),即为该物体在该投影面上的视图,如图2-5所示。

一般情况下,一个视图不能清楚完整地表达物体的形状和大小,也不能区分不同物体。如图2-6所示,三个不同物体在同一投影面上得到的视图完全相同。因此,要完整地反映物体形状大小,必须增加不同投射方向的视图,相互补充,才可能清楚地表达物体形状大小。工程上常用三面视图来表达物体。

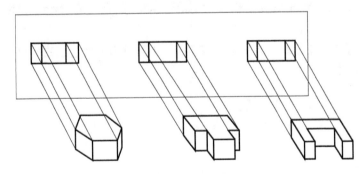

图2-6 一个视图不能确定物体形状

在工程图样中通常采用与物体长宽高相应的三个相互垂直的投影面构成的三投影面体系来表达物体。三投影面分别称为正投影面 V(简称正面)、水平投影面 H(简称水平面)、侧面投影面 W(简称侧面)。三投影面的交线 OX、OY、OZ 也相互垂直,分别代表物体的长、宽、高三个方向,称为投影轴;三个投影轴相互垂直且交于一点 O,称为原点,如图2-7所示。

将物体置于三投影面体系中,按正投影法分别向 V、H、W 三个投影面进行投影,即可得到物体的相应投影,该投影也称视图,如图 2-8a)所示。将物体从前向后投射,在 V 面上得到的投影称为正面投影(也称主视图);将物体从上向下投射,在 H 面上得到的投影称为水平投影(也称俯视图);将物体从左向右投射,在 W 面上得到的投影称为侧面投影(也称左视图)。

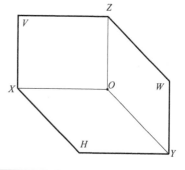

图 2-7 三投影面体系

为了便于画图,需将三个互相垂直的投影面展开。展开规定:V 面保持不动,H 面绕 OX 轴向下旋转 $90°$,W 面绕 OZ 轴向右旋转 $90°$,使 H、W 面与 V 面重合为一个平面,如图 2-8b)、c)所示。展开后,主视图、俯视图和左视图的相对位置如图 2-8c)所示。为简化作图,在画三视图时,不必画出投影面的边框线和投影轴,如图 2-8d)所示。

注意:当投影面展开时,OY 轴被一分为二,随 H 面旋转的用 OY_H 表示,随 W 面旋转的用 OY_W 表示。

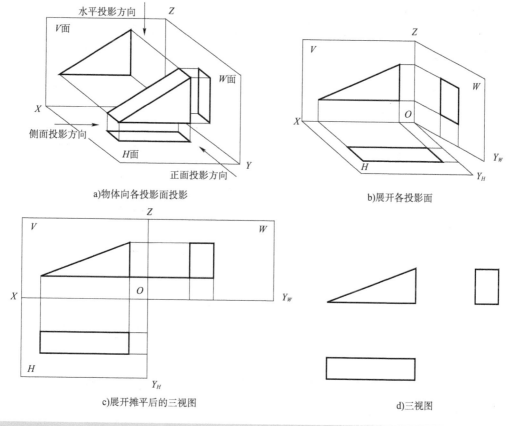

a)物体向各投影面投影

b)展开各投影面

c)展开摊平后的三视图

d)三视图

图 2-8 三视图的形成过程

2.2 三视图之间的关系

通过研究图 2-8 可知,三个视图之间不是孤立的,而是有着内在的联系,主要存在以下三个方面之间的关系。

2.2.1 三视图之间的位置关系

由三视图的形成及视图展开过程可以发现，三个视图之间的位置关系为：以主视图为准，俯视图在主视图的正下方，左视图在主视图的正右方，如图 2-8c)、d)所示。故在绘制物体三视图时，必须以主视图为准，按照上述关系排列三个视图的位置，并且要求三视图要相互对齐、对正，不能错位。

2.2.2 三视图之间的投影关系

从图 2-8 中可以看出：主视图反映了物体的长度和高度；俯视图反映了物体的长度和宽度；左视图反映了物体的宽度和高度。空间物体在长、宽、高三方向上的尺寸是唯一的、确定的，结合图 2-9 可以得出三视图之间的投影规律：

主视图、俯视图中相应投影的长度相等，并且对正；

主视图、左视图中相应投影的高度相等，并且平齐；

俯视图、左视图中相应投影的宽度相等。

上述投影规律可归纳为主、俯、左三视图之间的投影关系为：主、俯视图长对正；主、左视图高平齐；俯、左视图宽相等。

通常把上述三视图之间的投影对应关系简称为"长对正、高平齐、宽相等"，三视图之间的这种投影关系也称视图间的三等关系(三等规律)，它是绘制和识读三视图的主要依据。

应当注意：这种关系无论是对整个物体还是对物体的局部均是如此，如图 2-10 所示物体中的局部结构尺寸 Y_1。

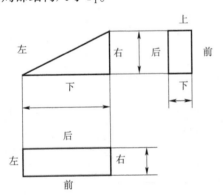

图 2-9　三视图的三等关系及方位关系

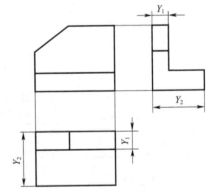

图 2-10　物体局部结构在三视图中相应投影

2.2.3 视图与物体的方位关系

空间物体之间及其各结构之间，都具有六个方向的相互位置关系。结合图 2-8，可得三视图的方位关系，如图 2-9 所示。即：

主视图反映了物体的上、下和左、右位置关系；

俯视图反映了物体的前、后和左、右位置关系；

左视图反映了物体的上、下和前、后位置关系。

在看图和画图时必须注意：以主视图为准，俯、左视图远离主视图的一侧表示物体的前面，靠近主视图的一侧表示物体的后面；即以主视图为准，在俯视图和左视图中存在"近后远前"

的方位关系。

③ 任务实施

三视图是表达物体形状的重要方法之一,下面以图2-4所示的物体三视图为例,阐述绘制三视图的一般方法和步骤。

绘制物体三视图的一般方法和步骤见表2-1。

绘制三视图的一般方法和步骤   表2-1

步骤	主要完成内容
一	根据物体的形状特征选择主视图的投影方向,且使物体的主要表面与相应的投影面平行
二	按照三视图的方位布置视图,绘制基准线,确定三视图位置
三	画底稿,一般从主视图画起
四	通过主视图,利用三等关系,借助辅助线等,绘制俯、左视图,完成三视图底稿
五	检查加深,擦除作图线等,完成三视图

绘图如图2-4所示物体三视图的具体步骤。

步骤一:根据物体的形状特征选择主视图的投影方向,且使物体的主要表面与相应的投影面平行,如图2-11所示。

步骤二:按照三视图的方位关系,布置视图,绘制基准线,确定三视图位置,如图2-12所示。

步骤三:画底稿,一般从主视图画起,如图2-13所示。

步骤四:通过主视图,利用三等关系,借助辅助线45°对角线等,绘制俯、左视图,完成三视图底稿,如图2-14所示。绘图过程中,注意物体各部分的形状和位置关系;要先画主体和主要轮廓,后画次体和细节;先定位后定形。

步骤五:检查无误后,擦除作图线等,加深,完成三视图,如图2-15所示。

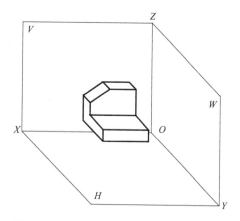

图2-11 选定主视图投影方向

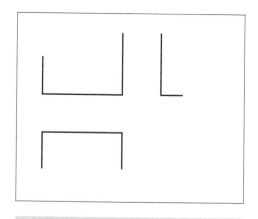

图2-12 定基准,确定三视图位置

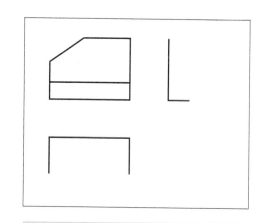

图2-13 底稿,一般先画主视图

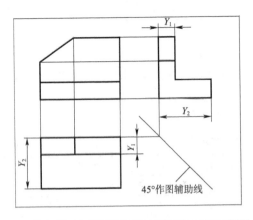

图 2-14 利用三等关系,绘制俯、左视图,完成底稿

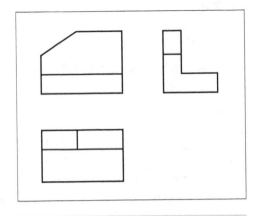

图 2-15 检查加深,完成三视图

任务 3 点、直线、平面的投影

❶ 任务导入

怎样才能快速而准确地绘制出物体的三视图呢?我们知道物体都是由点、线、面等基本几何元素组成的,故作为工程技术人员要想快速而准确地绘制出物体的三视图,必须熟悉掌握组成平面立体的基本几何元素点、直线和平面的投影特性及其绘制方法。

平面立体都包含点、直线和平面等基本几何元素。因此,要完整、正确地绘制物体的三视图,必须先研究清楚这些元素的投影特性和绘制方法,这也将为今后的绘图和读图打下坚实的基础。

❷ 知识准备

2.1 点的投影

点是组成形体的最基本的几何元素,并且点的投影永远是点。

2.1.1 点对于一个投影面的投影

设定投影面 P,由一个空间点 A 作垂直于 P 面的投影线,相交于 P 面上一点 a,点 a 就是空间点 A 在 P 面上的投影。由此可见:一个空间点在一个投影面上有唯一确定的投影。但是,如果已知点 A 在投影面 P 上的投影 a,不能唯一地确定该点的空间位置,这是由于在从点 A 所作的 P 面的垂直线上所有各点的投影都位于 a 处,如图 2-16 所示。

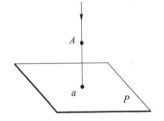

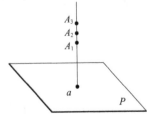

图 2-16 点对于一个投影面的投影

综上可知,单面投影不能确定点的准确空间位置。所以在工程上常把几何体想象成放在相互垂直的两个或两个以上投影面间,在投影面上形成的投影就是多面投影。在此,我们研究点的三视图投影特性。

2.1.2 点在三投影面体系中的投影特性

将空间点 A 置于三面投影体系中,由点 A 分别向 V、H 和 W 三个投影面作垂线,所得到的三个垂足 a、a' 和 a'' 就是点的三面投影,如图 2-17a)所示。

通常规定,空间点用大写字母 A、B、C 等标记;水平投影用相应的小写字母 a、b、c 等标记;正面投影用相应的小写字母加一撇 a'、b'、c' 等标记;侧面投影用相应的小写字母加两撇 a''、b''、c'' 等标记。

当投影面展开时,如图 2-17b)所示,H 面上的投影连线 aa_x 随 H 面在垂直于 OX 轴的平面内旋转,所以在展开后的投影图中 a'、a、a_x 三点必在同一条直线上,即 $aa' \perp OX$。同理可知投影连线 $a'a''$ 垂直于 OZ 轴,即 $a'a'' \perp OZ$。由于 OY 轴展开后分别为 Y_H 和 Y_W,a 与 a'' 不能直接相连,需要借助 45° 对角线或圆弧来实现这个联系,如图 2-17c)所示。

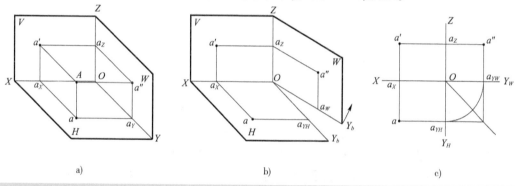

a)   b)   c)

图 2-17 点在三投影面体系中的投影

根据上述分析,可总结出点在三投影面体系中的投影特性:

(1)点的正面投影和水平投影的连线垂直于 OX 轴。这两个投影都反映空间点在 OX 轴坐标 X_A,表示空间点到侧投影面的距离。即 $aa' \perp OX$,$a'a_Z = aaY_H = Oa_x = X_A$。

(2)点的正面投影和侧面投影的连线垂直于 OZ 轴。这两个投影都反映空间点在 OZ 轴坐标 Z_A,表示空间点到水平投影面的距离。即 $a'a'' \perp OZ$,$a'a_x = a''Y_W = Oa_z = Z_A$。

(3)点的水平投影到 OX 轴的距离等于侧面投影到 OZ 轴的距离,即点 A 的水平投影与侧面投影的 Y 值相等。这两个投影都反映空间点在 OY 轴坐标 Y_A,表示了空间点到正投影面的距离,即 $aa_x = a''a_Z = OaY_H = OaY_W = Y_A$。

2.1.3 特殊位置点的投影

空间点位于投影面或投影轴上时称为特殊位置点。

(1)位于投影面上的点,如图 2-18 所示。

其投影特点:点的两个投影在投影轴上;点的另一个投影与空间点重合。

(2)位于投影轴上的点,如图 2-19 所示。

其投影特点:点的两个投影在投影轴上,且与空间点重合;另一投影与原点重合。

2.1.4 两点的相对位置

空间两点的相对位置是指它们彼此之间的方位关系,即左右、前后和上下关系。

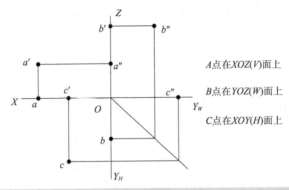

A点在XOZ(V)面上

B点在YOZ(W)面上

C点在XOY(H)面上

图2-18　投影面上点的投影

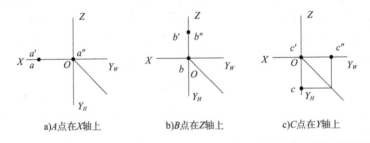

a)A点在X轴上　　　b)B点在Z轴上　　　c)C点在Y轴上

图2-19　投影轴上点的投影

　　在三面投影体系中,两点的相对位置是由两点到三个投影面的距离,即两点的坐标差决定的。距 W 面远者在左,近者在右;距 V 面远者在前,近者在后;距 H 面远者在上,近者在下。并结合三视图之间的方位关系,可知图2-20 中 A、B 两点的相对位置。

　　从 V、H 面投影看出,B 点比 A 点距 W 面远($X_B > X_A$),故 B 点在左,A 点在右。

　　从 V、W 面投影看出,A 点比 B 点距 H 面远($Z_A > Z_B$),故 A 点在上,B 点在下。

　　从 H、W 面投影看出,B 点比 A 点距 V 面远($Y_B > Y_A$),故 B 点在前,A 点在后。

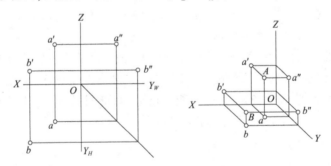

图2-20　两点的相对位置

2.1.5　重影点及其可见性判断

　　当两点的某坐标相同时,该两点将处于对某一投影面的同一投影线上,从而在某一投影面上投影将相互重合,这样的两点称为对该投影面的重影点。图2-21 所示,A、B 两点均在垂直于 H 面的同一投影线上,则它们在 H 面上的投影重合为一点。沿着其投射方向观察两点则一个可见,另一个被前一点所遮挡,因而不可见。故重影点在投影图上的标记规定如下:凡不可见点的投影用小括号“( )”括起来表示其不可见性,如图2-21 所示。

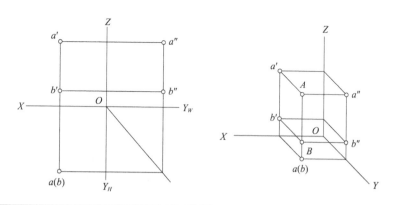

图 2-21　重影点的投影

2.2 线的投影

空间两点确定一条空间直线,故空间直线的投影可由该直线上的两个点(通常指两个端点)的投影来确定,因此,直线的投影就是点的投影,就是将点的同面投影相互连接,即为直线在该投影面上的投影,如图 2-22 所示。

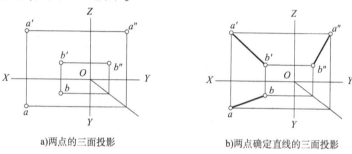

a)两点的三面投影　　　　　　　b)两点确定直线的三面投影

图 2-22　直线的三面投影

2.2.1 直线对于一个投影面的投影特性

直线相对于一个投影面的位置有平行、垂直和倾斜三种情况,如图 2-23 所示。因此,直线对于一个投影面就具有三种不同的投影特性。

(1)实形性。当直线平行于投影面时,它在该投影面上的投影反映空间线段的实长。如图 2-23a)所示,$ab = AB$,这种性质称为实形性。

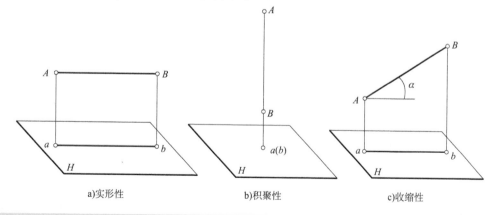

a)实形性　　　　　　b)积聚性　　　　　　c)收缩性

图 2-23　直线对于一个投影面的投影特性

（2）积聚性。当直线垂直于投影面时，它在该投影面上的投影积聚为一个点。如图2-24b）所示，a(b)为一点，这种性质称为积聚性。

（3）收缩性（类似性）。当直线倾斜于投影面时，它在该投影面上的投影小于空间线段的实长。如图2-23c）所示，ab < AB，这种性质称为收缩性或类似性。

综上所述：空间直线的投影一般仍为直线，只有直线垂直于投影面时积聚为一个点。

2.2.2　直线在三投影面体系中的投影特性

直线按照对三个投影面的位置不同可分为三类：投影面平行线、投影面垂直线和一般位置直线。其中投影面平行线和投影面垂直线，又统称为特殊位置直线。

（1）投影面平行线。

平行于一个投影面，而与另外两个投影面倾斜的直线称为投影面平行线。根据投影面平行线在三投影体系中与各投影面之间的相互位置关系，投影面平行线又分为以下三种。

①水平线：平行于 H 面，而与 V、W 面倾斜的直线。水平投影为倾斜于投影轴的直线，反映实长及倾角；另外两投影分别平行于相应投影轴。

②正平线：平行于 V 面，而与 H、W 面倾斜的直线。正面投影为倾斜于投影轴的直线，反映实长及倾角；另外两投影分别平行于相应投影轴。

③侧平线：平行于 W 面，而与 H、V 面倾斜的直线。侧面投影为倾斜于投影轴的直线，反映实长及倾角；另外两投影分别平行于相应投影轴。

说明：直线与投影面之间的夹角即称为直线对该投影面的倾角。用 α、β、γ 分别表示直线对 H、V、W 三投影面的倾角。表2-2说明了投影面平行线的投影特性。

投影面平行线的投影特性　　　　　　　　　　　表2-2

名称	直观图	投影图	投影特性
水平线	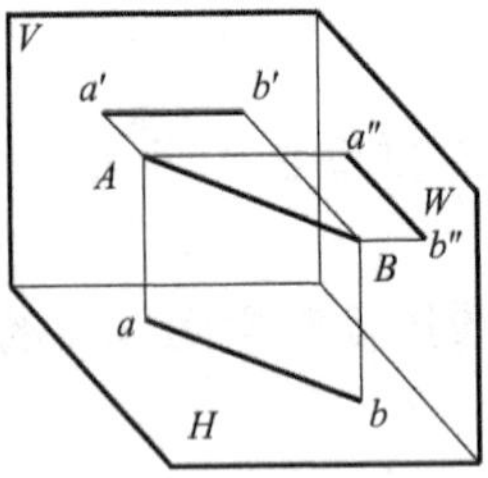	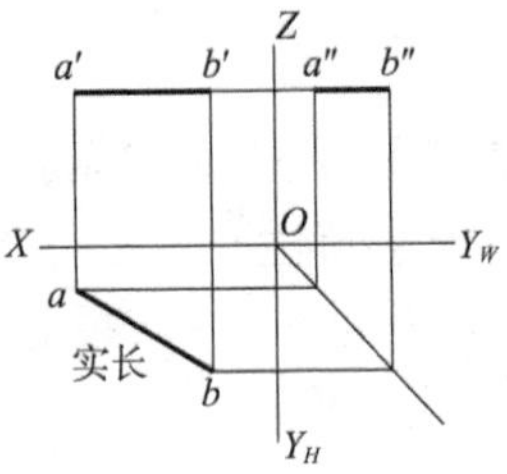	（1）$a'b'$ // OX，$a''b''$ // OY_W； （2）$ab = AB$，反映实长； （3）ab 与 X、Y 轴的夹角，反映了 AB 与 V、W 面的倾角大小
正平线	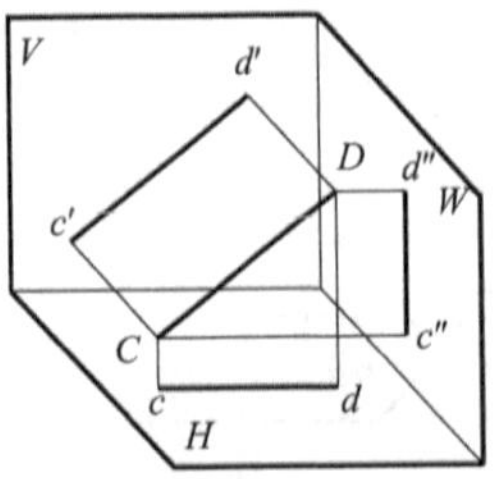	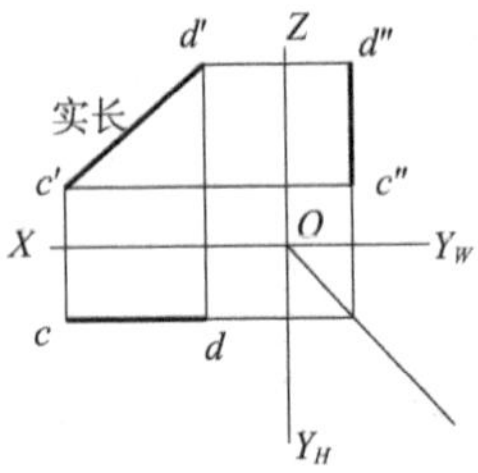	（1）cd // OX，$c''d''$ // OZ； （2）$c'd' = CD$，反映实长； （3）$c'd'$ 与 X、Z 轴的夹角，反映了 CD 与 H、W 面的倾角大小

名称	直 观 图	投 影 图	投 影 特 性
侧平线			(1) $ef /\!/ OY_H$; (2) $e''f'' = EF$, 反映实长; (3) $e''f''$ 与 Y_W、Z 轴的夹角, 反映了 EF 与 H、V 面的倾角大小

对表 2-2 的投影特性进行总结, 可得投影面平行线投影特性: 一斜线两平行线; 斜线反映实长与倾角, 平行线反映距离。

投影面平行线的辨认: 当直线的投影有两个平行于投影轴, 第三个投影与投影轴倾斜时, 则该直线一定是投影面平行线, 且一定平行于其投影为倾斜线的那个投影面。在所平行的投影面上的投影反映实长及与另两投影面间的倾角; 另外两个投影面上的投影分别平行于相应投影面上的投影轴, 长度小于实长(收缩性), 且与相应投影轴间的距离反映了投影面平行线到平行投影面间的距离。

（2）投影面垂直线。

垂直于一个投影面而同时平行于另外两个投影面的直线称为投影面垂直线。根据投影面垂直线在三投影体系中与各投影面之间的相互位置关系, 投影面垂直线又分为三种类型: 铅垂线、正垂线、侧垂线, 表 2-3 说明了投影面垂直线的投影特性。

投影面垂直线的投影特性 表 2-3

名称	直 观 图	投 影 图	投 影 特 性
铅垂线			(1) 在水平面 H 上积聚成一点 $a(b)$; (2) $a'b' = a''b'' = AB$, 反映实长, 且 $a'b' \perp OX$, $a''b'' \perp OY_W$
正垂线			(1) 在正面 V 上积聚成一点 $c'(d')$; (2) $cd = c''d'' = CD$, 反映实长, 且 $cd \perp OX$, $c''d'' \perp OZ$

名称	直 观 图	投 影 图	投 影 特 性
侧垂线	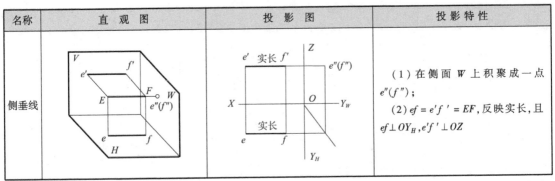		（1）在侧面 W 上积聚成一点 $e''(f'')$； （2）$ef = e'f' = EF$，反映实长，且 $ef \perp OY_H$，$e'f' \perp OZ$

对表 2-3 的投影特性进行总结，可得投影面垂直线投影特性：一点两平齐；直线反映实长及距离。

投影面垂直线的辨认：直线的投影只要有投影积聚成一点，则该直线一定是投影面垂直线，并且一定垂直于其投影积聚成一点的那个投影面。在直线所垂直的投影面上的投影积聚成一点；另外两个投影面上的投影分别垂直于相应投影轴，且反映直线实长及到相应投影面间的距离。

（3）一般位置直线。

与三个投影面都倾斜的直线称为一般位置直线。如图 2-24 所示，直线 SA 对投影面 V、H 和 W 都处于倾斜位置，则该直线就是一般位置直线。

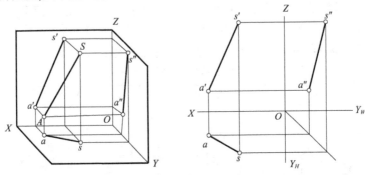

图 2-24 一般位置直线的投影

一般位置直线的投影特性：①直线的三面投影都倾斜于投影轴；②投影的长度均小于直线的实长。

一般位置直线的辨认：直线的三面投影如果与三投影轴都倾斜，则可判定该直线为一般位置直线。

注意：作图时，求作直线的三面投影也应符合"长对正、高平齐、宽相等"的投影关系。

2.2.3 直线上的点

根据正投影法基本性质中的从属性：若点在直线上，则点的投影必在相应投影上，且点分线段的空间长度之比等于其投影长度之比，即 $AC:BC = ac:bc$（定比定理）。可知直线上点的投影特性：

（1）若点在直线上，则该点的各投影必在该直线的相应投影上。反之，若一个点的各投影分别在某直线的各相应投影上，则该点一定在该直线上，如图 2-25a）所示。

（2）如点在直线上，则该点分直线段的空间长度之比等于其分相应投影长度之比，即 $AC:BC = ac:bc$（定比定理），如图 2-25b）所示。

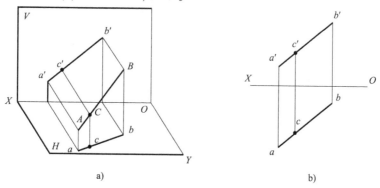

a)   b)

图 2-25　直线上的点的投影特性

2.2.4　两直线的相对位置

两直线在空间的相对位置有平行、相交、交叉三种情况，平行和相交两直线位于同一平面上，又称为共面直线；而交叉两直线不在同一平面上，又称为异面直线。下面分别讨论它们的投影特性。

（1）平行两直线。

如果空间两直线 AB、CD 平行，如图 2-26a）所示，按正投影法，过 AB、CD 所作投影面的投射面必定互相平行，两平行投射面与同一投影面的交线（即 AB、CD 的投影）也必然平行。由此可得出平行两直线的投影特性为：

平行两直线的同面投影必定相互平行，即 $ab /\!/ cd, a'b' /\!/ c'd', a''b'' /\!/ c''d''$，如图 2-26b）所示。反之，若两直线的各同面投影相互平行，则两直线在空间一定相互平行。

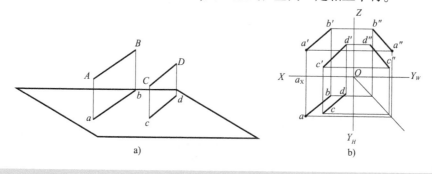

a)   b)

图 2-26　平行两直线

（2）相交两直线。

空间两直线 AB、CD 相交于点 K，则交点 K 是两直线的共有点，如图 2-27 所示。因此，点 K 的 H 面投影 k 必在 ab 上，又必在 cd 上，故 k 必为 ab、cd 的交点。同理，点 K 的 V、W 面投影 k'、k'' 必为 $a'b'$、$c'd'$ 及 $a''b''$、$c''d''$ 的交点。同时，点 K 是空间的一个点，它的三面投影 k、k'、k'' 必然符合点的投影规律。

（3）交叉两直线。

空间两直线既不平行又不相交，称为交叉两直线，如图 2-28 所示。因此，它们的三面投影不具有平行或相交两直线的投影特性。不过，交叉两直线的三面投影中，可能出现一对或两对同面投影相互平行,或有两个或三个同面投影相交,但这些交点均不符合点的投影规律。交叉两直线同面投影表现出的交点,实际上是交叉两直线上两点的重影。

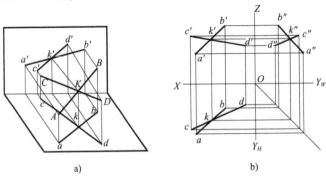

图 2-27　相交两直线

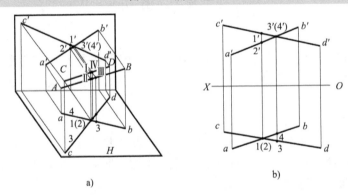

图 2-28　交叉两直线

如前所述,对重影点应判断其可见性,即根据重影的两点对同一投影面的坐标值大小来判断,坐标值大者为可见点,小者为不可见点,如图 2-28 中,H 面上的重影点Ⅰ、Ⅱ,点Ⅰ的 Z 坐标值大,故点Ⅰ为可见点。只有投影重合处才产生可见性问题,每个投影面上的重影点要分别判断其可见性。

2.3　平面的投影

几何体的任一平面,都具有一定的形状、大小和位置。从形状上看,常见的平面有由直线围成的三角形、矩形等多边形平面和由曲线围成的圆、椭圆等曲线平面,还有由直线和曲线共同围成的混合平面。

平面投影的作图方法就是将图形轮廓线上的一系列点(多边形则是其顶点)向投影面投影,即得该平面的投影。如图 2-29 所示,空间三角形的三面投影图。△ABC 的各面投影,实质上就是各顶点同面投影的连线。其他多边形平面的投影,可用与此类似的方法求得。因此,平面的投影实质上仍是以点的投影为基础的。

2.3.1　平面对于一个投影面的投影特性

空间平面相对于一个投影面的位置也有平行、垂直、倾斜三种情况,如图 2-30 所示。三种不同位置的平面具有三种不同的投影特性。

(1)实形性。当平面平行于投影面时,它在该投影面上的投影反映空间平面的真实形状和大小,如图 2-30a)所示,△abc≌△ABC,这种性质称为实形性。

（2）类似性（收缩性）。当平面倾斜于投影面时，它在该投影面上的投影与原图形类似（既不相同，也不相似），且面积缩小，如图2-30b)所示，三角形投影仍为三角形，但面积 $S_{\triangle abc} < S_{\triangle ABC}$。这种性质称为类似性，又称收缩性。

（3）积聚性。当平面垂直于投影面时，它在该投影面上的投影积聚成一条直线段，如图2-30c)所示，$\triangle ABC$ 投影积聚成一条直线。这种性质称为积聚性。

由上述可知：平面图形的投影一般仍为平面图形，只有平面垂直投影面时才积聚成一条直线。

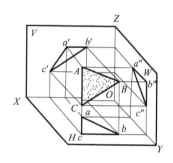
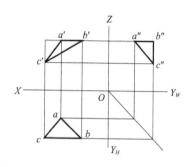

图2-29　三角形平面的投影

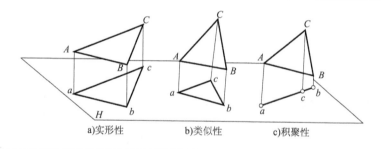

a)实形性　　　　　　b)类似性　　　　　c)积聚性

图2-30　平面相对于一个投影面的投影特性

2.3.2　平面在三投影面体系中的投影特性

空间平面按照平面与三个投影面的相对位置的不同可分为三类：投影面平行面、投影面垂直面和一般位置平面。其中投影面平行面和投影面垂直面又统称为特殊位置平面。

（1）投影面平行面。

平行于一个投影面，则必垂直于另两个投影面，这样的平面称为投影面平行面。根据投影面平行面在三投影体系中与各投影面之间的相互位置关系，可把其分为三种类型：

①水平面：平行于 H 面同时垂直于 V、W 面的平面；水平面投影反映实形，另两面投影积聚成为直线且平行于相应投影轴。

②正平面：平行于 V 面同时垂直于 H、W 面的平面；正平面投影反映实形，另两面投影积聚成为直线且平行于相应投影轴。

③侧平面：平行于 W 面同时垂直于 H、V 面的平面；侧平面投影反映实形，另两面投影积聚成为直线且平行于相应投影轴。

对投影面平行面的投影特性进行总结，见表2-4。从表2-4可概括出投影面平行面的三面投影特性：平面在所平行的投影面上的投影反映实形；另外两个投影面上的投影积聚成直线，且平行于相应的投影轴，即一实形两积聚。

机械制图与AutoCAD

名称	直 观 图	投 影 图	投 影 特 性
水平面	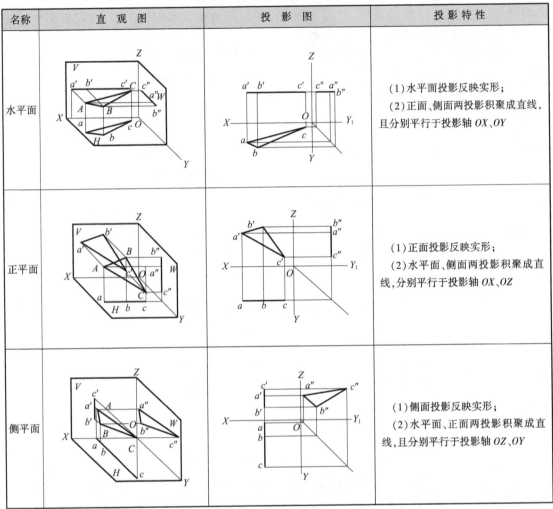		(1)水平面投影反映实形; (2)正面、侧面两投影积聚成直线,且分别平行于投影轴 OX、OY
正平面			(1)正面投影反映实形; (2)水平面、侧面两投影积聚成直线,分别平行于投影轴 OX、OZ
侧平面			(1)侧面投影反映实形; (2)水平面、正面两投影积聚成直线,且分别平行于投影轴 OZ、OY

　　投影面平行面的辨认:如果平面的投影图中,同时有两个投影分别积聚成平行于相应投影轴的直线,而另一投影为平面图形,则此平面平行于该投影所在的那个投影面,平面在该投影面上的投影反映实形。

　　(2)投影面垂直面。

　　垂直于一个投影面,而与另外两个投影面倾斜,这样的平面称为投影面垂直面。根据投影面垂直面在三投影体系中与各投影面之间的位置关系,把其分为三种类型。

　　①铅垂面:垂直于 H 面,而与 V、W 面倾斜的平面;水平面投影积聚成直线,另两面投影为类似平面。

　　②正垂面:垂直于 V 面,而与 H、W 面倾斜的平面;正平面投影积聚成直线,另两面投影为类似平面。

　　③侧垂面:垂直于 W 面,而与 H、V 面倾斜的平面;侧平面投影积聚成直线,另两面投影为类似平面。

　　对投影面垂直面的投影特性进行总结,见表 2-5。从表 2-5 可概括出投影面垂直面的投影特性:在所垂直的投影面上投影积聚成一条直线,且与投影轴夹角反映了平面与另两投影面的倾角;另外两个投影面上的投影均为小于原平面的类似形,即一积聚两类似。

名称	直 观 图	投 影 图	投影特性
铅垂面	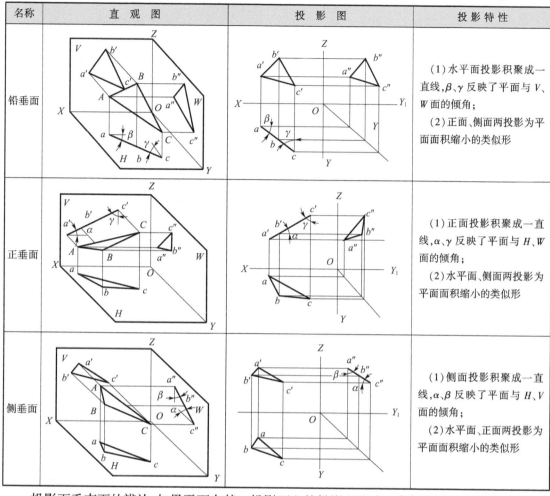		（1）水平面投影积聚成一直线，β、γ 反映了平面与 V、W 面的倾角； （2）正面、侧面两投影为平面面积缩小的类似形
正垂面			（1）正面投影积聚成一直线，α、γ 反映了平面与 H、W 面的倾角； （2）水平面、侧面两投影为平面面积缩小的类似形
侧垂面			（1）侧面投影积聚成一直线，α、β 反映了平面与 H、V 面的倾角； （2）水平面、正面两投影为平面面积缩小的类似形

投影面垂直面的辨认：如果平面在某一投影面上的投影积聚成一条倾斜于投影轴的直线，另两投影为类似平面，则该平面一定是投影面垂直面，且一定垂直于其投影为直线的那个投影面。

（3）一般位置平面。

与三个投影面都倾斜的平面称为一般位置平面。如图 2-31 所示，△ABC 对三个投影面都处于倾斜位置，它的三面投影均既不能积聚成直线，又不能反映实形，而是面积缩小的类似的三角形。

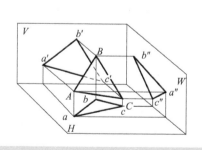
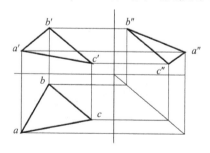

图 2-31　一般位置平面投影

一般位置平面的投影特性：三面投影均不反映实形，且均为缩小了的类似形。

一般位置平面的辨认：如果平面的三面投影均是类似的平面图形，则该平面一定是一般位置平面。

2.3.3 平面上的点和直线

（1）平面上的点和直线。

点在平面上的条件是：若点在平面的某一直线上，则此点必在该平面上。如图 2-32 所示，点 M 在直线 AB 上，而 AB 在平面 P 上，故点 M 必在平面 P 上。

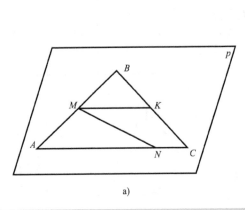

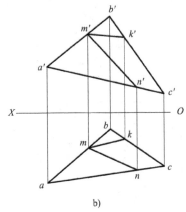

a)　　　　　　　　　　　b)

图 2-32　平面上的点和直线

直线在平面上的条件是：若直线通过平面上两个已知点，则此直线必在该平面上；或者直线通过平面上一个已知点，且平行于平面上的某一直线，则此直线也必在该平面上。如图 2-32 中，由 △ABC 表示的平面 P，在直线 AB、AC 上各取一点 M、N，过 M、N 两点的直线必在平面 P 上；如过点 M 作直线 MK 平行于 AC，则 MK 也必在该平面上。

（2）平面上的投影面平行线。

凡在平面上且平行于某一投影面的直线，称为平面上的投影面平行线。它又分为平面上的正平线、平面上的水平线、平面上的侧平线。这些直线既与所在平面有从属关系，又具有投影面平行线的投影特性。如图 2-33a）所示，AD 为 △ABC 平面上的正平线，CE 为 △ABC 平面上的水平线，BF 为 △ABC 平面上的侧平线。△ABC 及其上的三种投影面平行线的三面投影分别如图 2-33b）、c）、d）所示。

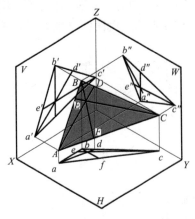

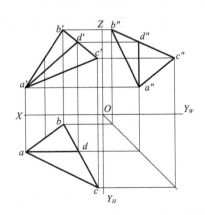

a)属于△ABC平面的正平线AD、水平线CE和侧平线BF　　　b)AD既从属于△ABC平面又具有正平线的投影特性

图　2-33

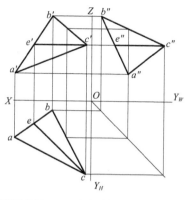

c)CE既从属于△ABC平面又具有水平线的投影特性

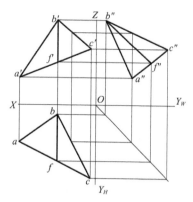

d)BF既从属于△ABC平面又具有侧平线的投影特性

图 2-33　属于平面的正平线、水平线和侧平线

一般位置平面上存在一般位置直线和投影面平行线,不存在投影面垂直线。特殊位置平面上存在哪些种类的直线,请读者自己分析。

3 任务实施

为了能快速而准确地绘制出物体的三视图,我们研究了组成平面几何体的基本几何元素点、直线、平面的投影特性,下面进行点、直线、平面的投影绘制方法的作图练习。

3.1 例题 1

已知点 A 的两面投影 a 和 a',求第三面投影 a'',如图 2-34a)所示。

3.1.1　分析作图

根据点的投影特性知:$aa' \perp OX$、$a'a'' \perp OZ$ 且 $aa_X = a''a_Z = Y_A$(两线垂直于 OY 轴且 y 坐标值相等)。

3.1.2　具体作图步骤

先作 $a'a_Z \perp OZ$ 并延长,再采用 45° 对角线使 y 坐标值相等,如图 2-34b)所示;或直接量取 $aa_X = a''a_Z$ 使 y 坐标值相等,如图 2-34c)所示,即求作出了 A 点的第三面投影 a''。

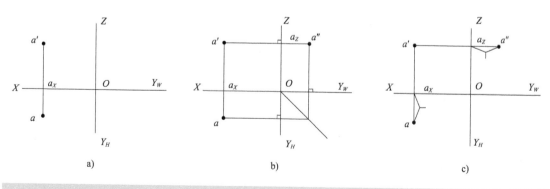

图 2-34　已知点的两面投影求第三面投影

3.2 例题 2

已知 A 点的坐标值 $A(12,10,15)$，求作 A 点的三面投影，如图 2-35a) 所示。

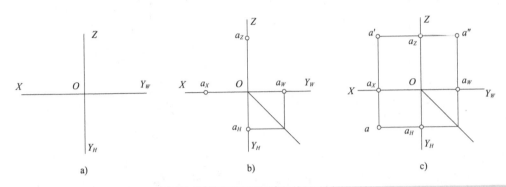

图 2-35 已知点的坐标求点的三面投影

3.2.1 分析作图

利用点的投影与坐标关系可知：点的投影 a 反映 X 和 Y 坐标，a' 反映 X 和 Z 坐标，a'' 反映 Y 和 Z 坐标。

3.2.2 具体作图步骤

先在三个投影轴上量取相应的坐标值，即得到 $a_X = 12$、$a_{Y_H} = a_{Y_W} = 10$、$a_Z = 15$ 等点，如图 2-35b) 所示，然后过这些点作所在投影轴的垂线，其交点便是 a、a' 和 a''，如图 2-35c) 所示。

3.3 例题 3

已知直线 AB 和平面 ABC 的两面投影，求直线 AB 和平面 ABC 的第三面投影，如图 2-36a) 和图 2-37a) 所示。

分析作图。求作直线或平面的第三面投影，实际上就是求作点的第三面投影，如图 2-36b) 和图 2-37b) 所示；然后顺次连接各点，如图 2-36c) 和图 2-37c) 所示，就是要求作的直线和平面的第三面投影。

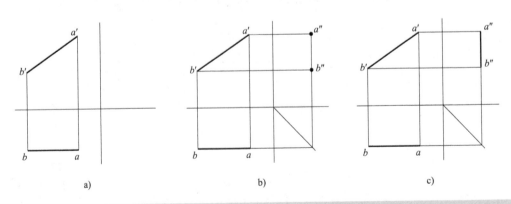

图 2-36 已知直线的两面投影求直线的第三面投影

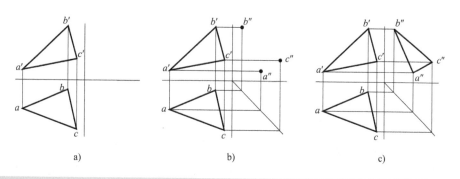

图 2-37　已知平面的两面投影求平面的第三面投影

3.4　例题 4

分析四棱锥台中的棱线和棱面情况，如图 2-38 所示。

分析作图。根据直线和平面的三面投影特性，来分析组成四棱锥台中棱线及棱面情况（组成平面立体两元素直线和平面）。从立体图及三视图可知，该四棱锥台由 12 条直线（棱线）或 6 个平面（棱面）组成，故根据直线和平面的投影特性，对每条棱线和每个棱面进行投影分析。

（1）棱线的分析。

从图 2-38a）中可以看出，棱线 AF 的三面投影 af、$a'f'$、$a''f''$ 都与投影轴倾斜；因此，此棱线 AF 为一般位置直线。

棱线 DE 的 H 面投影 de 平行于 OX 轴，W 面的投影 $d''e''$ 平行于 OZ 轴，而 V 面上的投影 $d'e'$ 与投影轴倾斜，即一斜线两平行线，因此，此棱线 DE 是正平线。同理可知，棱线 BG 为侧平线。

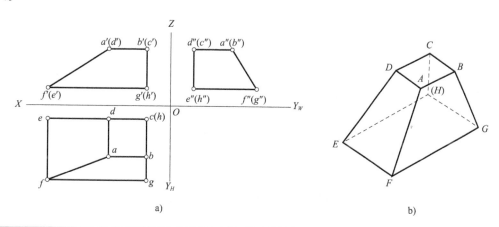

图 2-38　四棱锥台立体图和三视图

棱线 AB 的 W 面投影积聚为一点 $a''(b'')$，V 面投影垂直于 OZ 轴，H 面投影 ab 垂直于 OY_H 投影轴，即一点两平齐，因此，此棱线 AB 为侧垂线。同理可知，棱线 DC、EH、FG 也都是侧垂线；棱线 CH 为铅垂线；棱线 AD、BC、FE、GH 为正垂线。

综上所述，可知四棱锥台中棱线的情况。一般位置直线 AF；平行线：DE 为正平线、BG 为侧平线；垂直线：AB、DC、EH、FG 为侧垂线，CH 为铅垂线、BC、FE、GH 为正垂线。即 12 条棱线分别为 2 条平行线、9 条垂直线和 1 条一般位置直线。

(2)棱面的分析。

棱面 ABCD 的 H 面的投影为矩形(实形性),其余两投影面均积聚成直线,即一实形两积聚;故棱面 ABCD 为水平面;同理可知,棱面 EFGH 为水平面、棱面 CDEH 为正平面、棱面 BCHG 为侧平面。

棱面 ABGF 的 W 面的投影积聚成一直线,水平面和正面的两投影均为类似的四边形,即一积聚两类似;故棱面 ABGF 为侧垂面;同理可知,棱面 ADEF 为正垂面。综上所述,可知四棱锥台中棱面的情况。平行面:棱面 ABCD 和棱面 EFGH 为水平面、棱面 CDEH 为正平面、棱面 BCHG 为侧平面;垂直面:棱面 ABGF 为侧垂面、棱面 ADEF 为正垂面;一般平面没有。即6个棱面分别为4个平行面、2个垂直面、0个一般位置平面。

思考:该四棱锥台也可认为是由12个点组成,故可分析12点的空间位置及其之间的位置关系(上下、左右和前后)以及重影等问题。

 ### 复习与思考题

一、填空题

1. 投射线通过物体,向选定的投影面投射,并在该投影面上得到图形的方法称为_____。

2. 根据投射线间的相对位置,投影法可分为_____和平行投影法两大类。其中平行投影法根据投影线相对于投影面的方向,又分为_____和_____。

3. 三视图中的俯视图反映了物体的_____和_____方位关系。

4. 主视图、左视图、俯视图都相同的几何体可以是_____(至少写出两个)。

二、选择题

1. 三视图中的左视图的投影方向是( )。

　　A. 从左向右　　　　B. 从右向左　　　　C. 从上向下　　　　D. 从前向后

2. 一个矩形框在阳光下摆放,矩形框在地面上形成的投影不可能是( )。

　　A. 长方形　　　　B. 正方形　　　　C. 直线　　　　D. 点

3. 已知某个几何体的主视图、左视图、俯视图分别为长方形、长方形、圆,则该几何体是( )。

　　A. 球体　　　　B. 长方体　　　　C. 圆锥体　　　　D. 圆柱体

4. 下面四个几何体中,主视图、左视图、俯视图是全等图形的几何体是( )。

　　A. 圆柱　　　　B. 正方体　　　　C. 三棱柱　　　　D. 圆锥

5. 已知 A 点距 H、V、W 面的距离分别为10、20、30;B 点在 A 点下方5,右方10,后方15,因此可知 B 点的坐标为( )。

　　A. (20,35,15)　　　B. (20,35,5)　　　C. (20,5,15)　　　D. (20,5,5)

6. 下列光线形成的投影不是中心投影的是( )。

　　A. 探照灯　　　　B. 太阳光　　　　C. 手电筒　　　　D. 路灯

三、简答题

1. 投影法有哪些类型及其投影特点?其中正投影法的基本性质有哪些?

2. 物体的三视图如何形成?三视图之间有哪些关系?这些关系是怎样的?

3. 空间点的位置有哪些,并分析其投影特性。

4.根据直线对三个投影面的位置不同,说明有哪些类型直线,并分析其投影特性。

5.根据平面对三个投影面的位置不同,说明有哪些类型平面,并分析其投影特性。

四、技能训练

1.过点 *A* 作直线 *AB* 与 *CD* 相交,其交点离 *H* 面 15mm(图 2-39)。

2.在直线 *AB* 上找一点 *K*,使点 *K* 到 *V*、*H* 面的距离相等,并作出第三面投影(图 2-40)。

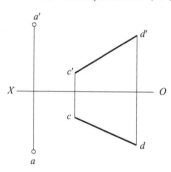

图 2-39 第 1 题图

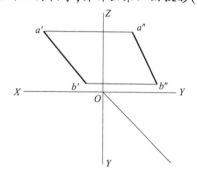

图 2-40 第 2 题图

3.作一直线 *GH* 与直线 *AB*、*CD* 相交,且与直线 *EF* 平行(图 2-41)。

4.已知直线 *AB* 与 *CD* 相交,求作 *cd*(图 2-42)。

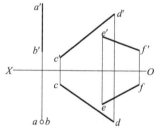

图 2-41 第 3 题图

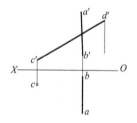

图 2-42 第 4 题图

5.在 △*ABC* 上作一点 *K*,使点 *K* 到 *V* 面、*H* 面的距离均为 20mm(图 2-43)。

6.完成五边形 *ABCDE* 的 *V* 面投影(图 2-44)。

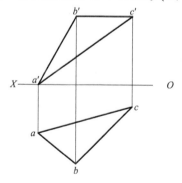

图 2-43 第 5 题图

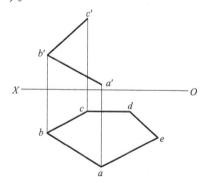

图 2-44 第 6 题图

项目 3

立体及表面交线

概　　述

零件都是由点、线、面及立体与立体相交构成。要看懂图、能绘制图的前提是必须了解零件表面交线的绘制，要能看懂零件图和装配图，必须了解构成它们的基本体，掌握零件、部件图样绘制的基本理论及其组合体的识读、绘制等。为此，本项目主要设有三部分：平面立体、曲面体、截交线和相贯线的画法。

任务 1　平面基本体

❶ 任务引入

汽车专业尤其是汽车制造与装配专业的学生毕业后进入汽车生产企业会接触到大量的图样和零件的加工，而这些汽车零件中有很多是平面立体构成的。这些由平面立体构成的零件如何绘制？零件上的孔、小结构等又该如何绘制？表面为平面多边形的立体，称为平面立体。最基本的平面立体有棱柱、棱锥、棱台等，如图 3-1 所示。

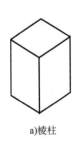

a)棱柱　　　　　　　　　　b)棱锥　　　　　　　　　　c)棱台

图 3-1　常见的平面立体

❷ 相关理论知识

由于平面立体的表面是由若干个多边形平面所围成，因此，绘制平面立体的投影可归结为绘制它的各表面的投影。平面立体各表面中相邻两表面的交线称为棱线。平面立体的各表面是由棱线所围成，而每条棱线可由其两端点确定，因此，绘制平面立体的投影又可归结为绘制各棱线及各顶点的投影。作图时，应判别其可见性，把可见棱线的投影画成粗实线，不可见棱线的投影画成虚线。

2.1 棱柱

棱柱的棱线互相平行,底面是多边形。常见的棱柱有三棱柱、四棱柱、五棱柱、六棱柱等。以图 3-2 所示的六棱柱为例,分析棱柱的投影特征和作图方法。

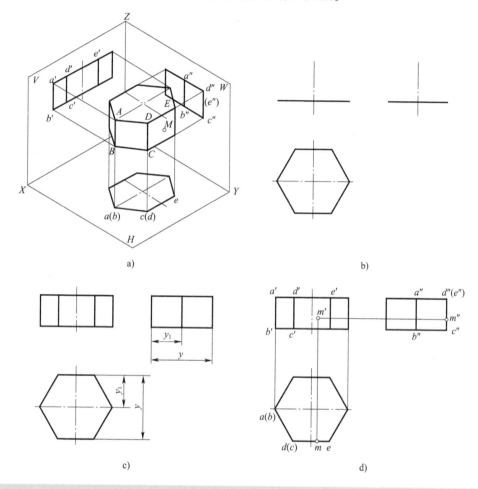

图 3-2 正六棱柱的三面投影的作图步骤及表面点的投影

2.1.1 正六棱柱的投影分析

如图 3-2a)所示,正六棱柱的顶面、底面均为水平面,它们的水平投影反映其正六边形的实形,正面及侧面投影积聚为一直线。棱柱有六个侧棱面,前后棱面为正平面,它们的正面投影反映实形,水平投影及侧面投影积聚为一直线。棱柱的其他四个侧棱面均为铅垂面,水平投影积聚为直线,正面投影和侧面投影为类似形。六个棱面的水平投影积聚为正六边形的六条边。

2.1.2 正六棱柱的作图步骤

(1)先画出反映六棱柱主要形状特征的投影,即水平投影的正六边形,再画出正面、侧面投影中的底面基线和对称中心线,如图 3-2b)所示。

(2)按"长对正"的投影关系及六棱柱的高度画出六棱柱的正面投影,按"高平齐、宽相等"的投影关系画出侧面投影,如图 3-2c)、d)所示。棱线 AB 为铅垂线,水平投影积聚为一点

$a(b)$，正面投影和侧面投影均反映实长，即 $a'b' = a''b'' = AB$；顶面的边 DE 为侧垂线，侧面投影积聚为一点 $d''(e'')$，水平投影和正面投影均反映实长，即 $de = d'e' = DE$；底面的边 BC 为水平线，水平投影反映实长，即 $bc = BC$，正面投影 $b'c'$ 和侧面投影 $b''c''$ 均小于实长。其余棱线可进行类似分析。

作棱柱投影图时一般先画出反映棱柱底面实形的投影，即多边形，再根据投影规律作出其余两个投影。各投影间应严格遵守长对正、高平齐、宽相等的投影规律。

2.1.3　棱柱表面上取点

在平面立体表面上取点，其原理和方法与平面上取点相同。由于正放棱柱的各个表面都处于特殊位置，因此，在其表面上取点均可利用平面投影有积聚性作图，并表明可见性。例如，

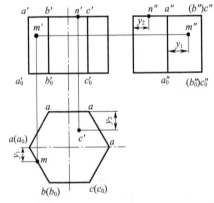

图3-3　正六棱柱表面上点的投影

在正六棱柱表面上有一点 M，已知其正面投影 m'，要画出水平和侧面投影（图3-3）。由于点 M 的正面投影是可见的，所以点 M 必定在左前方的棱面 AA_0B_0B 上[参阅图3-2a)]。而该棱面为铅垂面，因此点 M 的水平投影 m 必在该棱面有积聚性的水平投影 m' 直线上，故点 M 的水平投影位于积聚性的直线上不可见，表示为(m)，但位于积聚性直线的点的投影这种情况的表示，通常以可见点的表示法表示为 m。根据投影关系由 m' 和 m 求出 m''，由于棱面 M 处于左前方，侧面投影可见，所以点 M 的侧面投影 m'' 也可见。又如，已知点 N 的水平投影 n，求 n' 和 n''。由于 n 可见，所以点 N 必定在顶面上，而顶面为水平面，其正面投影和侧面投影都具有积聚性。因此，(n')、(n'') 也必分别在顶面的正面投影和侧面投影所积聚的直线上，均不可见，但以可见点的表示法表示，即表示为 n' 和 n''。

2.2　棱锥

棱锥的棱线交于锥顶。常见的棱锥有三棱锥、四棱锥、五棱锥等。以图3-4所示的三棱锥为例，分析棱锥的投影特征和作图方法。

2.2.1　正三棱锥的投影分析

正三棱锥的底面 $\triangle ABC$ 为水平面，AB、BC 为水平线，AC 为侧垂线，其水平投影 $\triangle abc$ 反映实形。后棱面 $\triangle SAC$ 为侧垂面，其侧面投影积聚为直线 m'。左右两棱面 $\triangle SAB$、$\triangle SBC$ 为一般位置平面，它们的三面投影均为类似形。棱线 SB 为侧平线，SA、SC 为一般位置直线。

2.2.2　正三棱锥的作图步骤

(1)先画出反映底面 $\triangle ABC$ 实形的水平投影和有积聚性的正面、侧面投影。

(2)再作锥顶 S 的各面投影，然后连接锥顶 S 与底面各顶点的同面投影，得到三条棱线的投影，从而得到正三棱锥的三面投影，如图3-4b)所示。

2.2.3　棱锥表面上取点

棱锥表面上取点的方法有辅助线法和辅助面法。

下面用辅助线法求解。已知三棱锥棱面 $\triangle SAB$ 上点 M 的正面投影 m'，求作另外两面投影 m、m''，如图3-4所示。

(1)分析。由于点 M 所在的棱面 $\triangle SAB$ 是一般位置平面，其投影没有积聚性。

（2）作图步骤。过点 M 作辅助线 $S\mathrm{I}$ 的正面投影 m'，并作出 $S\mathrm{I}$ 的水平投影 $s1$，在 $s1$ 上定出 m。然后由 m'、m 作出 m''。因为棱面 $\triangle SAB$ 的水平投影和侧面投影均可见，所以 m、m'' 均可见。

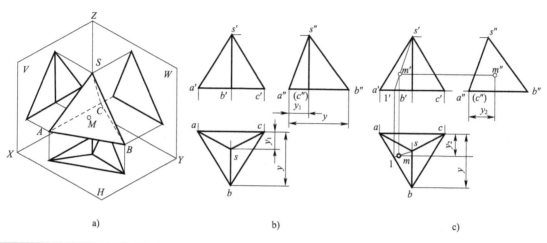

a)   b)   c)

图 3-4   正三棱锥的投影

③ 任务实施

用辅助面法求解，如图 3-5 所示。

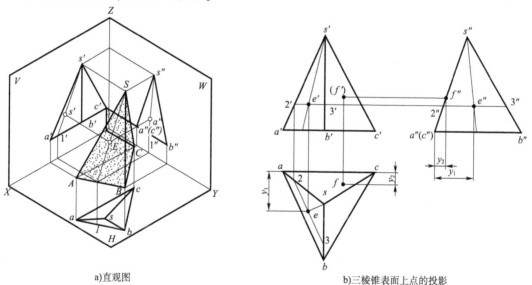

a)直观图   b)三棱锥表面上点的投影

图 3-5   三棱锥表面点的投影

具体作图步骤：过点 E 作底棱 AB 的平行线 II、III，则 $2'3'\ //\ a'b'$ 且通过 e'，求出 II、III 的水平投影（$23\ //\ ab$，必通过 e）和侧面投影（$2''3''\ //\ a''b''$，必也通过 e''）。

判别可见性：由于侧棱面 $\triangle SAB$ 处于左方，侧面投影可见，故其上的点 E 的侧面投影 e'' 可见；水平投影 e 也可见。

又如已知点 F 的水平投影 f，求 f' 和 f''。由于 f'' 可见，所以知点 F 是在后棱面 $\triangle SAC$ 上，而不是在底面 $\triangle SAB$ 上。侧棱面 $\triangle SAC$ 是侧垂面，其侧面投影具有积聚性，故 f'' 可利用积聚性直接求出,即(f'')必在$s''a''(c'')$直线上,再由f和(f'')求出(f')。由于侧棱面$\triangle SAC$处于后方,正面投影不可见,故其上的点F的正面投影(f')不可见,侧面投影(f'')也不可见。

任务2 曲面基本体

1 任务引入

随着人们物质文化水平的提高,汽车的拥有量越来越大,人们对汽车的要求越来越个性化,汽车零件中就有大量的曲面体,比如汽缸、气门头部、汽车钣金件等部位。这些曲面零件如何绘制呢?零件上的孔、凸台等小结构又该如何绘制?曲面立体的表面是曲面或曲面与平面。常用的曲面立体有圆柱、圆锥、圆球、圆环等;曲面可分为规则曲面和不规则曲面两种。本书只讨论规则曲面。

2 相关理论知识

由于平面立体的表面是由若干个多边形平面所围成,因此,绘制平面立体的投影可归结为绘制它的各表面的投影。平面立体各表面中相邻两表面的交线称为棱线。平面立体的各表面是由棱线所围成,而每条棱线可由其两端点确定,因此,绘制平面立体的投影又可归结为绘制各棱线及各顶点的投影。作图时,应判别其可见性,把可见棱线的投影画成粗实线,不可见棱线的投影画成虚线。

2.1 圆柱体

圆柱体的表面是圆柱面和顶面、底面。圆柱面是由一条直母线绕与它平行的轴线旋转而形成的,如图3-6a)所示。圆柱面上的素线是平行于轴线的直线。

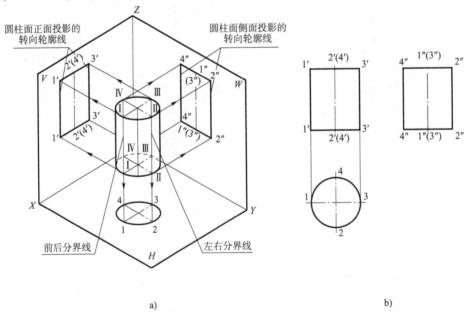

a)

b)

图3-6 圆柱的投影

2.1.1 圆柱体的投影分析

图 3-6 表示一直立圆柱的立体图和它的三面投影。圆柱的顶面、底面是水平面,所以水平投影反映圆的实形,即投影为圆。其正面投影和侧面投影积聚为直线,直线的长度就等于圆的直径。由于圆柱的轴线垂直于水平面,圆柱面的所有素线都垂直于水平面,故其水平投影积聚为圆,与上下底面的圆的投影重合。

2.1.2 作图步骤

在圆柱的正面投影中,前、后两半圆柱面的投影重合为一矩形,矩形的两条竖线分别是圆柱最左、最右素线的投影,也就是圆柱前后分界的转向线的投影。在圆柱的侧面投影中,左右两半圆柱面重合为一矩形,矩形的两条竖线分别是最前、最后素线的投影,也就是圆柱左右分界的转向线的投影。

需要注意,在画圆柱及其他回转体的投影图时一定要用点画线画出轴线的投影,在反映圆形的投影上还需用点画线画出圆的中心线。

图 3-7 所示为圆筒的投影图。圆筒可以看成是圆柱体上同轴开了一个圆孔形成的,圆孔即圆筒的内表面,也是一个圆柱面,它的表示方法与圆筒外表面相同,仅因它在物体内部,相关投影上的外形线为不可见,故画成虚线。

在图 3-8 中,圆柱面上有两点 M 和 N,已知其正面投影 m' 和 n',且为可见,求另外两投影。由于点 N 在圆柱的转向轮廓线上,其另两投影可直接根据线上取点的方式求出。而点 M 可利用圆柱面有积聚性的投影,先求出点 M 的水平投影 m,再由 m 和 m',求出 m''。点 M 在圆柱面的右半部分,其侧面投影 m'' 为不可见。

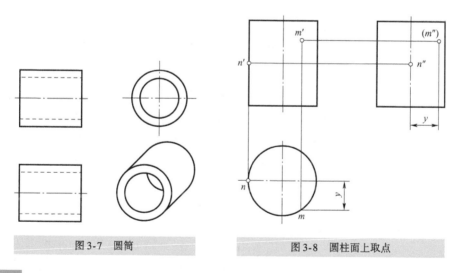

图 3-7 圆筒　　　　　图 3-8 圆柱面上取点

2.2 圆锥体

圆锥体的表面是圆锥面和底面。圆锥面是由一条直母线,绕与它相交的轴线旋转而形成的。在圆锥面上任意位置的素线,均交于锥顶。圆锥面上的纬圆从锥顶到底面直径越来越大,底边是圆锥面上直径最大的纬圆。

2.2.1 圆锥体的投影分析

如图 3-9 所示表示一直立圆锥,它的正面和侧面投影为同样大小的等腰三角形。正面投影的等腰三角形的两腰是圆锥的最左和最右转向线的投影,其侧面投影与轴线重合,它们将圆锥面分为前、后两半,水平投影与圆的水平对称线重合;侧面投影的等腰三角形的两腰是圆锥面对侧面转向线的投影,亦即圆锥面上最前和最后素线的投影,其正面投影与轴线重合,它们将圆锥面分为左、右两半,水平投影与圆的垂直对称线重合。圆锥面的水平投影为圆,圆周是底面圆的投影。

图 3-10 所示为圆台的投影图。

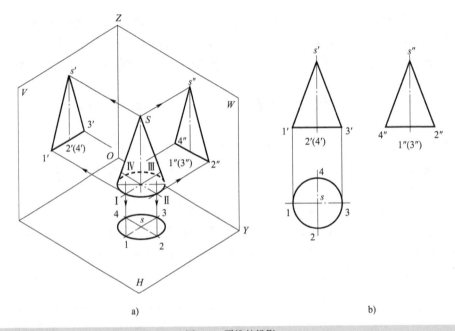

a)   b)

图 3-9　圆锥的投影

2.2.2　圆锥表面上取点

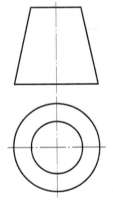

图 3-10　圆台的投影

圆锥表面取点,首先是转向线上的点,由于位置特殊,它的作图较为简便。如图 3-11 所示,在最右的转向线上有一点 K,只要已知其一个投影(如已知 k′),另两个投影(k、k″)即可直接求出。但是对于圆锥面上的一般位置点,要作其投影可使用作辅助线的方法,在圆锥表面一般采用素线法和纬圆法。

在图 3-11 中已知点 A 的正面投影,求点 A 的其他两个投影。

(1)素线法。如图 3-11b)所示,过点 A 和 S 作锥面上的素线 SB,即先过 a′作 s′b′,由 b′求出 b,连接 sb,是辅助线 SB 的水平投影。而点 A 的水平投影必在 SB 的水平投影上,从而求出 a,再由 a′和 a,求得 a″。

(2)纬圆法。如图 3-11c)所示,过点 A 在锥面上作一水平辅助纬圆,纬圆与圆锥的轴线垂直。该纬圆在正面及侧面投影中积聚为直线,直线长度即为纬圆直径,水平投影反映纬圆的实形。点 A 的投影必在纬圆的同面投影上。先过 a′作垂直于轴线的直线,得到纬圆的直径;画出纬圆的水平投影,由此找出 a,注意点 A 的正面投影可见,所以其应在圆锥的前半部分,即 a 为过作竖直线与纬圆水平投影两交点中前面的一个;再由 a′、a 求出 a″,因点 A 在圆锥面的左半部,所以 a″为可见。

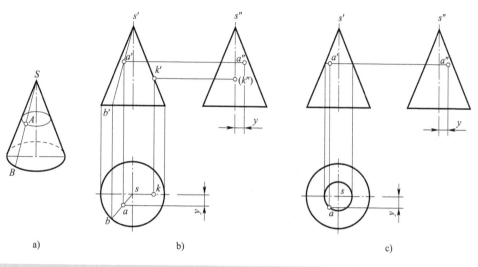

图 3-11　圆锥面上取点

2.3　圆球体

圆球体的表面是圆球面。

2.3.1　圆锥体的投影分析

圆球面是一圆母线绕其直径旋转一周形成的。如图 3-12a) 所示,圆球的三个投影是圆球上平行相应投影面的三个不同位置的转向轮廓圆。正面投影的轮廓圆是前、后两半球面的可见与不可见的分界线的投影,如图 3-12b) 中的 A。水平投影的轮廓圆是上、下两半球面的可见与不可见的分界线的投影,如图 3-12b) 中的 B。侧面投影的轮廓圆是左、右两半球面的可见与不可见的分界线的投影,如图 3-12b) 中的 C。还应注意分析这三条分界线的其余两个投影。

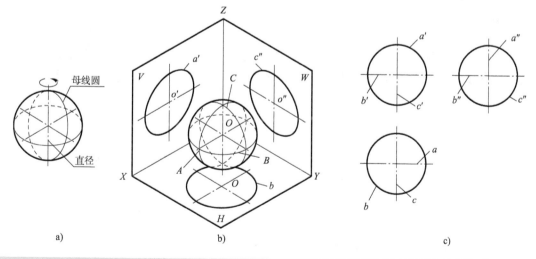

图 3-12　圆球的投影

2.3.2　圆球表面上取点

如图 3-13 所示,若已知圆球面上的点 A、B、C 的正面投影 a'、b'、c',求各点的其他投影。

分析作图。两点 A、B 均为处于转向轮廓线上的特殊位置点,可直接求出其另外两投影。因 a' 可见,且在正面的转向轮廓圆上,故其水平投影 a 在水平对称线上,侧面投影 a'' 在竖直对称线上。因 b' 为不可见,且在水平对称线上,故点 B 在水平面的转向轮廓圆的后半部,可由 b' 先求出 b,最后求出 b'';由于点 B 在侧面转向轮廓圆的右半部,故 b'' 不可见。而 C 在圆球面上处于一般位置,故需作辅助线。在圆球面上作辅助线,只能采用作平行纬圆的方法。可过 c' 作垂直于圆球面竖直轴线的直线(其实质是过点 C 的水平纬圆的正面投影),与球的正面投影圆相交于 e' f',以 $e'f'$ 为直径在水平投影上作圆,则点 C 的水平投影 c 必在此纬圆上,由 c、c' 可求出 c'';因为 C 在球的右下方,故其水平及侧面投影 c、c'' 均为不可见。也可过点 C 作平行于正面或侧面的平行纬圆来找点 C 的投影,建议读者尝试着做一下。

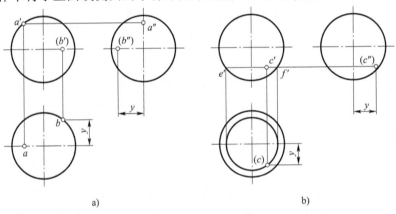

a)   b)

图 3-13　圆球面上取点

任务3　截交线和相贯线

❶ 任务引入

　　汽车专业学生毕业后进入汽车生产企业会接触到大量的图样和零件的加工,而这些汽车零件中有很多是平面与平面、平面与回转体、回转体与回转体相交构成的。要绘制这些零件就需要掌握零件上交线的画法,而这些交线如何绘制呢?

❷ 相关理论知识

　　汽车零件的表面轮廓由大量的截交线和相贯线构成。截平面与立体表面的交线称为截交线,回转体与回转体表面的交线称为相贯线。

2.1　截交线

截平面与立体表面的交线称为截交线,如图 3-14 所示。

2.1.1　概念

(1)截平面:用来截切立体的平面。

(2)截交线:立体被平面截切所产生的表面交线。

(3)截断面:立体被平面截切后所产生的平面。

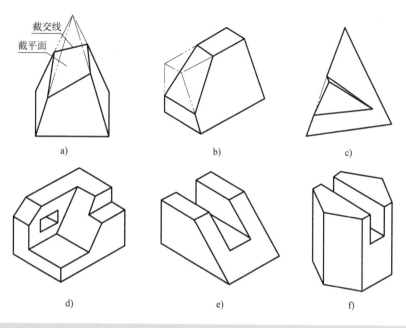

截交线
截平面

a)   b)   c)

d)   e)   f)

图 3-14　切割形成的立体

2.1.2　截交线的性质

（1）共有性：截交线为截平面与立体表面的共有线。

（2）封闭性：由于立体是有形而又有限的，故截交线应是封闭的多边形或包含曲线的平面图形。截交线的形状取决于立体的几何性质与截平面的相对位置。

截平面与平面立体相交，其截交线为封闭的平面折线。

截平面与曲面立体相交，其截交线为封闭的平面曲线或包含直线段和曲线的平面图形。

2.2　平面立体的截交线

平面立体的表面都是平面，截平面与它们的交线都是直线，所以整个立体被切割所得到的截交线将是封闭的平面多边形。截交线为多边形，其边数取决于截平面截到了几条棱线（或截交到了几个表面）。多边形的各边是截平面与被截表面（棱面、底面）的交线，多边形的各顶点是截平面与被截棱线或底边的交点。因此，求作截平面与平面立体的截交线问题可归结为线面交点问题或面面交线问题。

截交线的求作方法：①分别求截平面与被截棱线的交点；②求截平面与被截表面的交线，然后判断可见性，再将同一棱面的交点依次相连。

截切体投影图的作图步骤：

（1）几何抽象。将形体抽象成基本立体，画出立体切割前的原始形状的投影。

（2）分析截交线的形状。分析有多少表面或棱线、底边参与相交，判别截交线是三角形、矩形还是其他的多边形。

（3）分析截交线的投影特性。根据截平面的空间状态，分析截交线的投影特性，如实形性、积聚性、类似性等。

（4）求截交线的投影。分别求出截平面与各参与相交的表面的交线，或求出截平面与各参与相交的棱线、底边的交点，并连成多边形。

（5）对图形进行修饰。去掉被截掉的棱线、补全原图中未定的图线，并分辨可见性，加深描黑。

【例3-1】 求正垂面与六棱柱的截交线,并画出六棱柱切割后的三面投影图,如图3-15所示。

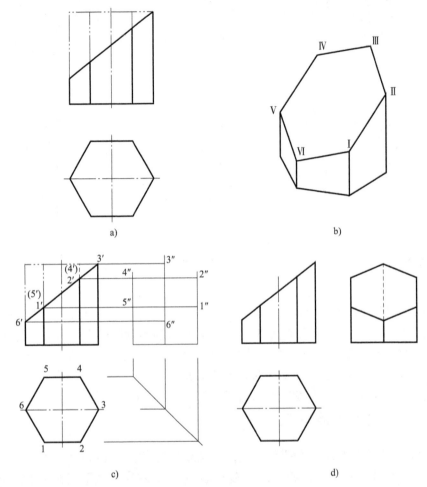

图 3-15　求正六棱柱截切后的投影图

作图[图3-15c)、d)]:

(1)画出完整六棱柱的侧面投影图。

(2)因截平面为正垂面,六棱柱的六条棱线与截平面的交点的正面投影可直接求出。

(3)六棱柱的水平投影有积聚性,各棱线与截平面的交点的水平投影也可直接求出。

(4)根据直线上点的投影性质,在六棱柱的侧面投影上,求出相应点的侧面投影。

(5)将各点的侧面投影依次连接起来,即得到截交线的侧面投影,并判断其可见性。

(6)在图上将被截平面切去的顶面及各条棱线的相应部分去掉,并注意可能存在的虚线。

2.3　曲面立体的截交线

在工程机件中,被平面截切的曲面立体是比较多见的,如图3-16所示。为了表达清楚机件的形状,图样上必须画出机件表面的交线,本节将介绍这些交线的性质和作图方法。

当平面与回转体相交时,所得的截交线是闭合的平面图形。截交线的形状取决于回转面的形状和截平面与回转面轴线的相对位置,一般为平面曲线,如曲线与直线围成的平面图形、椭圆、三角形、矩形等,但当截平面与回转面的轴线垂直时,任何回转面的截交线都是圆。求回转面截交线投影的一般步骤是:

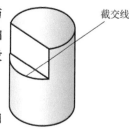

截交线

(1)分析截平面与回转体的相对位置,了解截交线的形状。

(2)分析截平面与投影面的相对位置,以便充分利用投影特性,如积聚性、实形性。

(3)当截交线的形状为非圆曲线时,应求出一系列共有点。先求出特殊点(极限位置点、转向线上的点等),再求一般点,对回转体表面上的一般点则采用辅助线的方法求得,然后光滑连接共有点,求得截交线投影。

图3-16　形体表面的交线

2.3.1　平面与圆柱体的截交线

当平面与圆柱体的轴线平行、垂直、倾斜时,所产生的交线分别是矩形、圆、椭圆,见表3-1。

平面与圆柱的三种截交线　　表3-1

截平面的位置	平行于轴线	垂直于轴线	倾斜于轴线
截交线的形状	矩形	圆	椭圆
立体图			
投影图			

下面举例说明平面与圆柱面得交线投影的作图方法与步骤。

【例3-2】　求作圆柱与正垂面P的截交线,如图3-17a)所示。作图[图3-17b)]:

(1)作特殊点。A、B、C、D是转向线上的点,由正面投影a'、b''、$c'(d')$和水平投影可作出它们的侧面投影a''、b''、c''、d'',其中点A是最高点,点B是最低点。根据对圆柱截交线椭圆的长、短轴分析,可以看出垂直于正面的椭圆直径CD等于圆柱直径,是短轴,而与它垂直的直径AB是椭圆的长轴,长、短轴的侧面投影$a''b''$、$c''d''$仍应互相垂直。

(2)作一般点。在正面投影上取$f'(e')$、$h'(g')$点,其水平投影f、e、h、g在圆柱面的积聚圆周上,由此,可求出侧面投影上f''、e''、h''、g''。取点的多少可根据作图准确程度的要求而定。

(3)依次光滑连接a''、e''、d''、g''、b''、h''、c''、f''、a''即得截交线的侧面投影为椭圆。

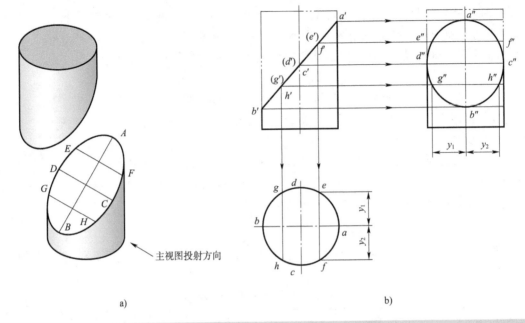

a)   b)

图3-17 平面与圆柱面轴线斜交时截交线的画法

2.3.2 平面与圆锥体的截交线

由于截平面与圆锥轴线相交的相对位置不同,平面截切圆锥所形成的截交线有 5 种,见表 3-2。

平面与圆锥体的交线   表 3-2

截平面的位置	过锥顶	不过锥顶			
		$\theta = 90°$	$\theta > \alpha$	$\theta = \alpha$	$\theta < \alpha$
截交线的形状	等腰三角形	圆	椭圆	抛物线加直线段	双曲线加直线段
立体图					
投影图					

在这 5 种情况下,除截交线为圆或三角形时其投影可直接求得外,其余三种截交线则要分别求出特殊点和一般点,并按曲线性质光滑连接各点即得截交线的投影。

下面举例说明平面与圆锥面得交线投影的作图方法与步骤。

【例3-3】　求作平行于圆锥轴线的平面与圆锥的截交线,如图 3-18a) 所示。

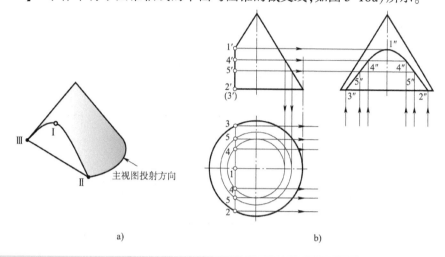

a)　　　　　　　　　　　　　　　　　　b)

图 3-18　平面与圆锥交线的画法

作图步骤[图 3-18b)]:

(1)作特殊点Ⅰ、Ⅱ、Ⅲ。点Ⅰ是双曲线的顶点,在圆锥面对正面的转向线上,用线上取点的方法由1′可以直接求得1、1″;点Ⅱ、Ⅲ为双曲线的端点,在圆锥底圆上,2″、3″可直接由 2、3 求得。这三点也分别是截交线的最高点、最低点。

(2)作一般点。从双曲线的正面投影入手,利用圆锥面上取点的方法作图。图中示出了一般点Ⅳ、Ⅴ的作图过程,利用辅助纬圆求得Ⅳ、Ⅴ的水平投影 4、5 及其对称点的投影,再作出Ⅳ、Ⅴ的侧面投影4″、5″以及对称点的侧面投影。

(3)依次连接各点的侧面投影,完成截交线的投影。

2.3.3　平面与圆球的截交线

平面与圆球的截交线均为圆,如图 3-19b) 所示。当截平面平行投影面时,截交线在该投影面上的投影反映真实大小的圆,而另两投影则分别积聚成直线,如图 3-19a) 所示。

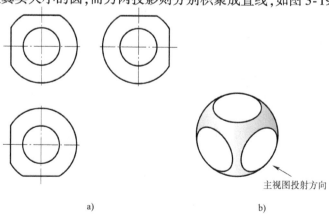

a)　　　　　　　　　　　　　　　　　b)

图 3-19　平面与球面的交线

2.3.4 复合回转体表面的截交线

为了正确地画出复合回转体表面的截交线,首先要进行形体分析,弄清楚是由哪些基本体组成,平面截切了哪些立体,是如何截切的。然后逐个作出每个立体上所产生的截交线。

【例3-4】 完成图3-20a)所示复合回转体的三面投影。

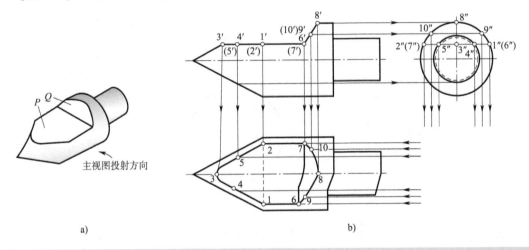

a) b)

图3-20 复合回转体截交线的画法

作图[图3-20b)]:

(1)求作平面 P 产生的截交线。由于其正面投影和侧面投影有积聚性,故只需求出水平投影。首先找出圆锥与圆柱的分界线,从正面投影可知分界点即为 $1'$,侧面投影为 $1''$,不难得出1、2。分界点左边为双曲线(特殊点为Ⅰ、Ⅱ、Ⅲ,一般点为Ⅳ、Ⅴ),右边为直线Ⅰ Ⅳ、Ⅱ Ⅶ,可由 $1'$ 和 $1''$ 求出1和6、2和7。

(2)平面 Q 与圆柱面的交线正面投影积聚为直线,侧面投影积聚为圆弧段,水平投影为椭圆曲线,可根据面上取点的方法求出。

(3)求出平面 P 和平面 Q 的交线Ⅵ Ⅶ。

2.4 相贯线

两回转体相交,表面产生的交线称为相贯线,如图3-21所示。当两回转体相交时,相贯线的形状取决于回转体的形状、大小以及轴线的相对位置。相贯线的性质:

(1)相贯线是两立体表面的共有线,是两立体表面共有点的集合。

(2)相贯线是两相交立体表面的分界线。

(3)一般情况下相贯线是封闭的空间曲线,特殊情况下,可能不封闭或是平面曲线。

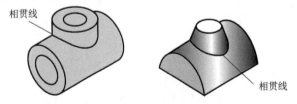

图3-21 相贯线的概念

根据上述性质可知,求相贯线就是求两回转体表面的共有点,将这些点光滑地连接起来,即得相贯线。求相贯线常用方法有:

(1)利用面上取点的方法求相贯线。

(2)用辅助平面法求相贯线,它是利用三面共点原理求出共有点。

本节只介绍利用面上取点的方法求相贯线。当相交的两回转体中,只要有一个是圆柱且轴线垂直于某投影面时,圆柱面在这个投影面上的投影具有积聚性,因此相贯线在这个投影面上的投影就是已知的。这时,根据相贯线共有线的性质,利用面上取点的方法按以下作图步骤可求得相贯线的其余投影:

(1)首先分析圆柱面的轴线与投影面的垂直情况,找出圆柱面积聚性投影。

(2)作特殊点。特殊点一般是相贯线上处于极端位置的点(最高、最低、最前、最后、最左、最右点),这些点通常是曲面转向线上的点,求出相贯线上特殊点,便于确定相贯线的范围和变化趋势。

(3)作一般点。为准确作图,需要在特殊点之间插入若干一般点。

(4)光滑连接。只有相邻两素线上的点才能相连,连接要光滑,注意轮廓线要到位。

(5)判别可见性:相贯线位于回转体的可见表面上时,其投影才是可见的。

2.4.1 两圆柱相贯

(1)利用面上取点的方法求相贯线。

【例 3-5】 求作轴线垂直相交两圆柱的相贯线,如图 3-22a)所示。

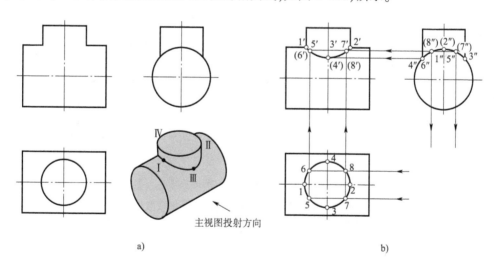

a)   b)

图 3-22 轴线互相垂直的两圆柱面的画法

作图[图 3-22b)]:

①先求特殊点。点 I、II 为最左、最右点,也是最高点,又是前、后半个圆柱的分界点,是正面投影的可见、不可见的分界点。点 III、VI 为最低点,也是最前、最后点,又是侧面投影上可见、不可见的分界点。利用线上取点的方法,由已知投影 1、2、3、4 和 1″、2″、3″、4″求出 1′、2′、3′、4′。

②求一般点。由相贯线水平投影直接取 5、6、7、8 点求出它们的侧面投影 5″(7″)、6″(8″),再由水平投影、侧面投影求出正面投影 5′(6′)、7′(8′)。

③光滑连接各点,判别可见性。相贯线前后对称,后半部与前半部重合,依次光滑连接 1′、5′、3′、7′、2′各点,即为所求。

67

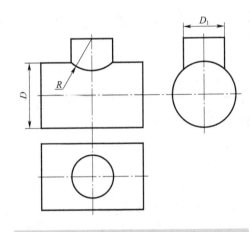

图 3-23　相贯线的近似画法

（2）相贯线的近似画法。

对于如图 3-22 所示的相贯情况，若是两圆柱的直径差别较大，也可以采用近似画法绘制相贯线，即用一段圆弧代替相贯线。圆弧的圆心位于轴线上且半径等于大的圆柱的半径，如图 3-23 中 $H = D/2$。

2.4.2　轴线垂直相交两圆柱三种基本形式

（1）两外圆柱面相交、外圆柱面与内圆柱面相交、两内圆柱面相交，如图 3-24 所示。

（2）相交两圆柱面的直径大小的变化对相贯线的影响。当两圆柱相贯时，两圆柱面的直径大小变化时对相贯线空间形状和投影形状变化的影响，见表 3-3。

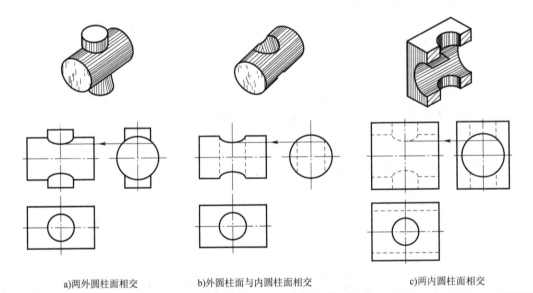

a)两外圆柱面相交　　　　　b)外圆柱面与内圆柱面相交　　　　　c)两内圆柱面相交

图 3-24　两圆柱面相交的三种基本形式

两圆柱面相交的三种基本形式

轴线垂直相交的两圆柱直径相对变化时对相贯线的影响　　　　　　表 3-3

两圆柱直径的关系	水平圆柱较大	两圆柱直径相等	水平圆柱较小
相贯线的特点	上、下两条空间曲线	两个互相垂直的椭圆	左、右两条空间曲线
投影图			

（3）相交两圆柱面轴线的相对位置变化时对相贯线的影响，见表 3-4。

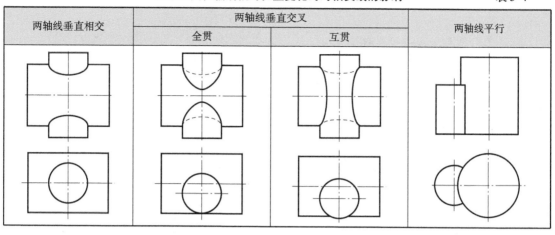

两轴线垂直相交	两轴线垂直交叉		两轴线平行
	全贯	互贯	

2.4.3 相贯线的特殊情况

（1）当轴线相交的两圆柱面公切于一个球面（两圆柱面直径相等）时，相贯线是平面曲线椭圆，且椭圆所在的平面垂直于两条轴线所决定的平面。见表3-3中的两圆柱面直径相等示例。

（2）当圆柱与圆柱相交时，若两圆柱轴线平行，其相贯线为直线。见表3-4中的两轴线平行示例。

（3）当相交两回转体具有公共轴线时，相贯线为圆，在与轴线平行的投影面上相贯线的投影为一直线段，在与轴线垂直的投影面上的投影为圆的实形，如图3-25所示。

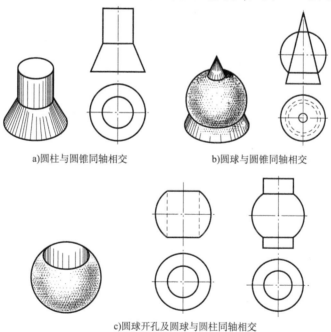

a)圆柱与圆锥同轴相交   b)圆球与圆锥同轴相交

c)圆球开孔及圆球与圆柱同轴相交

图3-25 两回转体具有公共轴线时的相贯线

复习与思考题

一、填空题

1.表面为平面多边形的立体，称为_____立体。

2. 圆锥面上的一般位置点,要作其投影可使用作辅助线的方法,一般采用_____法和_____法。

3. 截平面与立体表面的交线称为_____,回转体与回转体表面的交线称为_____。

4. 立体被平面切割(截切),所形成的形体称为_____。

5. 切割立体的平面称为_____,截平面与立体表面的交线称为_____,截交线所围成的截面图形称为_____。

二、选择题

1. 组合体视图上的线框表示(　　)。

　　A. 物体上一个表面的投影　　　　B. 物体上一条棱的投影

　　C. 多个面的投影　　　　　　　　D. 两表面投影

2. 截平面与立体表面的交线称为(　　)。

　　A. 截交线　　　　B. 相贯线　　　　C. 相交线　　　　D. 以上都不是

3. 如果两条直线的各组同面投影都相交,且交点符合点的投影规律,则可判定这两条直线在空间上也一定(　　)。

　　A. 平行　　　　　B. 垂直　　　　　C. 相交　　　　　D. 交叉

三、简答题

1. 求回转面截交线投影的一般步骤。

2. 简述相贯线的性质。

四、技能训练

1. 已知立体表面上点或线的一个投影,求作另外两个投影(保留作图线)(图3-26)。

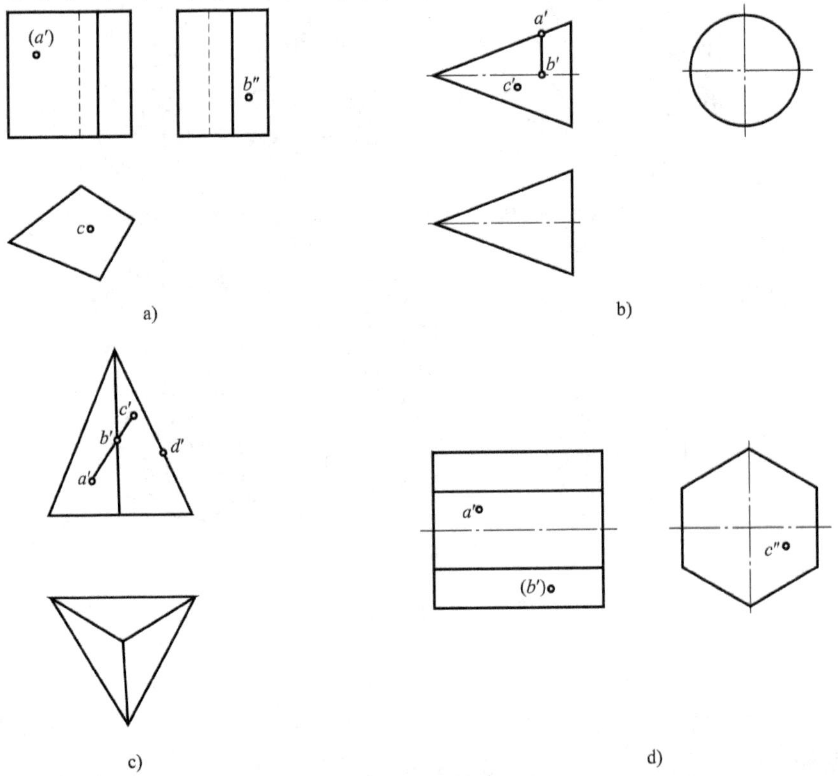

图3-26　第1题图

2. 完成截切体和相贯体的三面投影(图3-27)。

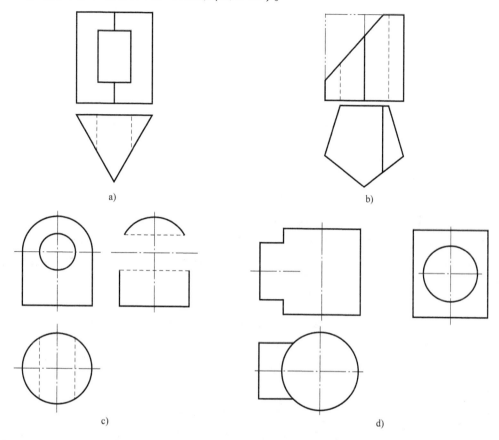

图3-27 第2题图

项目 4

组合体视图

 概　述

任何复杂的物体(或者零件),从形体角度来说,都可以认为是由若干个基本几何体组成的。这种由几种基本体组合而成的更复杂形体,称为组合体。本项目主要介绍组合体的组合方式、组合体的绘图、识图及尺寸标注等内容,是今后学习零件图的必要基础。

任务 1　组合体的组合方式及形体分析

① 任务引入

汽车是由成千上万个零件组成的,而零件是由各种基本体按一定的方式组合而成的,那么这些零件是如何组合的呢?我们又如何将这些零件分析绘图呢?如图 4-1 所示的轴承座,我们如何对其进行分析绘制呢?

② 相关理论知识

2.1　组合体的组合方式及形体分析

2.1.1　组合体的组合形式

由若干个基本几何体按一定的位置经过叠加或切割组成的物体称为组合体。通常组合体的组合形式有叠加和切割两种方式,当同时含有叠加和切割两种方式时称为综合式,所以,组合体的组合形式有叠加式、切割式和综合式三种类型,如图 4-2 所示。

图 4-1　轴承座

2.1.2　组合体中相邻形体表面的连接关系

组合体的基本几何体间的相互位置不同,形成组合体的形状也就不同。掌握相邻形体的表面连接形式及其画法,对于准确地绘图,不多线也不漏画线有重要的意义。

组合体中相邻形体表面的连接关系可分为四种:相错、平齐、相切、相交。在对组合体进行表达时,必须注意其组合形式和各组成部分表面间的连接关系,在绘图时才能做到不多线和不漏线,同时,在读图时也必须注意这些关系,才能清楚组合体的整体结构形状,不同位置关系在绘图时的表达方法,具体情况见表 4-1。

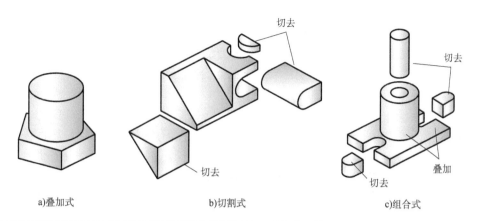

a)叠加式　　　　　　　　　b)切割式　　　　　　　　　c)组合式

图 4-2　组合体的组合形式

组合体相邻两表面的关系　　　　　　　　　　　　　　　　　表 4-1

连接关系	图　　例	说　　明
相错	不平齐	当两形体的表面平行但不平齐时,称为相错。其两形体的投影间应该有线隔开,若中间没有线隔开就成了一个平面,该组合体的组合形式就变成了"平齐"
平齐	平齐	当两个形体的表面平行且共面时,称为平齐。其两形体的投影间应该没有线隔开,若画成两个线框就成了两个平面,该组合体的组合形式就变成"不平齐"
相切	相切	两形体的表面相切时,在相切位置应该不画出切线的投影
相交	交线的投影　相交	当两形体的表面相交时,在相交处应该画出交线的投影

2.1.3 组合体的形体分析

通常情况下,对组合体进行形体分析,采用的方法有两种,形体分析法和线面分析法。

(1)所谓形体分析法,就是把形状比较复杂的组合体分解成若干个基本几何体,并确定各形体之间的组合形式及其相对位置的分析方法。

如图4-3a)所示的支架,属于叠加类型的形体,即采用形体分析法。可将其分解成由图4-3b)所示的六个简单形体组成,支架的中间为一直立空心圆柱,肋和右上方的搭子均与直立空心圆柱相交而产生交线,肋的左侧斜面与直立空心圆柱相交产生的交线是曲线(椭圆的一小部分)。前方的水平空心圆柱与直立空心圆柱垂直相交,两孔穿通,圆柱外表面和内表面都产生交线。右上方的搭子顶面与直立空心圆柱的顶面平齐,表面无交线;底板两侧面与直立空心圆柱相切,相切处无交线。

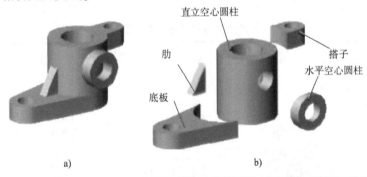

直立空心圆柱
肋
底板
搭子
水平空心圆柱

a)   b)

图4-3 支架及形体分析

(2)所谓线面分析法,就是把组合体分解成若干个面,根据线、面的投影特点,逐个分析各个面的形状、面与面的相对位置关系,以及各交线的性质,从而想象出组合体的形状。

如图4-4所示的三视图,根据线、面的投影特点,分析出各个平面的形状及相对位置,从而可以想象出该组合体的形状。

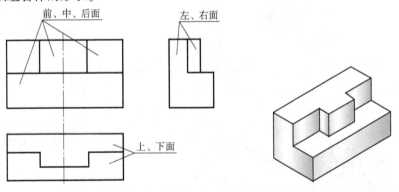

前、中、后面   左、右面

上、下面

图4-4 线面分析组合体

任务2　组合体三视图的绘制

❶ 任务引入

生活中或者学习的过程中,大家见过很多机械零件,请选择一个常用的零件,想象一下如

何对它进行三视图的绘制？

❷ 相关理论知识

2.1 叠加类形体画组合体视图的方法和步骤

下面以图4-5所示的轴承座为例,说明绘制组合体三视图的方法和步骤。具体步骤介绍如下。

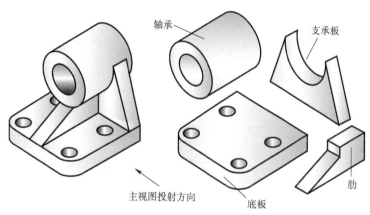

图4-5 组合体轴承座的形体分析

2.1.1 形体分析

首先要对组合体进行形体分析,把组合体分解为若干个形体,确定它们的相对位置、组合形式及相邻两表面间的连接方式。所以,需要分析轴承座是由哪些简单形体组成,以及各简单形体之间的相对位置如何。如图4-5可以看出,轴承座由轴承、支承板、肋及底板组成。支承板的倾斜侧面与轴承的外圆柱面相切;肋与轴承的外圆柱面相交,其交线由圆弧和直线组成;底板的顶面与支承板、肋的底面互相叠加。

2.1.2 选择主视图

在视图中主视图是最主要的视图,一般选取组合体自然安放位置和表现形状结构最明显的方向作为主视图的投射方向。因此,轴承座主视图的投射方向应按如图4-5所示箭头所指方向。

2.1.3 布置视图

布置视图就是确定各视图的具体位置,画出各视图的对称中心线、主要轮廓线或主要轴线和中心线。并且作为下一步画底稿时的作图基线。如图4-6a)所示,为了使图面布置合理,首先应选择合适的图幅和比例,再考虑各视图的大小,在两视图之间及视图与图框之间留出恰当的距离,以标注尺寸等。

2.1.4 绘制底稿

绘制底稿的一般方法和顺序如下:

(1)按形体分析,先画主要形体,后画次要形体;先画各形体特征视图,再按照投影关系完成其对应的其他视图,最后完成细节。画轴承座视图底稿的顺序如图4-6b)、c)、d)、e)所示。

(2)画各简单形体时,一般是优先画出反映该形体实形的视图,同时画其余视图。

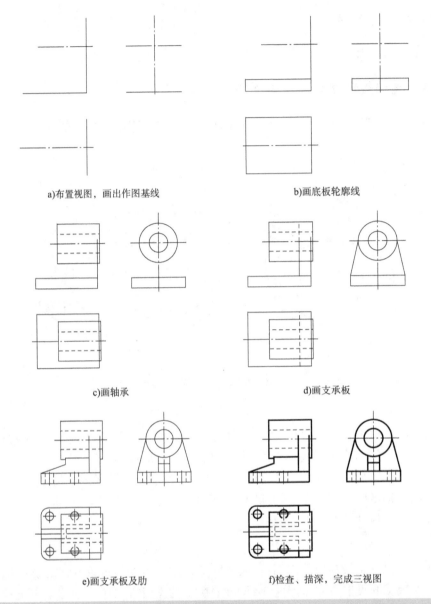

a)布置视图，画出作图基线　　　　　b)画底板轮廓线

c)画轴承　　　　　　　　　　　　d)画支承板

e)画支承板及肋　　　　　　　f)检查、描深，完成三视图

图4-6　轴承座的绘图步骤

（3）表面交线一般要在各形体的大小及相对位置确定后，根据其投影关系作出。

2.1.5　检查、描深

全图底稿完成后，再按原画图顺序仔细检查，纠正错误和补充遗漏，然后按标准线型描出各线条，完成后的轴承座三视图如图4-6f）所示。

2.2　切割类形体画组合体视图的方法和步骤

以图4-7所示的切割体为例，说明切割型组合体三视图的绘制步骤。视图绘制步骤如下。

2.2.1　线面分析

该形体属于切割型组合体，是长方体的基础上，由正垂面切去左上角的三棱柱后，在剩下的立体中间再挖去一个四棱柱形成一个侧垂通槽，如图4-7所示。

2.2.2　视图选择

如图 4-7 所示,选择箭头方向作为主视图的投影方向,并进行三视图绘制。

2.2.3　定比例、图幅

根据组合体的实际大小选定适当的比例和图幅。

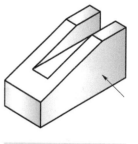

图 4-7　切割型组合体

2.2.4　布局、绘制底稿

画出作图基准线,先画未切割的完整的长方体的三视图,再画出切去左上角的三棱柱后的截交线投影,去掉多余的图线,如图 4-8a)所示,在此基础上画出通槽的投影,具体步骤可以先画通槽的特征视图(左视图),然后可以根据投影特性补画主视图,最后根据主视图和左视图完成俯视图及其他图线的绘制,如图 4-8b)所示。

2.2.5　检查、描深

全面检查视图,利用正投影的类似性性质检查左上表面的正确性,即其水平面投影和侧面投影都是"凹"字形八边形。采用国家规定的线型对图线进行描深,结果如图 4-8c)所示。

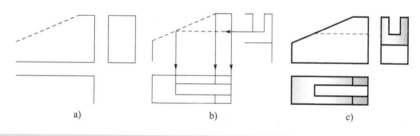

a)　　　　　　　　　b)　　　　　　　　　c)

图 4-8　切割体三视图的绘制

2.3　绘制组合体草图

为了快速而准确地完成图形的绘制,往往在用计算机绘图之前先绘制组合体的草图。

绘制组合体草图就是用简单的绘图工具,以较快的速度,徒手目测组合体的大小和形状,画出组合体的图形并标注尺寸。画草图时应尽可能做到图形匀称,比例恰当,线型分明,标注尺寸无误,字体工整。

(1)绘制草图以采用方格纸为宜。图纸不固定,可按画线的方便而随意变动位置,注意保持图形各部分的比例关系及投影关系。

(2)最好按组合体的实际大小画图。

(3)徒手画草图的步骤和用仪器画图的步骤一致:先在选定的幅面上用 H 铅笔画出视图的底稿,底稿应分清线型要求,然后用 HB 铅笔加粗加深。

任务3　组合体的尺寸标注

❶ 任务引入

如图 4-6 所示,轴承座绘图完成后,如何对其进行尺寸标注?

❷ 相关理论知识

2.1 尺寸标注的基本要求

尺寸标准的基本要求是正确、完整、清晰。

正确：标注的尺寸要符合国家标准中有关尺寸标注的规定,尺寸数字准确。

完整：标注的尺寸能完全确定物体的形状和大小。尺寸没有遗漏,没有重复。

清晰：标准的尺寸布置合理,整齐清晰,便于看图。

2.2 基本体的尺寸标注

标注基本几何体尺寸时,必须标注出该几何体的长、宽、高三个方向的尺寸。平面基本体和曲面基本体是组合体的重要组成部分。因此,要标注组合体的尺寸必须首先掌握基本几何体的尺寸注法,如图4-9、图4-10所示。

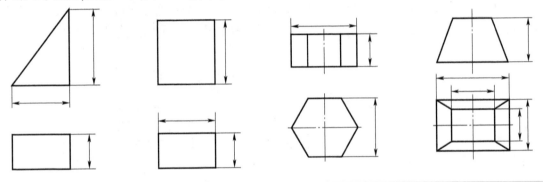

图4-9　棱柱和棱台的尺寸注法

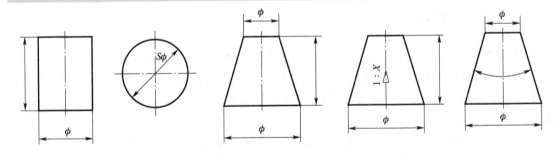

图4-10　圆柱、圆球和圆台的尺寸注法

2.3 组合体的尺寸标注

组合体标注尺寸常用形体分析法。组合体的尺寸主要有定形尺寸、定位尺寸和总体尺寸三种。组合体在进行尺寸标注时,具体标注方法如下。

2.3.1 选定尺寸基准

在长、宽、高三个方向上至少各要有一个主要基准,通常是主要的端面、对称面、轴线等。如图4-11所示的组合体中,长度方向的主要尺寸基准为右端面,宽度方向的主要尺寸基准为前后对称面,高度方向的主要尺寸基准为底面。

2.3.2　标注定形尺寸

确定组合体中基本几何体形状的尺寸。如图 4-11 中的圆柱的直径 $\phi 11$、$\phi 6$ 和高 9 以及肋长 10、宽 4、高 7 等。

2.3.3　标注定位尺寸

确定组合体中各基本几何体之间相对位置的尺寸，实际上就是确定体上某些点（如圆心）、线（如轴线）、面（为主要端面、对称面等）的位置尺寸，通常需要长、宽、高三个方向的定位尺寸。如在图 4-11 中，主视图中的尺寸 2 为圆柱高度方向的定位尺寸，17 为孔 $\phi 10$ 高度方向的定位尺寸；俯视图中的 23 为圆柱长度方向的定位尺寸；其余都是定形尺寸。

2.3.4　标注总体尺寸

确定组合体的总长、总宽、总高的尺寸。如图 4-11 中的尺寸 20。

尺寸标注要完整，不能遗漏也不能重复。在标注总体尺寸后，要对尺寸进行调整，在哪个方向上标注了总体尺寸就应从该方向上去掉一个尺寸，防止尺寸重复。如图 4-12 所示应标注总高 24。但这时在高度方向就产生了多余尺寸，而破坏了尺寸齐全的基本要求，因为总高尺寸等于底板高 5 和支承板高 19 之和，根据其中任何两个尺寸就能确定第三个尺寸。因此，标注总体尺寸时，则需在相应方向少注一个大小尺寸，在图 4-12 所示尺寸 19 就不应注出。

当组合体的一端为回转面时，该方向的总体尺寸一般不注，只标注轴线方向的尺寸，如图 4-11 所示未注总长、总高尺寸，只标注出轴线方向的定位尺寸。

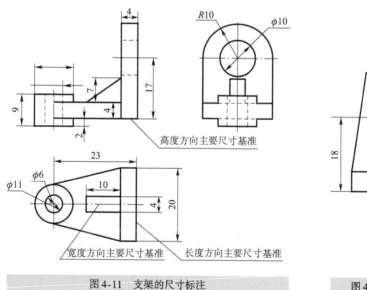

图 4-11　支架的尺寸标注　　　　　图 4-12　总体尺寸的标注

2.4　标注尺寸时应注意的问题

标注尺寸时应注意如下几个问题。

2.4.1　不标注多余尺寸

同一张图上有几个视图时，同一基本体的每一尺寸一般只标注一次，如图 4-13 所示。

2.4.2　不在截交线和相贯线上标注尺寸

截交线和相贯线是基本几何体被切割或相交后自然产生的，因此在标注尺寸时，只标注出基本几何体的定形尺寸、定位尺寸和截平面的定位尺寸,而不在截交线和相贯线上标注尺寸,如图 4-14 所示。

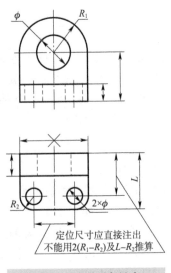

图 4-13　不注重复尺寸

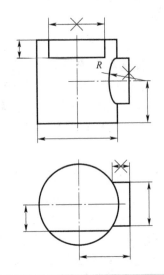

图 4-14　不在截交线和相贯线上标注尺寸

2.4.3　回转体尺寸的标注法

在标注圆柱等回转体的直径时,通常直径标注在非圆的视图上,而不是标注在投影为圆的视图上。标注半径尺寸时则应标注在投影为圆弧的视图上,如图 4-15 所示。

2.4.4　相关尺寸集中标注

为便于看图,表示同一形体的尺寸应尽量集中在一起。为避免尺寸线相交,应将小尺寸标注在内,大尺寸标注在外。如图 4-15 所示的表示凹槽的尺寸都标注在主视图上,底板的尺寸也应尽量集中。

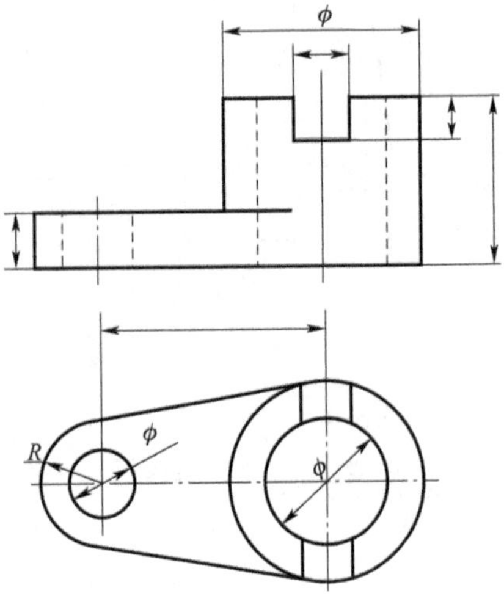

图 4-15　尺寸排布要清晰

2.4.5　尺寸应标注在反映形体特征最明显的视图上

尽量不在虚线上标注尺寸,如图 4-16 所示。

图 4-17 列举了常见简单形体的尺寸标注法,这里要注意各种底面形状的尺寸标注法。如图 4-17e) 所示圆盘上均布小孔的定位尺寸,应标注定位圆(过各小圆中心的点画线圆)的直径和过小圆圆心的径向中心线与定位圆的水平中心线(或铅垂中心线)的夹角。当这个夹角为 0°、30°、45° 时,角度定位尺寸可以不标注。必须特别指出,如图 4-17d) 所示柱体的四个圆角,不管与小孔是否同心,整个形体的长度尺寸和宽度尺寸、圆角半径,以及四个小孔的长度方向和宽度方向的定位尺寸,都要标注出。当圆角与小孔同心时,应注意上述尺寸数值之间不得发生矛盾。

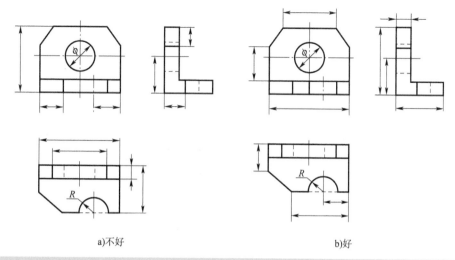

a)不好   b)好

图4-16 尺寸应注在反映形体特征最明显的视图上

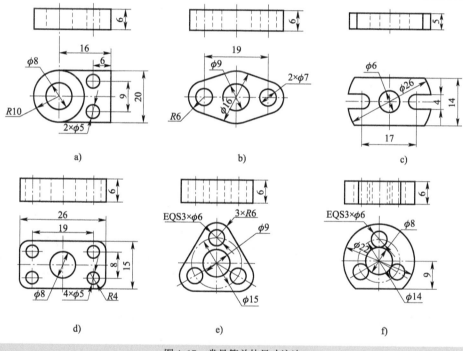

图4-17 常见简单体尺寸注法

2.5 组合体尺寸标注步骤举例

标注组合体尺寸通常按以下步骤进行：

（1）进行形体分析。将组合体分解为若干基本形体。

（2）选择长、宽、高三个方向的尺寸基准，逐一标注出各基本形体之间相对位置的定位尺寸。

（3）逐个标注出各基本形体的定形尺寸。

如图4-6所示的轴承座，由圆筒、底板、支承板和肋四个简单形体组成，其尺寸标注步骤如图4-18所示。

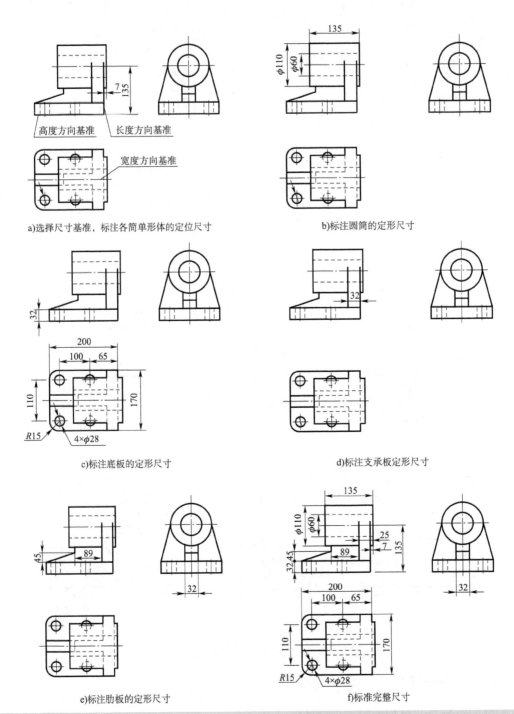

a)选择尺寸基准,标注各简单形体的定位尺寸　　　　　　b)标注圆筒的定形尺寸

c)标注底板的定形尺寸　　　　　　　　　　d)标注支承板定形尺寸

e)标注肋板的定形尺寸　　　　　　　　　　f)标准完整尺寸

图4-18　组合体的尺寸标注方法

任务4　组合体的读图

❶ 任务引入

根据已画的组合体视图,运用投影原理和方法,想象出其形状和结构,这个过程是看组合

体视图。要准确、迅速地看懂视图,培养空间思维和空间想象能力,必须掌握看图的基本要领和基本方法,不断实践,才能逐步提高看图能力。

❷ 相关理论知识

画图是把空间的组合体用正投影方法表达在平面上,而读图则是根据给定的视图想象出组合体的空间形状。读图与画图在方法上有着紧密的联系。

2.1 组合体读图的基本要求

2.1.1 几个视图联系起来看

一般情况下,一个视图不能确定组合体的唯一形状。如图 4-19 所示的三组视图,它们的俯视图都相同,但实际上是三种不同形状的物体。

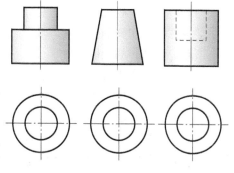

有时即使有两个视图相同,若视图选择不当,也不能确定物体的形状。如图 4-20 所示的三组视图,它们的主、俯视图都相同,但由于左视图不同,也表示了三个不同的物体。由此可见,看图时必须将几个视图结合起来,互相对照,同时进行分析,这样才能准确地想象出物体的外形。

图 4-19 一个视图不能确定物体的形状

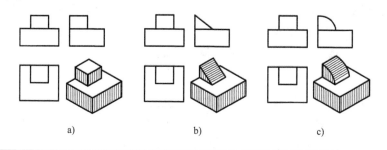

a)   b)   c)

图 4-20 两个视图不能确定物体的形状

2.1.2 抓住特征视图

在组合体的三视图中,主视图是最能反映物体形状和位置特征的视图,但一个视图往往不能完全确定物体的形状和位置,必须按投影对应关系与其他视图配合对照,才能完整地、确切地反映物体的形状结构和位置关系。如图 4-21 所示中两个物体的主视图完全相同,但从俯视图上可以看出两个物体截然不同,这样俯视图就是表达这些物体形状特征明显的视图。

2.1.3 正确分析视图中的线和线框的含义

组合体三视图中图线主要有粗实线、虚线和细点画线。看图时应该根据投影原理和三视图投影关系,正确分析视图中的每条图线、每个线框所表示的投影含义。

(1)视图中的粗实线(或虚线),包括直线或曲线可以表示:

①表面与表面(两平面、或两曲面、或一平面和一曲面)的交线的投影。

②曲面转向轮廓线在某方向上的投影。

③具有积聚性的面(平面或柱面)的投影。

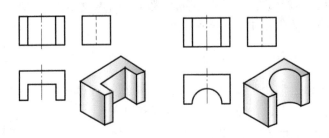

图 4-21　俯视图反应物体形状特征

（2）视图中的细点画线可以表示：

①对称平面积聚的投影。

②回转体轴线的投影。

③圆的对称中心线（确定圆心的位置）。

（3）视图中的封闭线框可以表示：

①一个面（平面或曲面）的投影。

②曲面及其相切面（平面或曲面）的投影。

③凹坑或圆柱通孔积聚的投影。

2.2　读图的基本方法

根据形体的视图想象出它的空间形状，称为读图（或称识图或看图）。组合体读图时采用的方法同画图的方法，亦即形体分析法和线面分析法。要正确、迅速地读懂组合体视图，必须掌握读图的基本方法，通过不断实践，培养空间想象能力。

2.2.1　形体分析法读图

对于比较复杂的视图，在反映形状特征比较明显的视图上，按线框分为几部分，然后运用三视图的投影规律，先分别想象出各组成部分的形状，再综合起来想象出整体的结构形状。归纳起来就是：分线框→对投影→想形体→定位置→综合起来想整体。

下面以支架为例说明用形体分析法看图的基本方法和步骤。

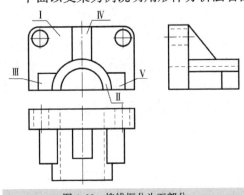

图 4-22　按线框分为五部分

按线框将组合体分为五部分，即竖直板Ⅰ、半圆筒Ⅱ、耳板Ⅲ和Ⅴ、肋板Ⅳ，如图 4-22 所示，具体读图步骤如图 4-23 所示。

2.2.2　线面分析法

有些物体是通过面切割得到的，这种形体就必须采用线面分析法分析。分析形体每一个切割部分（即特征视图）所用的面、线的类型，确定它的形状，对每个面的形状及相对位置进行分析后，便可得到整体形体。具体实施步骤如下。

从面出发，在视图上划分线框。视图组合可以看成是由若干个面（平面或曲面）围成，面与面间有交线，线面分析法就是把组合体分析为若干个面围成，逐个根据面的投影特性确定其空间形状和相对位置，并判断各交线的空间形状和相对位置，从而想象该组合体的形状。

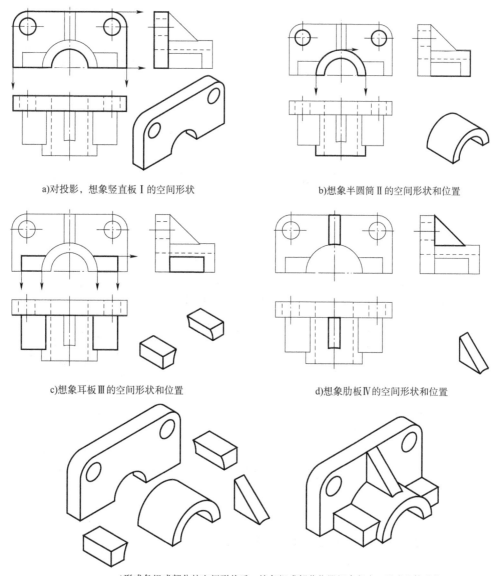

a)对投影，想象竖直板Ⅰ的空间形状

b)想象半圆筒Ⅱ的空间形状和位置

c)想象耳板Ⅲ的空间形状和位置

d)想象肋板Ⅳ的空间形状和位置

e)形成各组成部分的空间形状后，按各组成部分位置组合起来，形成整体形状

图 4-23　支架的读图步骤

（1）从线框入手，分析面的形状。

当用投影面垂直面切割立体时，在三视图中，与截平面垂直的投影面上的投影积聚成一斜直线，与截平面倾斜的另外两个投影面上的投影均为类似形。用一般位置平面切割立体时，在三视图中，因截平面与三个投影面都倾斜，故截平面在三个投影面上的投影，均反映为类似形，即三个投影均为线框。从线框入手，运用点的投影规律，确定面的其余两个投影（形状），如图 4-24 所示。

（2）分析面的位置。

每个物体都是由不同位置的表面按照一定的位置关系构成的。在图样中，每个线框表示一个面。因此，构成每个视图的线框与线框之间必将有不同表面的位置关系，从线条入手，抓住斜线特征，确定截面形状（边数），分析截面特性，如图 4-25 所示。

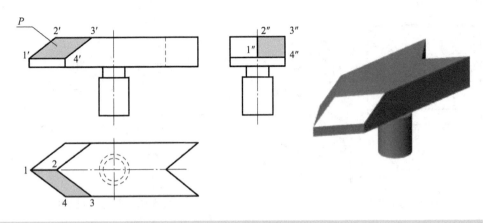

图 4-24　分析面的形状

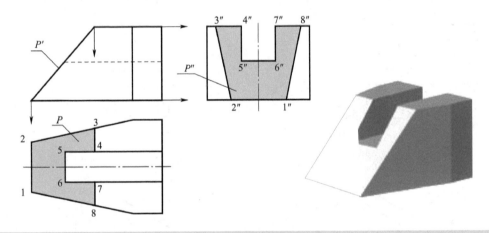

图 4-25　分析面的位置

③ 任务实施

3.1 形体分析法确定组合体空间形状

图 4-26 所示为轴承座的三视图,试想象该组合体的空间形状。

采用形体分析法,读图步骤如下:

(1)分线框,对投影。如图 4-26a)所示,从主视图入手,将其分解为 4 个封闭的线框,每个线框代表一个形体的投影,分别标记为 1、2、3(左右对称的两个三角形线框编一个序号)。由形体投影 1 开始,根据"三等"投影关系找到它们的俯视图和左视图上的对应投影,如图 4-26b)、c)、d)所示。

(2)想形状,对细节。对于每一个组成部分,通过分析三视图,首先确定它们的大体形状,再分析其细节结构。如图 4-26b)所示,形体 1 是在长方体的基础上由上方挖出半圆槽而得到的。如图 4-26c)所示,形体 2 是三角形肋板。如图 4-26d)所示,形体 3 是在长方体的基础上由后下方挖去一个等长的小长方体后得到的一个带弯边底板,而且上边有两个通孔。

(3)定位置,想整体。在读懂每个组成部分的形状的基础上,再根据已知的三视图,利用投影关系判断它们的相互位置关系,逐渐形成一个整体形状。分析三视图可知,开槽方块1在底板3的上方,位置是左右置中,两者后表面平齐;三角形肋板2在方块1的两侧,与方块1、肋板2后表面平齐;底板3的弯边可由左视图清楚地看到。这样结合起来就能想象出组合体的空间结构,如图4-27所示。

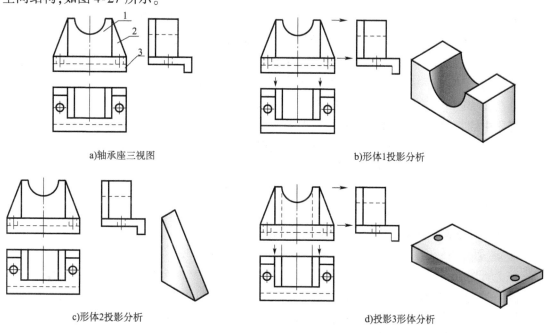

a)轴承座三视图　　　　　　　　　　　　b)形体1投影分析

c)形体2投影分析　　　　　　　　　　　　d)投影3形体分析

图4-26　轴承座三视图的识读

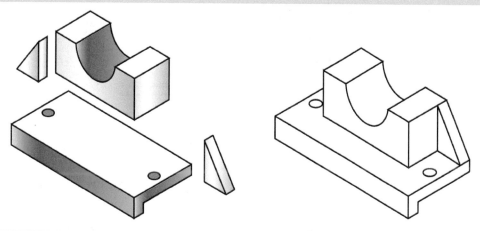

图4-27　轴承座的总体形状

3.2　线面分析法确定组合体空间形状

图4-28a)所示为压块的三视图,试想象该组合体的空间形状。

分析主视图可知,压块的形成首先由一个正垂面切去了长方体的左上角,形成平面P;然后联系俯视图可知,长方体又被两个铅垂面切出左侧前后对称的缺角,形成平面Q;再联系左视图可知,长方体又由水平面和正平面切出了前后下方的缺块,形成平面R和平面S。具体的分析方法与步骤如下:

(1)分线框,定面形。从主视图开始,结合其他视图,根据投影规律逐个分析特征平面 P、Q、R、S 的三个投影,从而得到它们所表示的面的形状和空间位置。

分析压块左上方的缺角。如图 4-28b)所示,主视图的斜线 P' 对应于俯视图上的等腰梯形线框 p,对应于左视图上的类似梯形线框 p'',可断定平面 p 为正垂面。

分析压块左侧前后对称的缺角。如图 4-28c)所示,前后缺角在俯视图上的投影是一条斜直线 q,对应于主视图上的七边形线框 q',对应于左视图上的类似七边形线框 q'',可断定平面 Q 为铅垂面。

分析压块前下方的缺块。如图 4-28d)所示,左视图上的直线 r'' 对应于主视图上的小矩形线框 r',对应于俯视图中的直虚线 r,可断定平面 R 为正平面。

分析压块前下方的缺块。如图 4-28e)所示,俯视图中的四边形线框 s,分别对应于主视图和左视图中的直线 s' 和 s'',可断定平面 S 为水平面。

依次画框对应投影,即可将组合体上各面的形状和空间位置分析清楚。如面 T 是正平面,它与正平面 R 前后错开,中间以水平面 S 相连。

(2)识交线,想整体。直线 AB 是铅垂面 Q 与正垂面 R 的交线,必定是铅垂线;直线 CD 是铅垂面 Q 与水平面 S 的交线,必定是水平线;直线 CD 是铅垂面 Q 与正垂面 T 的交线,也必定是铅垂线。在视图中确定投影的对应关系,如图 4-28e)所示。

将线、面分析综合起来,就可以想象出压块的空间形状,如图 4-28f)所示。

综上所述,形体分析法多用于叠加和综合型的组合体;线面分析法多用于切割型的组合体。读图时,通常是形体分析法与线面分析法配合使用,对于形状比较复杂的组合体,可用形体分析法分离形体,分析位置关系;再用线面分析法分析各个形体的具体形状和细节结构,两者紧密配合,最终达到读懂图形的目的。

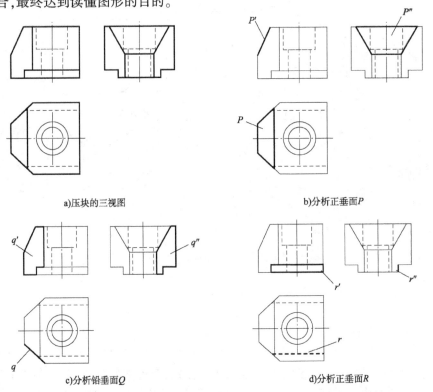

a)压块的三视图 b)分析正垂面P

c)分析铅垂面Q d)分析正垂面R

图 4-28

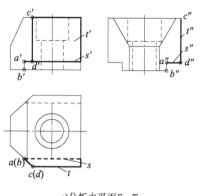

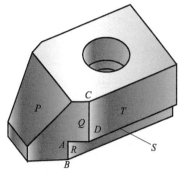

e)分析水平面S、T　　　　　　　　　　　　f)压块立体图

图4-28　压块的线、面分析

 复习与思考题

一、填空题

1. 组合体按组合方式可分为＿＿＿＿＿＿、＿＿＿＿＿＿和＿＿＿＿＿＿三种类型。

2. 组合体的尺寸主要有＿＿＿＿＿＿、＿＿＿＿＿＿和＿＿＿＿＿＿三种。

3. 组合体视图的画图步骤是形体分析、＿＿＿＿＿、布置视图、＿＿＿＿＿、检查描深、标注尺寸、完成全图。

4. 组合体尺寸标注的基本要求为＿＿＿＿＿＿。

5. 组合体读图的基本方法有＿＿＿＿＿＿和＿＿＿＿＿＿两种。

二、选择题

1. 组合体视图上的线框表示(　　)。

　　A. 物体上一个表面的投影　　　　B. 物体上一条棱的投影

　　C. 多个面的投影　　　　　　　　D. 两表面相切

2. 如果组合体中的一个基本体在俯视图中的投影为一条线段，那么它与V面的关系是(　　)。

　　A. 垂直　　　　B. 平行　　　　C. 相交　　　　D. 一般位置关系

3. 当组合体一端为回转面时，该方向的总体尺寸一般不标注，只标注(　　)尺寸。

　　A. 轴线　　　　B. 总高　　　　C. 总长　　　　D. 总宽

4. 从反映物体形状特征的主视图着手，对照其他视图初步分析该物体由哪些基本体组成，并综合分析出该物体的整体形状，此种读图方法为(　　)。

　　A. 线面分析法　　B. 形体分析法　　C. 以上两者都是

5. 根据主视图和左视图，选择正确的俯视图。(　　)

A　　　　　　　　　　　B　　　　　　　　　　　C

6. 已知主、俯视图,选择左视图。(　　　)

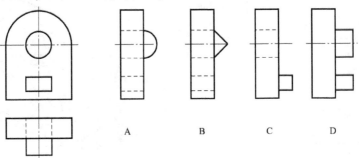

A　　　　B　　　　C　　　　D

三、绘图题

根据轴测图(图4-29),按所注尺寸1:1画出组合体的三视图。

提示:该组合体是由底板Ⅰ、支承板Ⅱ、肋板Ⅲ叠加而成。画图步骤:先画底板Ⅰ;再画支承板Ⅱ;最后画肋板Ⅲ。

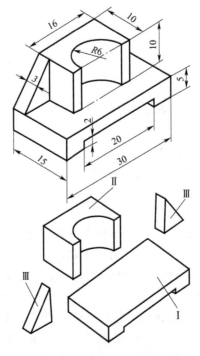

图4-29　绘图题图

画图时应注意:

(1)按形体分析法,将每一个基本形体的三个视图画完后,再画其他基本形体的三个视图。

(2)先从反映基本形体特征较明显的视图开始。

项目 5

机件常用的表达方法

概　　述

在实际生产中,机件的形状和结构多种多样,错综复杂,如何将机件的内外形状和结构准确、完整、清晰地表达出来,用什么样的表达方法表达某一机件,国家标准中规定了表达机件图样的画法,如视图、剖视图、断面图、局部放大图和简化画法等常用的表达方法。

任务 1　视　　图

1 任务引入

前面介绍了表达机件的三个视图,即三视图,是不是机件的表达只有这三个视图或必须都需要三个视图呢?

2 相关理论知识

视图是用正投影法将机件向多个投影面投射所得的图形。在机械图样中,主要用来表达机件的外部形状。一般只画出机件的可见结构,必要时才用细虚线画出不可见结构。国家标准规定表达机件的视图有:基本视图、向视图、局部视图和斜视图四种。

2.1　视图

2.1.1　基本视图

基本视图是机件向基本投影面投射所得的视图。

国家标准中规定用正六面体的六个面作为基本投影面,如图 5-1a)所示机件的图形按正投影法绘制,即在原有的正立投影面、水平投影面、右侧立投影面以外,增加了前立投影面、顶立投影面和左侧立投影面,共六个投影面。将机件置于正六面体内,分别向六个投影面投影,相应得到六个视图,即主视图、俯视图、左视图、右视图、后视图、仰视图,如图 5-1b)、c)所示。

基本投影面展开时,规定正面不动,其余投影面按图 5-2 所示箭头所指的方向旋转,使它们与正面共面,展开后六个基本视图的配置关系如图 5-3 所示。按上述关系配置的基本视图,一律不标注视图名称,即不标注图 5-3 中带括号的图名。

六个基本视图的名称方向如下:

主视图——从前向后投射所得的视图。

俯视图——从上向下投射所得的视图。

左视图——从左向右投射所得的视图。

右视图——从右向左投射所得的视图。

仰视图——从下向上投射所得的视图。

后视图——从后向前投射所得的视图。

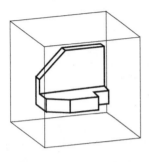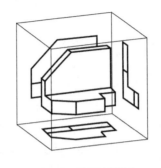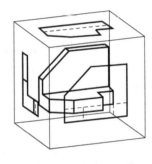

a)基本投影面   b)主、左、俯视图的形成   c)右、后、仰视图的形成

图 5-1   基本投影面及六个基本视图

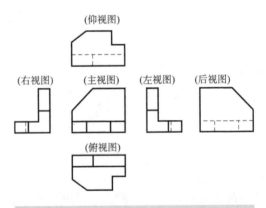

图 5-2   六个基本投影面的展开   图 5-3   六个基本视图的规定配置

六个基本视图之间仍符合"长对正、高平齐、宽相等"的投影规律，除后视图外，各视图靠近主视图的一面是机件的后面，远离主视图的一面是机件的前面，如图 5-4 所示。

在表达某一机件时并不是所有机件都需要画出主视图、俯视图、左视图三个视图，而是应根据机件的结构特点选用必要的基本视图。一般应优先选用主视图、俯视图、左视图三个视图，若不合适或表达不清晰时再考虑选用其他视图。任何机件的表达都必须有主视图，主视图应尽量反映机件的主要轮廓。在完整、清晰地表达机件形状的前提下，所采用的视图数量越少越好。

2.1.2   向视图

向视图是可自由配置的视图。

由于基本视图的配置固定，实际绘图中如果难以按图 5-3 的形式配置基本视图时，则会给绘图带来不便，为此国家标准规定了一种可以自由配置的视图，称为向视图。在采用这种未按投影关系配置视图的表达方式时，为了便于读图，应该在向视图的上方用大写拉丁字母标注该向视图的名称（如"A""B"等），并在相应视图（尽可能使主视图）的附近用箭头指明投射方向及标注相同的字母，如图 5-5 所示。

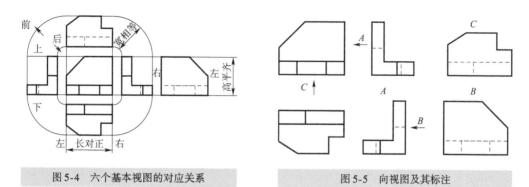

图 5-4　六个基本视图的对应关系

图 5-5　向视图及其标注

2.1.3　局部视图

当机件的主要形状已在一定数量的基本视图上表达清楚,而仍有某些局部结构未表达出来,但又没有必要再画出完整的其他基本视图时,可单独将未表达出来的结构形状向基本投影面投射,在基本投影面上只画出没有表达清楚的局部图形,其余部分省去不画。这种将机件的某一部分向基本投射面投射所得的视图,称为局部视图。

如图 5-6 所示,机件左右两侧的凸台在主、俯视图未表达清楚,若因此再画两个基本视图(左视图和右视图),如图 5-6b)所示,则大部分为重复表达,这时可分别用局部视图进行表达。即只画出基本视图的一部分,使左、右凸台的形状更清晰,图形更为简练,如图 5-6c)所示。

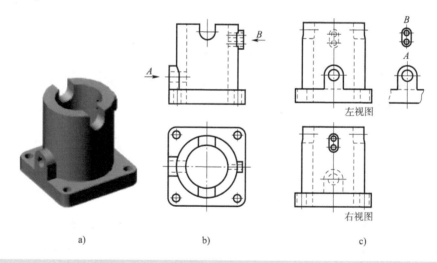

a)　　　　　　　　b)　　　　　　　　c)

图 5-6　局部视图

局部视图的画法和标注应符合如下规定:

(1)局部视图一般用波浪线表示断裂部分的边界,如图 5-6c)中的局部视图 A。

(2)当表示的局部结构外轮廓线呈完整的封闭图形时,波浪线可省略,如图 5-6c)中的局部视图 B。

(3)局部视图按基本视图的配置形式配置时,可不标注,如图 5-6 中的局部视图 A 亦可不标注。

(4)局部视图按向视图的形式配置时,标注方法同向视图。

(5)波浪线应画在断裂处的实体部分。因此,波浪线不应超过轮廓线,且不能与其他图线重合,也不应画在中空处,如图 5-7 所示。

波浪线超越了轮廓线

波浪线在中空处

图 5-7　波浪线的画法

2.1.4　斜视图

将机件向不平行于任何基本投影面的平面投影所得的视图,称为斜视图。如图 5-8a)所示的机件,右边倾斜部分的上下表面均为正垂面,它对其他投影面是倾斜结构,其投影不反映实形。为了表达倾斜部分的实形,可假定设置一个与倾斜部分平行的投影面,再将该结构向新投影面投影得到其实形,如图 5-8b)所示。

根据国家标准规定,在斜视图的上方标出视图名称"×",在相应的视图附近用箭头指明投影方向,并注上同样的字母。不论图形和箭头如何倾斜,图样中的字母总是水平书写。

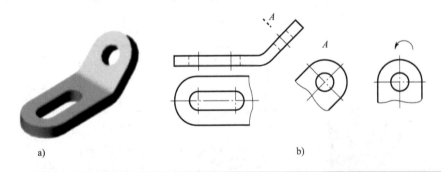

a)　　　　　　　　　　　　　　　　b)

图 5-8　斜视图的画法

斜视图的画法和标注应符合如下规定:

(1)斜视图一般按向视图的形式配置并标注。

(2)必要时也可配置在其他适当位置,在不至于引起误解时,允许将视图旋转配置,但其表达方式是增加旋转符号表示该斜视图的旋转方向,且名称的大写拉丁字母应靠近旋转符号的箭头端,也允许将旋转角度标注在字母之后。

(3)斜视图仅表达倾斜表面的真实形状,其他部分用波浪线断开。

任务 2　剖　视　图

1 任务引入

视图主要用来表达机件的外部形状,对机件上看不见的内部结构(如孔、槽等)用细虚线表示。当机件的内部结构比较复杂时,在视图上会出现很多细虚线,并且细虚线、实线交又重叠,使图形不清晰,既不便于画图和标注尺寸,也不便于读图,为了将内部结构表达清楚,同时又避免出现细虚线,常采用剖视图的画法。

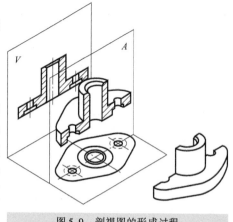
图5-9 剖视图的形成过程

② 相关理论知识

假想用平面(或曲面)剖开机件,将处在观察者和剖切面之间的部分移去,其余部分向投影面投射所得的图形称为剖视图,简称剖视。用来剖切物体的假想平面或曲面称为剖切面。剖视图的形成过程如图5-9所示。在剖视图上,原来不可见的内部结构变成可见,原来的细虚线变成粗实线,如图5-10所示。

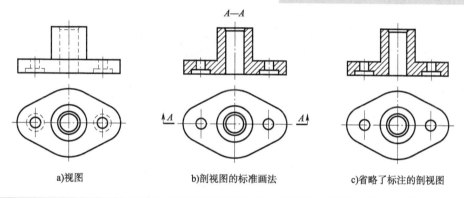

a)视图   b)剖视图的标准画法   c)省略了标注的剖视图

图5-10 视图与剖视图

2.1 剖视图的画法

2.1.1 确定剖切面的位置

一般用平面作剖切面,且平行于选定的基本投影面。为了机件的内部结构可见并反映真实大小,剖切面还应通过机件的孔、槽等内部结构的轴线或对称面。

2.1.2 画剖视图

剖视图应使用粗实线画出剖切面剖切到的断面轮廓线及其后面的可见轮廓线,如图5-10所示。

2.1.3 画剖面符号

剖切平面与机件接触的部分称为剖面,在剖切到的实体部分应画上剖面符号,如图5-9所示。为了区别被剖切的机件的材料,国家标准,规定了各种材料剖面符号的画法,见表5-1。

剖 面 符 号   表5-1

材 料 名 称	剖 面 符 号	材 料 名 称	剖 面 符 号
金属材料(已有规定剖面符号的除外)		砖	

材料名称	剖面符号	材料名称	剖面符号
线圈绕组元件	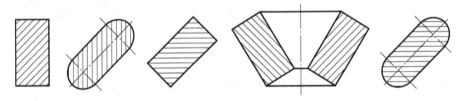	玻璃及供观察用的其他透明料	
转子、电枢、变压器和电抗器等的叠钢片		液体	
型砂、填砂、粉末冶金、砂轮、陶瓷刀片、硬质合金刀片等		非金属材料(已有规定剖面符号的除外)	

金属材料的剖面符号应画成间隔均匀且与轮廓线成45°或135°的细实线,且在同一张图样中同一个机件的所有剖视图的剖面线方向一致、间隔均匀一致。当剖视图的主要轮廓线与水平方向成45°或接近45°时,该剖视图的剖面线则画成与水平方向成30°或60°的细实线,倾斜方向与其他视图一致,如图5-11所示。

图5-11　剖面符号的画法

2.2 **剖视图的标注**

2.2.1　为了便于读图,画剖视图时,应标注出剖切位置、投射方向和剖视图的名称

(1)剖切位置:用剖切符号表示。剖切符号用粗实线(宽为 $1 \sim 1.5d$,长 $5 \sim 5$mm)表示,画在剖切位置的起始、转折和终止处,尽可能不要与图形的轮廓相交。

(2)投射方向:用箭头表示,画在剖切符号的两外端,并与剖切符号垂直。

(3)剖视图名称:在剖视图的上方中间位置用大写字母标出"×—×",并在剖切符号的附近写上同样字母。若同时存在两个以上剖切位置,则应按字母顺序分别标注,不得重复。

(4)标注的注意事项:当剖视图按投影关系配置,中间又无其他图形隔开时,可省略表示投射方向的箭头。当单一剖切平面通过机件的对称或基本对称平面,且剖视图按投影关系配置,中间又无其他图形隔开时,则不必标注,如图5-10c)所示。

2.2.2　画剖视图应注意的问题

(1)剖视是一个假想的作图过程,因此,一个视图画成剖视图以后,其他视图仍按完整机件画出。

(2)画剖视图时,在剖切面后的可见轮廓线都应画出,不能遗漏。如图5-10所示,不可见部分的轮廓线——虚线,在不影响对机件形状完整表达的前提下,不再画出,但结构没有表达清楚的虚线仍应画出,如图 5-12 所示。

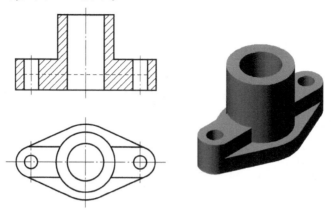

图 5-12　剖视图中不可省略的虚线

2.3　剖视图的种类

根据机件被剖开的范围不同,剖视图可分为:全剖视图、半剖视图和局部剖视图。

2.3.1　全剖视图

用剖切面完全剖开机件后所得的剖视图,称为全剖视图。全剖视图适用于表达外形结构简单,内形结构复杂而又不对称(要剖视的投影)的机件,如图 5-13 所示。

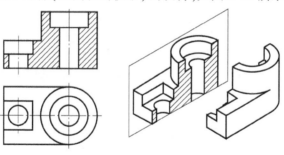

图 5-13　全剖视图

2.3.2　半剖视图

当机件具有对称平面时,向垂直于对称平面的投影面投影所得到的图形,可以以对称中心线为界,一半画成视图,一半画成剖视图,这种取视图的一半和剖视图的一半得到的图形称为半剖视图,如图 5-14 所示。

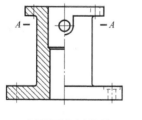

a)主视图画成半剖视图

b)主视图半剖时的剖切位置及效果

图　5-14

c)俯视图画成半剖视图   d)俯视图半剖时的剖切位置及效果   e)原实体

图 5-14　半剖视图

半剖视图的标注方法与全剖视图的标注方法完全相同。

半剖视图主要用于机件内外结构都需要表达,而且机件形状对称,或接近对称(其不对称部分已由其他视图表达清楚)的情况。画半剖视图时应注意:

(1)剖视图与视图的分界线应是对称中心线,如图 5-15 所示。

(2)在半剖视图中已表达清楚的机件内部结构,在另一半表达外形的视图中不再画虚线,但内部结构中的孔或槽的中心线应画出,如图 5-14 所示。

(3)对称面上不应有平面和轮廓线。

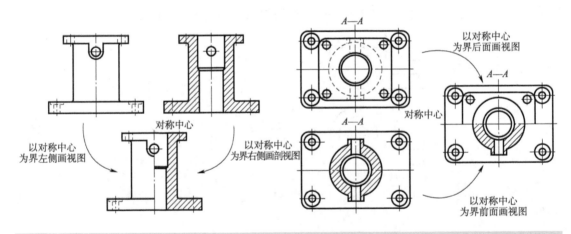

图 5-15　半剖视图的画法

2.3.3　局部剖视图

用剖切平面局部地剖开机件,用波浪线将剖切部分与整体隔开,所得到的剖视图称为局部剖视图,如图 5-16b)所示。

(1)局部剖视图是一种比较灵活的表达方法,主要用于以下几种情况:

①机件上只有局部内部结构需要表达,不必画成全剖视图时,可采用局部剖视图表达,如图 5-17 所示。

②不对称的机件内外结构都需要表达时,可采用局部剖视图表达,如图 5-18 所示。

③机件具有对称面,但轮廓线与中心线重合,不宜采用半剖视图时,可采用局部剖视图表达,如图 5-19 所示。

a)实体局部剖开的效果

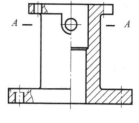

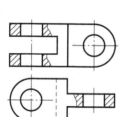

b)实体局部剖视图的画法

图 5-16 局部剖视图

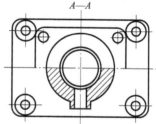

A—A

图 5-17 仅有局部内部结构需要表达时的局部剖视图画法

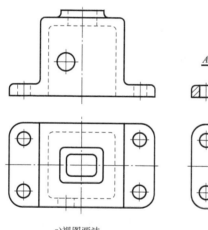

a)视图画法

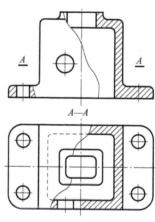

A—A

b)局部剖视图画法

图 5-18 不对称的机件内外均需表达时的局部剖视图画法

（2）画局部剖视图时应注意以下几个问题：

①局部剖视图一般以波浪线作为被剖开部分的分界,波浪线的画法同局部视图波浪线的画法,即只能画在机件的实体部分,不能穿越孔或槽,也不能超出实体的轮廓线,如图 5-20a)所示。

②波浪线不应画在轮廓线的延长线上,也不能用轮廓线代替,如图 5-20b)所示。

③当剖切的局部为回转体时,允许将回转体的轴线作为局部剖视图与视图的分界线,如图 5-20c)所示。

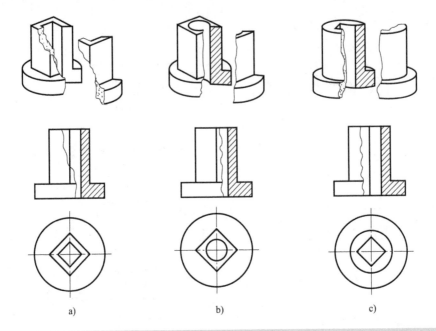

图 5-19 不适合半剖时的局部剖视图画法

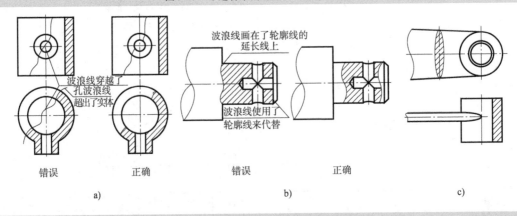

波浪线画在了轮廓线的延长线上

波浪线穿越了孔波浪线超出了实体

波浪线使用了轮廓线来代替

错误　　　　　正确　　　　　　错误　　　　　正确

a)　　　　　　　　　　b)　　　　　　　　　c)

图 5-20 局部剖视图中波浪线的画法

2.4　剖切面的选用

前面介绍剖视图基本概念时讲解了剖切面,即是用来剖切物体的假想平面或曲面。在实际表达时,由于机件的内部结构不同,常选用不同数量和位置的剖切面来剖开机件。根据剖切面的数量和位置不同可分为:单一剖切面、几个平行的剖切平面(简称阶梯剖)、几个相交的剖切面(交线垂直于某一投影面)(简称旋转剖)三种。不论采用哪种剖切面剖开机件,都可以得到全剖视图、半剖视图和局部剖视图。绘图时,应根据机件的结构特点,恰当地选用不同的剖切面来表达物体的形状结构。

2.4.1　单一剖切面

单一剖切面通常指用一个剖切面(平面或柱面)剖开机件。单一剖切面常包括单一剖切平面、单一斜剖切平面和单一剖切柱面。

(1)单一剖切平面即是用一个平行于基本投影面的剖切面剖开机件,如前述各例。

（2）单一斜剖切平面即是用一个垂直于某一基本投影面（且倾斜于此基本投影面）的剖切面剖开机件，采取此种方法表达时，可以参照图 5-21a）、b）、c）所示任何一种方案。

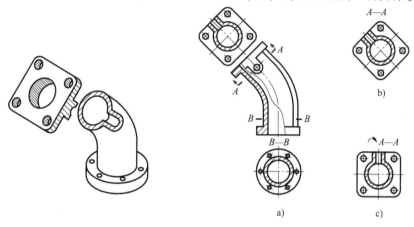

图 5-21　单一斜剖切平面的剖视图画法

（3）单一剖切柱面即是用一个圆柱面剖开机件，适用于准确表达沿圆周分布的某些结构。此时剖视图需要采用展开画法，剖切平面后的有关结构省略不画，具体表达如图 5-22 所示。

2.4.2　几个平行的剖切平面

几个平行的剖切平面指用两个或两个以上相互平行的剖切平面剖开机件，各剖切平面必须以直角转折。这种剖切方法习惯称为阶梯剖。

这种剖切平面适用于机件内部有较多不同结构形状需要表达，而且这些结构的中心又不在同一个平面上，使用单一平面剖切时难以表达清楚的情况。如图 5-23 所示机件的底板上有前后两个腰形孔，不在前后的对称面上，如果用单一个剖切面时不能同时剖到腰形孔和右端的圆柱孔。此时需要用到两个相互平行的剖切平面分别经过机件底板前面的腰形孔对称中心和机件右端的圆柱孔轴线，这样在一个剖视图中可同时表达两处的内部结构形状。

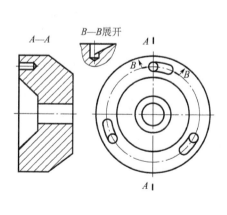

图 5-22　单一剖切柱面的剖视图画法

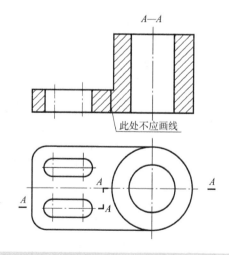

图 5-23　几个平行的剖切平面剖切的全剖视图

画阶梯剖视图时应注意：

（1）必须标注出剖切平面的起、止和转折位置，并注写相同的字母。若剖切平面转折处地方有限且不致引起误解时，允许省略字母；若剖视图按投影关系配置，中间又没有其他图形隔开时允许省略箭头。

（2）因为剖切是假想的，所以在剖视图中不应画出剖切平面转折处的投影，如图5-23所示。

（3）正确选择剖切平面的位置，剖切平面转折处不应与图上任何轮廓线重合或相交，在剖视图中不应出现不完整的要素，如图5-24所示。

（4）当机件上的两个要素在图形上具有公共对称中心线或轴线时，此时可以对称中心线或轴线为界各画一半，如图5-25所示。

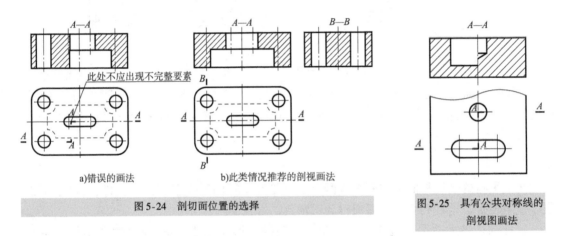

a)错误的画法　　　　b)此类情况推荐的剖视画法

图5-24　剖切面位置的选择

图5-25　具有公共对称线的剖视图画法

2.4.3　几个相交的剖切平面

用两个（或两个以上）相交的剖切平面剖开机件，用来表达具有回转轴机件的内部形状，两剖切面的交线与回转轴必须重合，如图5-26所示。这种剖切方法习惯称为旋转剖。

图5-26　几个相交的剖切平面剖切的全剖视图

画剖视图时，先将剖开的结构连同相关部分旋转到与选定的基本投影面平行，然后再进行投射，使剖视图既反映实形又便于画图。

画这种剖视图时应注意：

（1）必须表明剖切平面的起止和转折位置，标上同一字母，并在起止处画出箭头表示投影方向，并在剖视图上方标出视图名称"×—×"，如图5-26所示。

（2）采用这种"先剖切后旋转"的方法画出的剖视图，往往旋转部分的图形会伸长；剖切平面后面的其他结构一般仍按原来位置进行投射，如图 5-26 所示。

（3）当剖切后产生不完整要素时，应将该部分按不剖画出，如图 5-27 所示。

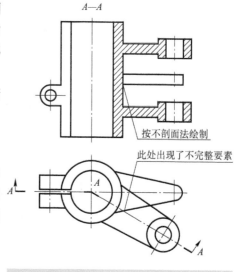

按不剖面法绘制

此处出现了不完整要素

2.5 剖视图的其他规定画法

（1）对于机件上的肋板、辐板等结构，当剖切平面沿肋板等薄壁结构纵向剖切时，这些结构内部不画剖面符号，当横向剖切时必须画剖面符号，具体画法如图 5-28 所示。

（2）对于回转体上均匀分布的肋板或孔等结构，当其不处于剖切平面上时，可将这些结构假想旋转到剖切平面上画出，具体画法如图 5-29 所示。

图 5-27　旋转剖出现不完整要素时的画法

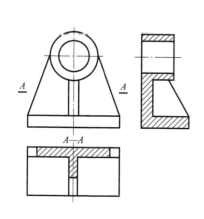

图 5-28　机件上肋板的剖视画法

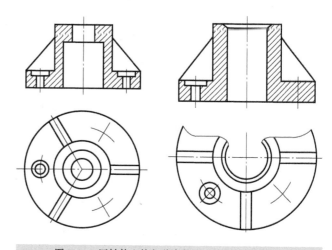

图 5-29　回转体上均匀分布的孔和肋板的剖视画法

❸ 任务实施

3.1 任务准备

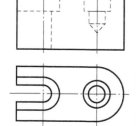

图 5-30　主、俯视图

如图 5-30 所示，将主视图变为全剖视图。

3.2 具体分析实施步骤

（1）根据画全剖视图的方法，确定剖切位置，并用剖切位置符号标注，如图 5-31a）所示。

（2）用箭头标注投射方向，并在剖切符号附近写上字母，如图 5-31b）所示。

（3）将剖切后虚线变为实线，如图 5-31c）所示。

（4）将剖切平面与机件接触的部分标注剖面符号，如图5-31d）所示。

（5）因采用的是单一剖切平面，通过机件的对称平面，并且剖视图按投影关系配置，中间又无其他图形隔开可以省略标注，最后得到图形如图5-31e）所示。

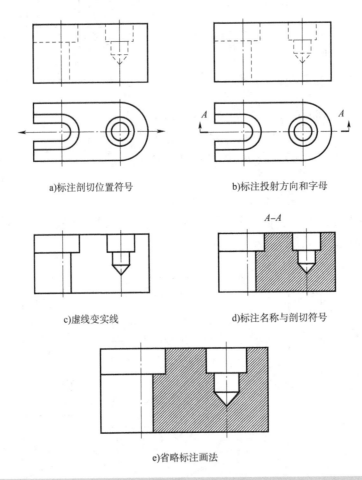

图 5-31 将主视图变为剖视图的过程

任务 3 断 面 图

① 任务引入

在机件中像肋板、轮辐、型材、带有孔、洞、槽的轴等，这类常见物体从三视图上无法分辨其整体形状，那对此类机件的结构如何进行表达？

② 相关理论知识

2.1 断面图的概念

假想用剖切面将机件某处切断，仅画出剖切面与机件接触部分的图形称为断面图，简称断面。如图5-32a)所示机件(轴),只用一个主视图结合尺寸标注,即可表达清楚各轴段的轴径及长度,同时也可表达出键槽的长度和形状,唯一没有表达清楚的是键槽的深度。此时采用断面图既表达清楚了键槽的深度,也省去了断面后多余的投影,表达起来简单、清晰,如图5-32b)所示。

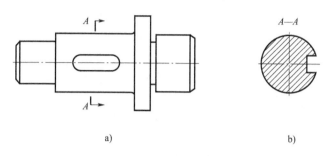

图 5-32　断面图

断面图常用来表达机件上的键槽、小孔、肋板、辐条、型材等结构。

断面图与剖视图的区别:断面图仅画出断面的投影,而剖视图除了画出断面还需画出断面之后的可见轮廓线。

断面图的种类:移出断面图和重合断面图。

2.2　移出断面图

画在视图之外的断面图,称为移出断面图。

2.2.1　移出断面图的画法

(1)移出断面图的轮廓线采用粗实线绘制,一般仅画出断面形状,并且在断面实体部分画上断面符号。

(2)当剖切面通过回转面形成的孔或凹坑的轴线时,断面图按剖视画法绘制(即画出断面形状及断面之后的可见轮廓线),如图5-33所示。

(3)当剖切面通过非圆孔但导致出现完全分离的两个或多个断面时,按剖视图绘制,如图5-34所示。

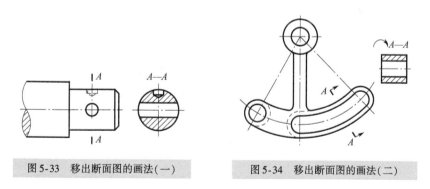

图 5-33　移出断面图的画法(一)　　　　图 5-34　移出断面图的画法(二)

(4)用两个或多个相交的平面剖切而得到的移出断面图,中间一段应断开,如图5-35所示。

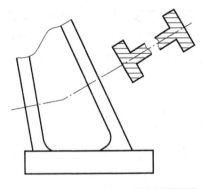

图 5-35 移出断面图的画法(三)

2.2.2 移出断面图的配置及标注

(1)断面图布置在基本投影面位置时,需要标注剖切符号和剖切位置,无须标注投影方向(即箭头可省略),如图 5-33 所示。

(2)在不致引起误解时,允许断面图旋转,此时应标注旋转符号,如图 5-34 所示。

(3)移出断面图应尽量配置在剖切符号或剖切线的延长线上,非对称断面应标出剖切位置和箭头,对称面不需标注,如图 5-36a)所示。

(4)移出断面图允许配置在图样的其他位置,但必须标注(对称断面可省略箭头),如图 5-36b)所示。

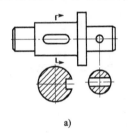

a)

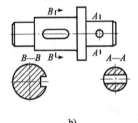

b)

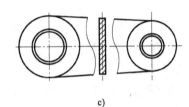

c)

图 5-36 移出断面图的配置及标注

2.3 重合断面图

画在视图之内的断面图,称为重合断面图,如图 5-37 所示。

当断面形状简单且不影响图形清晰时,可采用重合断面图。重合断面图的轮廓用细实线绘制。

当视图中的轮廓线与重合断面的图形重合时,视图轮廓线仍需完整画出,不能中断。不对称的重合断面图应标注剖切符号和箭头,以表示投影方向,如图 5-38a)所示。对称的重合断面不必标注,如图 5-38b)所示。

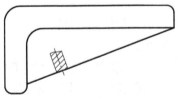

图 5-37 重合断面图

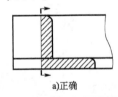

a)正确

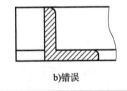

b)错误

图 5-38 重合断面图

❸ 任务实施

3.1 任务准备

如图 5-39 所示,画出孔及键槽的断面图。

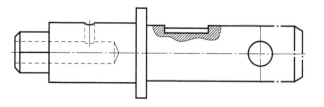

图 5-39　轴的主视图

3.2 具体分析实施步骤

（1）根据画断面图的方法,确定剖切位置,并用剖切位置符号标注,如图 5-40a)所示。

（2）用箭头标注投射方向,并在剖切符号附近写上字母,如图 5-40b)所示。

（3）尽量将断面图配置在剖切符号的延长线上,画出断面图 $A—A$、$B—B$、$C—C$,断面图 $C—C$ 为对称断面,可省略标注,将剖切平面与机件接触的部分标注剖面符号,如图 5-40c)所示。

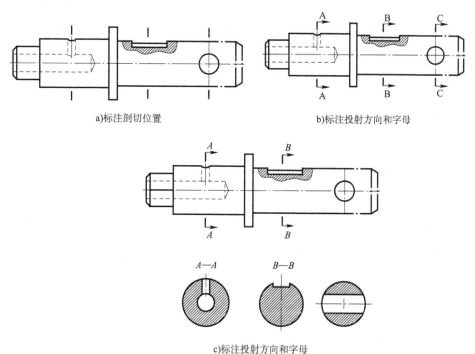

a)标注剖切位置　　　　　　　　　　b)标注投射方向和字母

c)标注投射方向和字母

图 5-40　实施步骤

任务4　局部放大图和简化画法

❶ 任务引入

依据国家标准,对机件的某些结构画法作了规定或设置了简化的画法,让图形清晰、明了,同时节省了绘图时间或图幅变小。那么国家标准是怎么规定的呢?

<h3>2.1 局部放大图</h3>

将机件的局部结构用大于原图形所采用的比例画出,所得到的图形称为局部放大图。

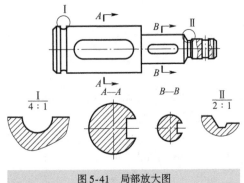

图5-41 局部放大图

局部放大图用于表达机件上某些局部细小的结构。在原图形上表达不清楚或不便标注尺寸时,可采用此种表达方法,如图5-41所示。

局部放大图可根据需要采用视图、剖视图、断面图等表达方法,与原图表达方法无关。

局部放大图的比例,指该图形中机件要素的线性尺寸(放大后的图线尺寸)与实际机件要素的线性尺(机件的实际尺寸)之比,与原图形所采用的比例无关。同一机件上有多处需要放大时,可根据每处需要选择合适的比例,无须比例一致。

局部放大图应尽量配置在原图形附近,其投影方向与原图一致,如画成剖视图或断面图,其剖面线与原图的剖面线方向一致,间隔相同。

局部放大图要求用细实线绘制的圆在原图上把要放大的部分圈出,并且在局部放大图上方标出放大比例,如图5-41所示有两处或以上部位放大,必须用罗马数字依次给放大部位编号,并在相应的局部放大图上方标注出罗马数字和采用的比例。如只有一处放大,可不用标注罗马数字,只需在局部放大图上方标出比例即可。

<h3>2.2 简化画法</h3>

<h4>2.2.1 相同结构要素的简化画法</h4>

(1)机件具有若干个相同结构(齿、槽等),并按一定规律分布时,可只画出几个完整的结构,其余用细线连接,在零件图中注明该结构的总数,如图5-42所示。

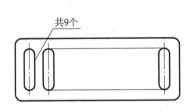 

图5-42 相同结构的简化画法(一)

(2)若干个直径相同且成规律分布的孔(圆孔、螺孔、沉孔等),可以仅画出一个或几个,其余只需用点画线表示其中心位置,在零件图中应注明孔的总数,如图5-43所示。

采用此类简化画法时的注意事项:

(1)小直径孔的中心线,可用细实线代替。

(2)当孔距较远时,可用不加黑点的十字线表示孔位。

(3)当孔位交叉分布时,可仅在孔位的交点处加黑点,以便与无孔的交点相区别。

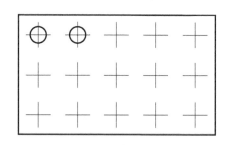
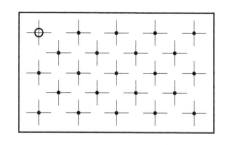

图 5-43 相同结构的简化画法(二)

(4)当等径孔的数量较多时,只要能确切说明孔的位置、数量和分布规律,可不画点画线或十字线,如图 5-44 所示。

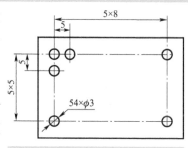

图 5-44 相同结构的简化画法(三)

2.2.2 较长机件的断开画法

对于较长的机件(如轴、型材、连杆等),如果其沿长度方向的形状没有变化或者按照一定规律变化时,可断开后缩短绘制,但要标注机件的实际尺寸,如图 5-45 所示。

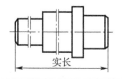
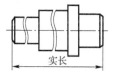

图 5-45 较长机件的简化画法

2.2.3 对称图形的简化画法

当图形对称时,在不致引起误解时,可只画一半或 1/4,但此时必须在对称中心线的两端画出两条与其垂直的平行细实线作为对称符号,如图 5-46 所示。

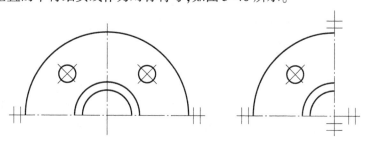

图 5-46 对称图形的简化画法

2.2.4 细小结构的简化画法

机件上的一些较小结构,如在其中一个图形中已经表达清楚,此时在其他图形中可以简化或省略,如图 5-47 所示。

2.2.5 其他简化画法

对于机件上的滚花、槽沟等结构,可用粗实线完整或部分地表达,如图 5-48a)所示。

当图形不能充分表达平面时,可用平面符号表示,如图 5-48b)所示。

机件上斜度不大的结构,如在一个图形中已表达清楚时,在其他图形中可按小断面画出,如图 5-48c)所示。

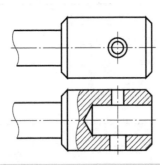
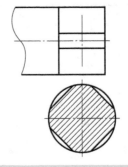

图 5-47　细小结构的简化画法

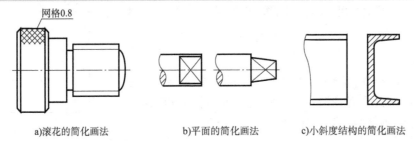

a)滚花的简化画法　　　　　b)平面的简化画法　　　　c)小斜度结构的简化画法

图 5-48　其他简化画法

❸ 任务实施

下面结合图 5-49 所示的支架,举例说明表达方法的综合应用。

3.1　任务准备

前面几节逐一介绍了机件常用的几种表达方法,在生产实际中绘制机械图样时,应根据机件的具体结构特点,正确、灵活地综合运用各种表达方法,画出一组视图,并恰当的标注,从而正确、完整、清晰而又简洁地将机件的内外形状结构表达清楚。

3.2　具体分析实施步骤

(1)形体分析。

该支架的主体为圆柱 A 和倾斜底座 B,中间由"十"字形肋板连接,在倾斜底座 B 上有四个圆柱孔 C,其四个圆柱孔 C 的轴线平行,但与圆柱 A 的轴线不平行。

(2)选择主视图。

一般以支架的工作位置或加工位置作为选取主视图的位置,主视图投射方向的选择应尽量多地反映出支架各组成部分的结构特征及相互位置关系。

如图 5-49 所示,D 向和 E 向都体现了支架的工作位置,当以 D 向为投射方向画主视图时,圆柱 A 和倾斜底座 B 及孔 C 的相对位置关系可清晰地表达出来;以 E 向为投射方向画主视图时,圆柱 A 的形状表达的较清楚,但在主视图上 B 部分的形状将变形。现以 D 向作为画主视图的投射方向加以讨论。

(3)确定其他视图。

主视图确定后,根据机件复杂程度和内外结构特点,综合考虑,灵活选用所需要的其他视图,使每个视图都有一个表达重点,优先选用基本视图及在基本视图上作剖视图,并尽可能按照投影关系配置其他视图,最终使零件的表达符合正确、完整、清晰而又简洁的要求。

　　该支架将 A 向作为画主视图的投射方向后,以 A 向作为画左视图的投射方向,则 B 部分在左视图上变形,为避免这种情况,可在主视图中对圆柱 A 和倾斜底座 B 进行局部剖视,得到两者的局部剖视图,可以看清其内部结构,而 B 部分倾斜的斜面的真实形状可作 F 向斜视图予以反映,A 向斜视图上同时反映了四个孔 C 的相对位置和真实距离;对于"十"字形肋板,采用移出断面图的做法,充分反映其形状特征;最后画出圆柱 A 与"十"字形肋板的局部视图,反映出其相对位置关系,至此该支架的结构形状已基本表达清楚,如图 5-50 所示。

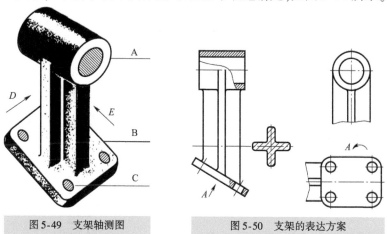

图 5-49　支架轴测图　　　　　　图 5-50　支架的表达方案

　　同一机件可以有多种表达方案,每种表达方案都有其优缺点,只有联系实际多读多练,细心琢磨,深刻领会,才能灵活运用各种表达方法,逐步摸索出较好的表达方案。

　　上面仅讨论了支架的一种表达方案,实际上还可以有其他表达方案,如设想以 E 向作为画主视图的投射方向,视图的方案应该如何表达,在此不再一一叙述,读者可自行讨论、比较。

 复习与思考题

一、填空题

　　1.绘制物体的多面正投影图的正投影法有两种表示法_____和_____。其中在我国工程技术交流时广泛应用的是_____。在欧美日等应用的是_____。

　　2.机件常用的表达方法有_____、_____、_____、_____。

　　3.机件的视图表示法通常包括_____、_____、_____、_____。

　　4.剖视图的种类有_____、_____、_____。

　　5.断面图有_____和_____两种类型。其中_____的轮廓线采用粗实线绘制。

　　6.局部放大图的放大比例指的是_____和_____之比,与原图形比例_____(相关/不相关)。

二、选择题

　　1.基本视图中除了后视图外,各视图远离主视图的一边均表示机件的(　　)部。

　　A.前　　　　　　　B.后　　　　　　　C.左　　　　　　　D.右

2. 当单一剖切平面通过机件的对称面或基本对称的平面,剖视图按投影关系配置,中间又没有其他图形隔开时,可省略(　　)。

　　A. 标注　　　　　　　　　　　　　　B. 剖面线

　　C. 可见轮廓线　　　　　　　　　　　D. 以上说法都不正确

3. 斜视图仅表达倾斜表面的真实形状,其他部分用(　　)断开。

　　A. 细实线　　　　　B. 粗实线　　　　　C. 波浪线　　　　　D. 点画线

4. 将机件的某一部分向基本投影面投射所得的视图称为(　　)。

　　A. 局部视图　　　　B. 向视图　　　　　C. 斜视图　　　　　D. 剖视

5. 移出断面图的轮廓线采用(　　)绘制。

　　A. 虚线　　　　　　B. 点画线　　　　　C. 粗实线　　　　　D. 细实线

6. 重合断面图的轮廓线采用(　　)绘制。

　　A. 虚线　　　　　　B. 点画线　　　　　C. 虚实线　　　　　D. 细实线

三、绘图题

1. 将图 5-51 的主视图画为全剖视图。

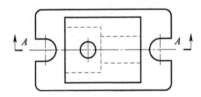
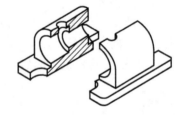

图 5-51　第 1 题图

2. 将主视图改为半剖视图(图 5-52)。

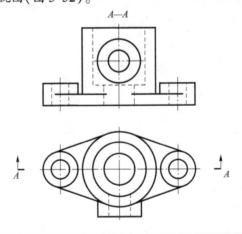

图 5-52　第 2 题图

项目 6

标准件及常用件的画法

概　　　述

在机器或部件的装配、安装中，广泛使用螺纹紧固件或其他连接件紧固、连接。同时在机械的传动、支承、减振等方面，也广泛使用齿轮、轴承、弹簧等零件。这些零件的应用范围广，使用量很大，为了适应机械工业发展的要求，提高劳动生产率，降低生产成本，确保优质的产品质量，国家标准对这类零件的结构、尺寸和技术要求实行全部或部分标准化。结构、尺寸等各个方面全部标准化的零件，称为标准件，国家标准将其类型、结构、材料、尺寸、精度及画法等均予以标准化，由专门厂家进行大批量生产。在设计时通常根据标准选用，不需要单独画零件图，如螺栓、双头螺柱、螺钉、螺母、垫圈，以及键、销、轴承等。国家标准对部分结构及尺寸参数进行了标准化，需采用规定画法进行表达的零件，称为常用件，如齿轮、弹簧等。

图 6-1 所示为一圆锥齿轮差速器，该部件用于汽车传动，在组成该部件的零件中，弹性锁销、螺栓、螺母、垫圈、轴承等属于标准件，齿轮属于常用件。在绘图时，螺纹的牙型、齿轮的齿廓等，不需要按真实投影画出，只需根据国家标准规定的画法、代号或标记进行绘图和标注，至于它们的详细结构和尺寸，可以根据标准件的代号和标记，查阅相应的国家标准或机械零件手册得出。

本章主要介绍标准件和常用件的基本知识、规定画法、代号、标注及查表方法。

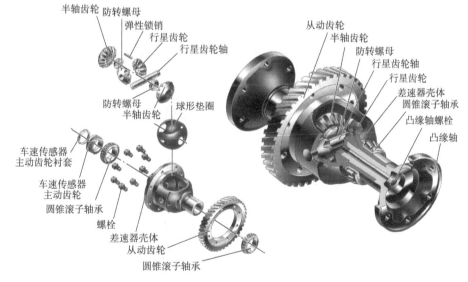

图 6-1　锥齿轮差速器

任务 1　螺　　纹

1 任务引入

图 6-1 所示的图样中,螺纹紧固件的螺纹是怎么形成的,有哪些分类? 在国家标准中是怎样规定的?

2 相关理论知识

2.1 螺纹的形成

螺纹是在圆柱(或圆锥)表面上,沿螺旋线所形成的具有相同剖面形状的连续凸起和沟槽。

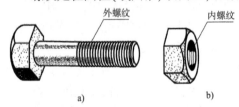

螺纹分为内螺纹和外螺纹。在圆柱(或圆锥)内表面上形成的螺纹,称为内螺纹,如图 6-2b) 所示。在圆柱(或圆锥)外表面上形成的螺纹,称为外螺纹,如图 6-2a) 所示。

图 6-2　外螺纹和内螺纹

加工螺纹的方法很多,最常见的方法是在车床上车削螺纹,工件作等速旋转运动,刀具沿工件轴向作等速直线移动,其合成运动使切入工件的刀尖在工件表面切制出螺纹,如图 6-3a)、b) 所示。在箱体、底座等零件上攻制的内螺纹(螺孔),一般先用钻头钻出底角约为 120° 的盲孔,然后再用丝锥攻出螺纹,如图 6-4a)、b) 所示。

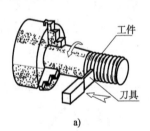
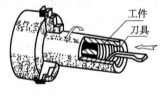

图 6-3　车削螺纹

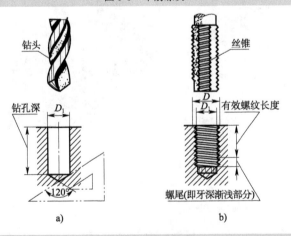

图 6-4　攻制内螺纹

2.2　螺纹的基本要素和分类

2.2.1　螺纹的基本要素

螺纹的结构和尺寸由牙型、直径、螺距(或导程)、线数和旋向五个要素所确定。只有这五要素都相同的内、外螺纹才能相互旋合。

(1)螺纹牙型。

将螺纹沿轴线方向剖开,所得到的螺纹轮廓形状称为螺纹牙型。由牙顶、牙底和两牙侧面构成,形成一定的牙型角。常见的螺纹牙型有三角形、梯形、锯齿形和矩形等多种,如图 6-5 所示。

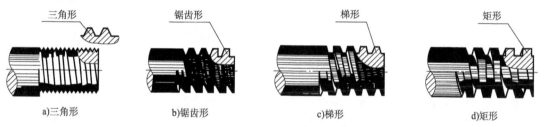

a)三角形　　　b)锯齿形　　　c)梯形　　　d)矩形

图 6-5　螺纹的牙型

(2)直径。

螺纹的直径有大径、中径和小径之分,如图 6-6 所示。与外螺纹牙顶或内螺纹牙底相切的假想圆柱面的直径称为大径,内、外螺纹的大径分别用 D 和 d 表示。与外螺纹牙底或内螺纹牙顶相切的假想圆柱面的直径称为小径,内、外螺纹的小径分别用 D_1 和 d_1 表示。与沟槽和凸起宽度相等处相重合的假想圆柱面的直径称为中径,内、外螺纹的中径分别用 D_2 和 d_2 表示,它是控制螺纹精度的主要参数之一。

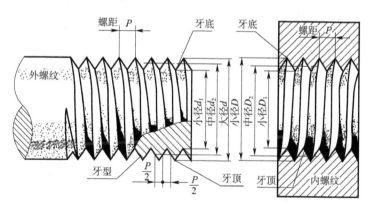

图 6-6　螺纹的牙型和直径

其中内螺纹的小径 D_1 与外螺纹的大径 d 又称顶径。内螺纹的大径 D 与外螺纹的小径 d_1 又称底径。代表螺纹尺寸的直径称为公称直径,一般指螺纹大径(D/d)的公称尺寸。

(3)线数 n。

螺纹有单线和多线之分。沿一条螺旋线所形成的螺纹称为单线螺纹,如图 6-7a)所示;沿两条或两条以上,并且在轴向等距分布的螺旋线所形成的螺纹称为多线螺纹,如图 6-7b)所示。

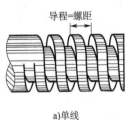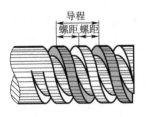

a)单线　　　　　　　　　　　b)双线

图 6-7　螺纹的线数、导程与螺距

（4）螺距 P 与导程 P_h。

相邻两牙在中径线上对应两点间的轴向距离称为螺距，以 P 表示。同一条螺旋线上的相邻两牙在中径线上对应两点间的轴向距离称为导程，以 P_h 表示。单线螺纹的导程等于螺距，即 $P_h = P$，如图 6-7a）所示；多线螺纹的导程等于线数乘以螺距，即 $P_h = nP$，对于图 6-7b）所示的双线螺纹，则 $P_h = 2P$。

（5）旋向。

螺纹旋向分右旋和左旋两种。逆时针方向旋转时沿轴向旋入的螺纹称为左旋螺纹，其可见螺纹线左高右低，如图 6-8a）所示；顺时针方向旋转时沿轴向旋入的螺纹是右旋螺纹，其可见螺旋线左低右高，如图 6-8b）所示。工程上常用右旋螺纹。

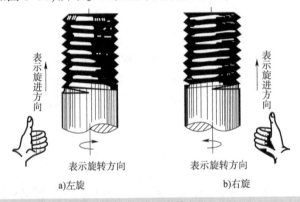

a)左旋　　　　　　　　　　　b)右旋

图 6-8　螺纹的旋向

2.2.2　螺纹的分类

国家标准对上述五项要素中的牙型、直径和螺距作了规定。

按基本要素标准化的程度可将螺纹分为标准螺纹、特殊螺纹和非标准螺纹。

（1）标准螺纹：牙型、直径和螺距均符合国家标准的螺纹称为标准螺纹。

（2）特殊螺纹：牙型符合标准，而直径或螺距不符合标准的称为特殊螺纹。

（3）非标准螺纹：牙型不符合标准的称为非标准螺纹。

2.3　螺纹的规定画法

螺纹若按其真实投影作图比较麻烦，为了简化作图，国家标准《机械制图》GB/T 4459.1—1995 规定了螺纹的画法。

2.3.1　外螺纹的画法

在投影为非圆的视图上，外螺纹的大径和螺纹终止线用粗实线表示，小径用细实线表示，小径的尺寸可从国家标准有关手册查到，实际画图时小径通常画成大径的 85%。螺杆的倒角或倒圆也应画出,且小径应画到倒角内。在投影为圆的视图中,表示小径的细实线圆只画约 3/4 圈(空出约 1/4 圈的位置不作规定,可自行选择),倒角圆不应画出,如图 6-9a)所示。

外螺纹画成剖视时,螺纹终止线只从牙顶画到牙底处,螺纹部分要画剖面线,如图 6-9b)所示。

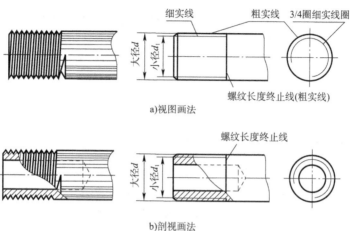

图 6-9　外螺纹的画法

2.3.2　内螺纹的画法

内螺纹一般都画成剖视图的形式。在投影为非圆的视图中,内螺纹的小径和螺纹终止线用粗实线表示,大径用细实线表示,小径通常画成大径的 85% 剖面线应画到粗实线。在投影为圆的视图中,内螺纹的小径用粗实线圆表示,表示大径的细实线圆只画约 3/4 圈,此时,螺孔上的倒角投影不应画出,如图 6-10a)所示。图 6-10b)表示不穿通螺孔的画法。

一般应将钻孔深度和螺纹深度分别画出,钻孔深度一般应比螺纹深度大 0.5D,其中 D 为螺纹大径。钻孔底部锥面是由钻头钻孔时不可避免产生的工艺结构,其锥顶角约为 120°,且尺寸标注中的钻孔深度不包括该锥顶角部分。

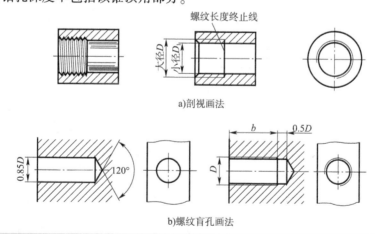

图 6-10　内螺纹的画法

2.3.3　内、外螺纹的连接画法

以剖视图表示内、外螺纹的连接时,其旋合部分应按外螺纹的画法绘制,其余部分仍按各

自的画法表示,如图 6-11 所示为螺杆(外螺纹)旋入螺纹盲孔(内螺纹)的情况。

内、外螺纹连接画法属于装配图画法范畴,在绘制零件之间的装配关系时,应按下述规定绘制。

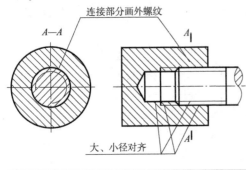

连接部分画外螺纹

大、小径对齐

图 6-11　内、外螺纹的连接画法

(1)在装配图中,相互邻接的金属零件的剖面线,其倾斜方向应相反,或方向一致而间隔不等。同一装配图中的同一零件的剖面线应方向相同、间隔相等,如图 6-11 所示。

(2)在装配图中,当剖切平面通过螺杆的轴线时,对于螺柱、螺栓、螺钉、螺母及垫圈等均按未剖切绘制。图 6-11 所示的螺杆是按未剖切绘制的。

2.3.4　螺纹的其他画法

(1)螺尾的规定画法。

在实际生产中当车削螺纹的刀具快到达螺纹终止处时,要逐渐退离工件,因而螺纹终止处附近的牙型将逐渐变浅,形成不完整的螺纹牙型,这段螺纹称为螺尾,当需要表示螺纹收尾时,螺尾部分的牙底用与轴线成 30°的细实线表示,如图 6-12 所示。

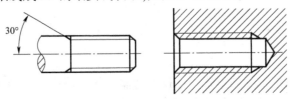

30°

图 6-12　螺尾的规定画法

(2)螺孔相贯线的画法。

螺孔与螺孔、螺孔与光孔相交时,只在牙顶圆投影处画一条相贯线,如图 6-13 所示。

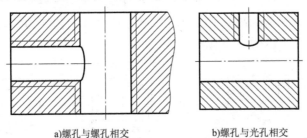

a)螺孔与螺孔相交　　　　　b)螺孔与光孔相交

图 6-13　螺孔相贯线的规定画法

(3)圆锥螺纹的画法。

圆锥外螺纹和圆锥内螺纹的规定画法如图 6-14 所示,在投影为圆的视图上,不可见端面牙底圆的投影不画,牙顶圆的投影为虚线圆时可省略不画。

2.4　常用螺纹的标记和标注

由于螺纹采用规定画法,因此,各种螺纹的画法都是相同的。所以国家标准规定,标准螺纹应在图上注出相应标准所规定的螺纹标记。螺纹标记的标注形式一般分为以下几种情况。

2.4.1　普通螺纹、梯形螺纹和锯齿形螺纹

普通螺纹、梯形螺纹、锯齿形螺纹的标注如图 6-15 所示。

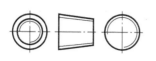

a)外螺纹　　　　　　　　　　　b)内螺纹

图 6-14　圆锥螺纹的规定画法

| 螺纹种类代号 | 公称直径 | × | 螺距 (单线时) / 导程(*P*螺距) (多线时) | 旋向 | 公差带代号 | 旋合长度代号 |

图 6-15　普通螺纹、梯形螺纹、锯齿形螺纹的标注

其中：

（1）螺纹种类代号（表 6-1）。表中未列出的几种螺纹种类代号是：小螺纹 S、米制密封螺纹 ZM、锯齿形螺纹 B、自攻螺钉用螺纹 ST、自攻锁紧螺钉用螺纹（普通螺纹）M。单线螺纹、导程和线数省略不注；右旋螺纹则旋向省略不注；左旋螺纹用 LH 表示；普通粗牙螺纹螺距省略不注。

（2）螺纹公差带代号。是由表示其大小的公差等级数字和表示其位置（基本偏差）的字母所组成（内螺纹用大写字母，外螺纹用小写字母），例如 6H、6g 等。当螺纹的中径公差带与顶径公差带代号不同时，应分别注出，如：M10 – 5g6g。其中 6g 为顶径公差带代号，5g 为中径公差带代号。当中径与顶径公差带代号相同时，则只注一个代号，如：M10 – 6g。梯形螺纹、锯齿形螺纹只标注中径公差带代号。

（3）旋合长度代号。螺纹的配合性质与旋合长度有关。普通螺纹的旋合长度分为短、中、长三组，分别用代号 S、N、L 表示。梯形螺纹为 N、L 两组。当旋合长度为 N 时可省略标注，必要时可用数值注明旋合长度。旋合长度的分组可根据螺纹大径及螺距从附录 A 中查取。

公称直径以 mm 为单位的普通螺纹、梯形螺纹、锯齿形螺纹等米制螺纹，其标记应直接注在大径的尺寸线上（表 6-1）或其引出线上。

螺纹种类代号及标注　　　　　　　　　　　　　　　　表 6-1

螺纹类别		外 形 图	螺纹种类代号	标注图例	说　明
连接螺纹	粗牙普通螺纹	60°	M	M13–5g6g–S	粗牙普通螺纹不标注螺距 右旋不注旋向 左旋加注"LH"表示
				M10LH–7H–L	
	细牙普通螺纹	60°		M10×1–5g6g	细牙普通螺纹必须注明螺距 右旋不注旋向 左旋加注"LH"表示

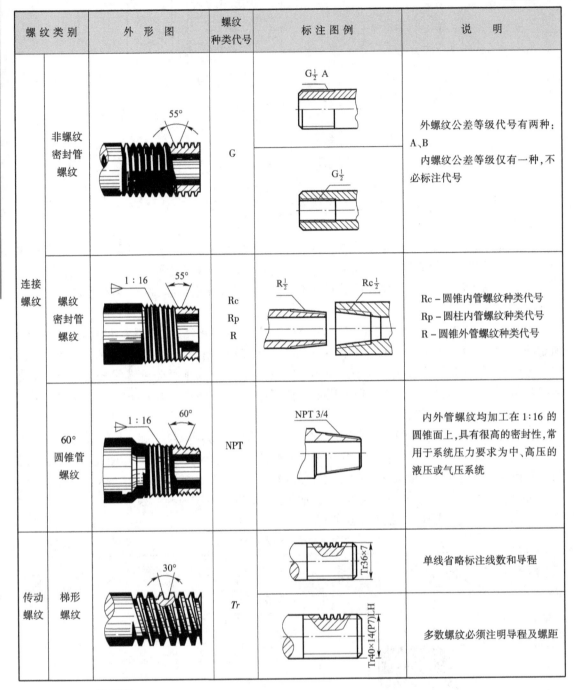

螺纹类别		外 形 图	螺纹种类代号	标 注 图 例	说 明
连接螺纹	非螺纹密封管螺纹	55°	G	G$\frac{1}{2}$ A G$\frac{1}{2}$	外螺纹公差等级代号有两种: A、B 内螺纹公差等级仅有一种,不必标注代号
	螺纹密封管螺纹	1:16 55°	Rc Rp R	R$\frac{1}{2}$ Rc$\frac{1}{2}$	Rc－圆锥内管螺纹种类代号 Rp－圆柱内管螺纹种类代号 R－圆锥外管螺纹种类代号
	60°圆锥管螺纹	1:16 60°	NPT	NPT 3/4	内外管螺纹均加工在1:16的圆锥面上,具有很高的密封性,常用于系统压力要求为中、高压的液压或气压系统
传动螺纹	梯形螺纹	30°	Tr	Tr36×7	单线省略标注线数和导程
				Tr40×14(P7)LH	多数螺纹必须注明导程及螺距

2.4.2 管螺纹

管螺纹的标注如图6-16所示。

螺纹种类代号	尺寸代号	公差等级代号

图6-16 管螺纹的标注

由于管螺纹的标注中,尺寸代号是指管子内径的大小,单位为英寸,而不是螺纹的大径,所以管螺纹必须采用旁注法标注,而且指引线从螺纹大径轮廓线引出。其公差等级代号仅限于非螺纹密封管螺纹的外螺纹,有 A 级和 B 级两种之分,其他管螺纹无此划分,故不需标注。

2.4.3 螺纹副

螺纹副标记的标注方法与螺纹标记的标注方法相同。普通螺纹、梯形螺纹、锯齿形螺纹等米制螺纹的标记应直接标注在大径的尺寸线上或其引出线上,如图 6-17a) 所示;管螺纹的标记应采用引出线由配合部分的大径处引出标注,如图 6-17b) 所示;米制锥螺纹的标记一般应采用引出线由配合部分的大径处引出标注,也可以直接标注在从基面处画出的尺寸线上,如图 6-17c) 所示。

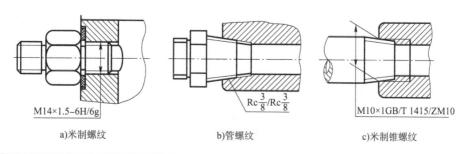

| a)米制螺纹 | b)管螺纹 | c)米制锥螺纹 |

图 6-17 螺纹副的标注

2.4.4 螺纹的测绘

在汽车零件修配时,首先要进行零件测绘。在零件测绘时常常需要进行螺纹的测量,螺纹的测量主要是确定螺纹的牙型、线数、旋向,并测量大径、螺距等。然后根据螺纹相关标准确定螺纹的种类和尺寸。

(1)螺纹大径的测定。

可用游标卡尺测量外螺纹大径,内螺纹的大径可按其配合外螺纹确定,或根据小径查表确定。

(2)螺纹牙型与螺距的测定。

用螺纹规可直接测定螺纹的牙型和螺距,如图 6-18a) 所示。没有螺纹规时可用拓印法测定螺距。如图 6-18b) 所示,测定 L(5 个或 10 个螺距),计算螺距平均值并查表确定标准螺距。最后对照大径确定螺纹牙型。

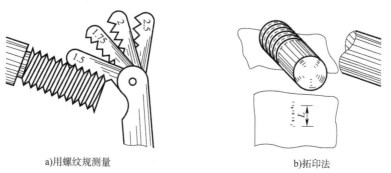

a)用螺纹规测量   b)拓印法

图 6-18 螺纹的测量

任务2 螺纹紧固件及其画法

1 任务引入

图 6-1 所示的差速器图中,螺栓、螺母等螺纹紧固件有哪些种类?其规定标记和规定画法等要求在国家标准中是怎样规定的?

2 相关理论知识

2.1 螺纹连接件的种类、用途及其规定标记

螺纹连接件是标准件。螺纹连接件类型很多,汽车机件中常见的螺纹连接件有螺栓、双头螺柱、螺钉、垫圈和螺母等,如图 6-19 所示。螺纹连接件的结构形式和尺寸都已标准化,各种连接件都有相应的规定标记。通常只需在技术文件中注写其规定标记而不画零件工作图。表 6-2 列出了一些常用螺纹紧固件及其规定标记。

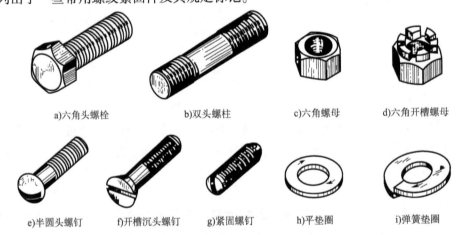

| a)六角头螺栓 | b)双头螺柱 | c)六角螺母 | d)六角开槽螺母 |

| e)半圆头螺钉 | f)开槽沉头螺钉 | g)紧固螺钉 | h)平垫圈 | i)弹簧垫圈 |

图 6-19 常用的螺纹连接件

常用螺纹紧固件的图例及规定标记(具体规格见附录 B–I) 表 6-2

名 称	国家标准代号 规定标记示例	名 称	国家标准代号 规定标记示例
六角头螺栓 M10 45	GB/T 5782—2016 螺栓 GB/T 5782 M10×45	开槽锥端紧固螺钉 M5 16	GB/T 71—2018 螺钉 GB/T 71 M5×16
双头螺柱B型、A型 M10 40 M10 40	GB/T 897~900—1988 螺柱 GB/T 898 M10×40 (省略 B) 螺柱 GB/T 898 M10×40	开槽圆柱端紧定螺钉 M5 16	GB/T 75—2018 螺钉 GB/T 75 M5×16

名　称	国家标准代号 规定标记示例	名　称	国家标准代号 规定标记示例
开槽圆柱头螺钉 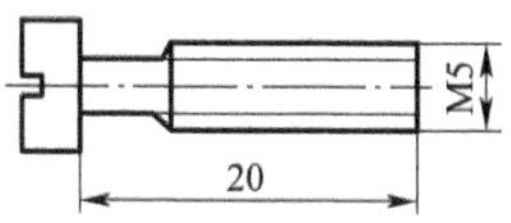	GB/T 65—2016 螺钉 GB/T 65 M5×20	1型六角螺母 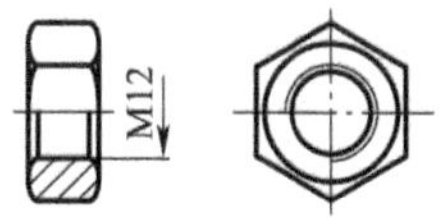	GB/T 6170—2015 螺母 GB/T 6170 M12
开槽沉头螺钉 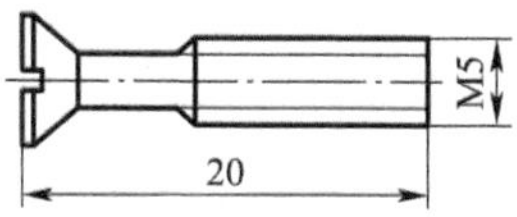	GB/T 68—2016 螺钉 GB/T 68 M5×20	1型六角开槽螺母 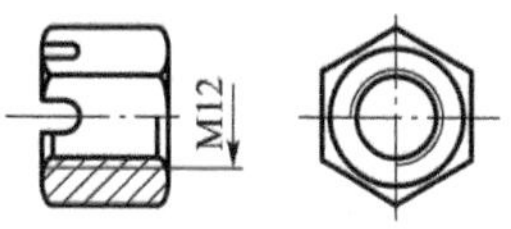	GB/T 6178—1986 螺母 GB/T 6178 M12
十字槽沉头螺钉 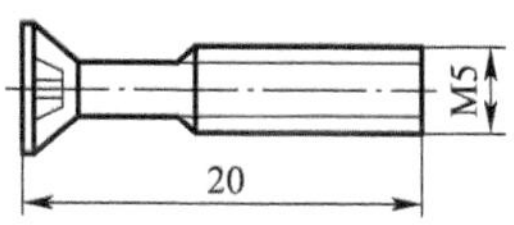	GB/T 819—2016 螺钉 GB/T 819 M5×20	平垫圈 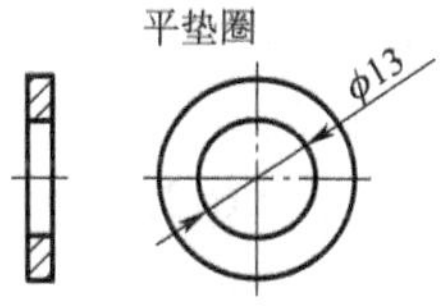	GB/T 97.1—2002 GB/T 97.1 12
内六角圆柱头螺钉 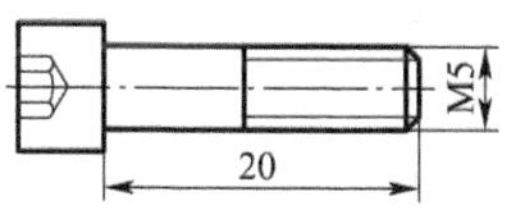	GB/T 70.1—2008 螺钉 GB/T 70.1 M5×20	标准型弹簧垫圈 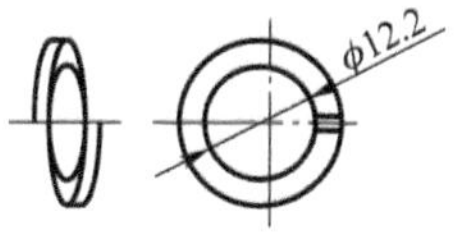	GB/T 93—1987 垫圈 GB/T 93 12

2.2　螺纹紧固件连接画法

2.2.1　螺纹紧固件的画法

在装配图中为表示连接关系还需画出螺纹连接件。绘制螺纹连接件的方法有两种。

（1）查表画法：通过查阅设计手册，按手册中国家标准规定的数据画图，所有螺纹连接件都可用查表方法绘制。

（2）比例画法：螺纹连接件各部分的尺寸（除公称长度 l 和旋合长度 b_m 外），是以螺纹大径 d（或 D）为基础数据，根据相应的比例系数计算得出的，称比例画法。为作图简便，常采用比例画法。

2.2.2　装配图的规定画法

螺纹连接件连接图属于装配图，应遵守装配图的规定画法。

（1）两零件的接触面只画一条粗实线；不接触的表面，不论间隙多小，都必须画成两条线。

（2）在剖视图中，相邻两个零件的剖面线方向应相反或间隔不同，但同一零件在各剖视图中，剖面线的方向和间隔应相同。

（3）当剖切平面通过螺杆的轴线时，对于螺栓、螺柱、螺钉、螺母及垫圈等均按不剖绘制。

（4）在装配图中，螺栓头部和螺母允许采用简化画法。螺纹紧固件的工艺结构，如倒角、退刀槽、缩径、凸肩等均可省略不画。

2.2.3　螺纹紧固件连接图的画法

螺纹紧固连接的基本形式有三种：螺栓连接、螺柱连接、螺钉连接，如图 6-20 所示。

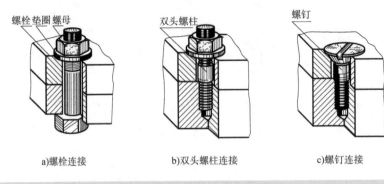

a)螺栓连接　　　　　b)双头螺柱连接　　　　　c)螺钉连接

图6-20　螺纹紧固件连接的基本形式

（1）螺栓连接的画法。

螺栓连接由螺栓、螺母和垫圈组成如图6-20a）所示。螺栓连接用于被连接零件厚度不大,可加工出通孔时的情况。螺栓、螺母和平垫圈的比例画法见表6-3。设计和绘图时应注意,被连接零件的通孔尺寸应大于螺栓的大径,一般通孔直径是$1.1d$,螺栓杆部应旋出螺母,旋出长度为$(0.3～0.4)d$,如图所6-21所示。螺栓有效长度的确定见表6-3。

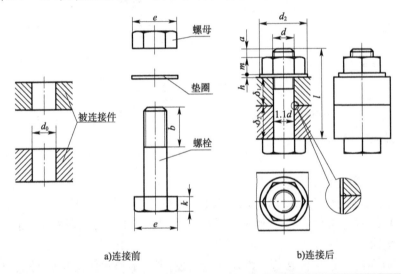

a)连接前　　　　　　　　　　　b)连接后

图6-21　螺栓连接

螺栓连接的尺寸计算、螺母倒角及曲线画法　　　　　　　　　　表6-3

各部分尺寸计算公式	六角螺母倒角及曲线画法	螺纹公称长度的角度
孔径:$d_0 = 1.1d$ 螺栓头:$k = 0.7d$;$e = 2d$ 垫圈:$h = 0.15d$;$d_2 = 2.2d$ 螺母:$m = 0.8d$;$e = 2d$ 螺纹长度:$b = (1.5～2)d$ 螺栓旋出长度:$a = (0.3～0.4)d$	$R = 2d$　300　$R1 = d$　r　$2d$	$L = \delta_1 + \delta_2 + h + m + a$ δ_1、δ_2——零件厚度 h——垫圈厚度 m——螺母厚度 a——螺栓旋出长度 根据计算值查表确定标准值 （标准值≥计算值）

螺栓连接的规定画法:

①在螺栓连接图的主视图中,按装配图的规定画法,螺栓、螺母、垫圈均按不剖绘制。

②两被连接件的剖面线方向相反。

(2)双头螺柱连接的画法。

双头螺柱连接由双头螺柱、螺母和垫圈组成,如图6-20b)所示。双头螺柱连接适用于结构上不能采用螺栓连接的场合,如被连接件之一太厚不宜制成通孔或材料较软,且需要经常装拆时,往往采用双头螺柱连接。连接件由双头螺柱、螺母和垫圈组成。在较薄的零件上加工成通孔,孔径取 $1.1d$,而在较厚的零件上制出不穿通的内螺纹,钻头头部形成的锥顶角为120°。双头螺柱两端都加工有螺纹,连接时,一端旋入较厚零件中的螺孔中称旋入端,另一端穿过较薄零件的通孔,套上垫圈,再用螺母拧紧,称紧固端,如图6-22所示。双头螺柱的旋入端长度 b_m 与被连接零件的材料有关,按表6-4选取。螺孔深度一般取 $b_m + 0.5d$,钻孔深度一般取 $b_m + d$。

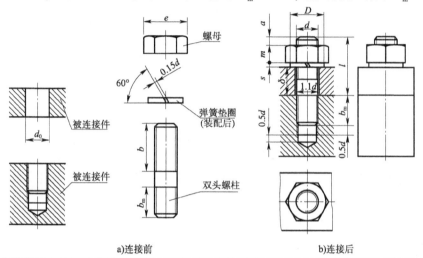

a)连接前　　　　　　　　　　　　b)连接后

图6-22　双头螺柱连接

螺柱旋入端长度与公称长度的确定　　　　　　　　　表6-4

被旋入件材料	旋入端长度	螺柱标准号	各部分尺寸计算公式	螺柱公称长度的确定
钢、青铜	$b_m = d$	GB/T 897—1988	孔径:$d_0 = 1.1d$ 弹簧垫圈:$s = 0.2d$;$D = 1.5d$ 开口宽度为 $0.15d$ 螺母:$m = 0.8d$;$e = 2d$ 螺柱螺纹长度:$b = (1.5 \sim 2)d$ 螺栓旋出长度:$a = (0.3 \sim 0.4)d$	$L = \delta + h + m + a$ δ——零件厚度 s——垫圈厚度 m——螺母厚度 a——螺柱旋出长度 根据计算值查表确定标准值 (标准值≥计算值)
铸铁	$b_m = 1.25d$	GB/T 898—1988		
	$b_m = 1.5d$	GB/T 899—1988		
铝	$b_m = 2d$	GB/T 900—1988		

双头螺柱连接的规定画法:

①在螺柱连接图的主视图中,按装配图的规定画法,螺柱、螺母、垫圈均按不剖绘制。

②两被连接件的剖面线方向相反。

③螺柱旋入端的螺纹终止线与两个被连接件的接触面必须画成一条线。

④弹簧垫圈画成倾斜60°且向左。

(3)螺钉连接的画法。

连接螺钉由螺钉和垫圈组成,如图6-20c)所示。螺钉直接拧入被连接件的螺孔中,不用螺母,在结构上比双头螺柱连接更简单、紧凑。其用途和双头螺柱连接相似,但如果经常装拆则容易使螺孔磨损,导致被连接件报废,故多用于受力不大,或不需要经常拆装的场合。

螺钉连接的画法如图6-23所示。螺钉的比例画法、旋入长度及公称长度的确定见表6-5。

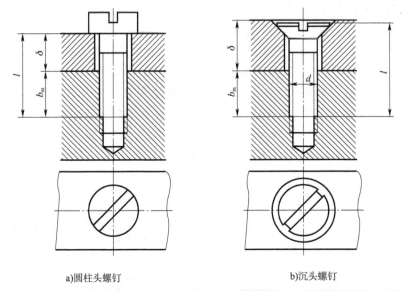

a)圆柱头螺钉 b)沉头螺钉

螺钉的比例画法、旋入长度及公称长度的确定 表6-5

螺钉头部的比例画法	被旋入件材料	旋入端长度	螺钉公称长度的确定
	钢、青铜	$b_{\mathrm{m}} = d$	$L = \delta + b_{\mathrm{m}}$ δ——零件厚度 b_{m}——旋入端长度 根据计算值查表确定标准值 (标准值≥计算值)
	铸铁	$b_{\mathrm{m}} = (1.25 \sim 1.5)d$	
	铝	$b_{\mathrm{m}} = 2d$	

螺钉连接的规定画法:

①对于带槽螺钉的槽部,在投影为圆的视图中画成与中心线成45°且向右,如图6-23所示。

②为了使螺钉的头部压紧被连接零件,螺钉的螺纹终止线应超出较厚零件螺孔的端面。

(4)紧定螺钉连接的画法。

紧定螺钉对机件主要起定位和固定作用。采用紧定螺钉连接时,其简化画法如图6-24所示。

(5)螺纹连接的简化画法。

螺母及螺栓头倒角及因倒角而产生的曲线均可省略不画,螺杆倒角也可省略不画,如图6-25a)所示。不穿通螺纹孔的钻孔深度可不表示,仅按有效螺纹部分的深度画出,如

图 6-25b)、c)所示。弹簧垫圈开口可涂黑简化表示,如图 6-25b)所示。当螺钉头部开槽槽宽小于 2mm 时,可涂黑表示,如图 6-25c)所示。

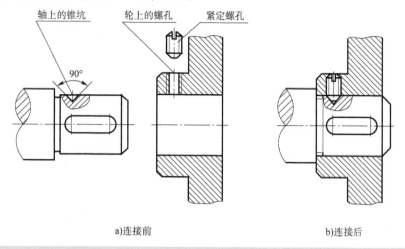

a)连接前　　　　　　　　　　　b)连接后

图 6-24 紧定螺钉连接

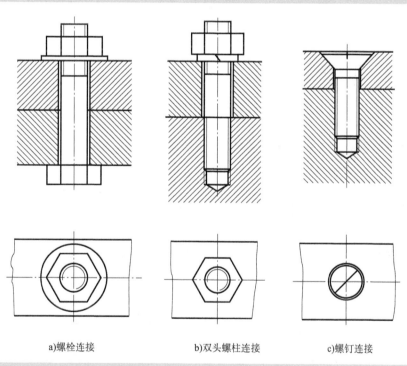

a)螺栓连接　　　　　b)双头螺柱连接　　　　　c)螺钉连接

图 6-25 螺纹紧固件连接的简化画法

❸ 任务实施

3.1 画螺纹连接图

螺纹连接图中有多个零件,一般应先画可见的,后画不可见的。在剖视图中可先画螺栓、垫圈、螺母等螺纹紧固件,后画被连接件。下面以螺栓连接图为例说明螺纹连接图的绘图步骤,如图 6-26 所示。

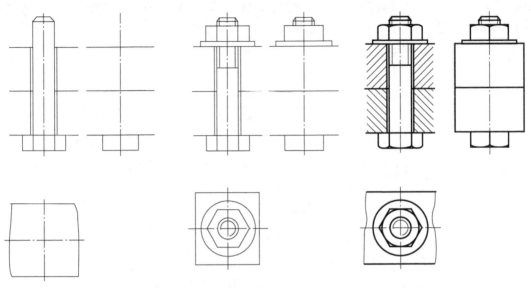

a)画基准线、被连接件及通
孔(孔径为d)、螺栓

b)画垫圈(不剖);螺母
(不剖)及螺纹小径

c)画剖面线、倒角(可省略),
最后加深图线

图 6-26　螺纹连接的画图步骤

3.2　画图注意事项

在绘制各种螺纹紧固件的连接图时,经常会犯的错误如图 6-27b)、图 6-28b)、图 6-29b)所示,初学者必须特别注意。

(1)螺栓连接画法注意事项(图 6-27)。

①1 处两零件的接触面只画一条线,此线应画至螺栓轮廓。

②2 处螺母倒角应为 30°。

③3 处应画出螺纹小径的细实线,且应画到倒角内。

④4 处应为直角。

⑤5 处画螺栓杆的断面投影,按外螺纹的规定画法绘制,大径为粗实线,小径为 3/4 圈细实线。

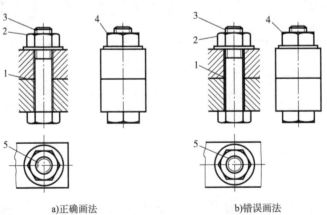

a)正确画法

b)错误画法

图 6-27　螺纹连接画法的正误对比

（2）螺柱连接画法注意事项（图 6-28）。

① 1 处应有两条粗实线，因为被连接零件的通孔直径比螺柱大径大（1.1 倍）。

② 2 处螺柱旋入端的螺纹终止线应与两被连接件的接触面画在一条线上，表示旋入端已全部拧入机体。

③ 3 处内外螺纹的小径应对齐画在一条线上。

④ 4 处机件的剖面线应画到表示内螺纹小径的粗实线为止。

⑤ 5 处机件的钻孔角度应按钻头角度绘制，画成 120°。

⑥ 6 处弹簧垫圈的开槽方向应向左。

⑦ 7 螺柱的紧固端旋出螺母的长度应为 $(0.3 \sim 0.4)d$。

（3）螺钉连接画法注意事项（图 6-29）。

① 1 处螺纹终止线应高于两被连接零件的接触面。

② 2 处应有两条粗实线，因为被连接零件的通孔直径比螺钉大径大（1.1 倍）。

③ 3 处机件的 120° 钻孔轮廓线应与螺纹小径相连。

④ 4 处螺钉拧紧后，不论其头部的一字槽位置如何，在与螺钉轴线垂直的投影面，其投影方向一律画成与水平成 45° 且向右倾斜。

⑤ 5 处沉头螺钉头部有一段圆柱，应正确画出。

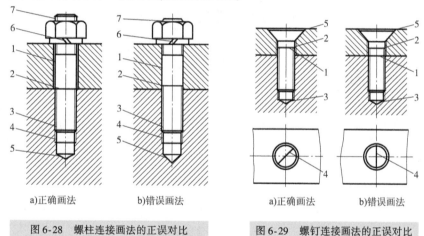

a）正确画法　　b）错误画法	a）正确画法　　b）错误画法
图 6-28　螺柱连接画法的正误对比	图 6-29　螺钉连接画法的正误对比

任务 3　键连接和销连接

1 任务引入

图 6-1 所示的圆锥齿轮差速器图中，轴和齿轮是如何连接到一起的？键连接和销连接的作用分别是什么？其规定标记及其画法等要求在国家标准中是怎样规定的？

2 相关理论知识

2.1　键连接

键为标准件。键用于轴与轴上零件（如齿轮、皮带轮等）间的传动，起传递转矩的作用。

汽车上常用的键有普通平键和花键。

2.1.1 普通平键连接

普通平键的规定标记及画法见表6-6,具体规格可查附录N。

平键的规定标记示例及画法

表6-6

名称	轴测图及标准号	画法	标记示例
普通 平键	GB/T 1096—2003	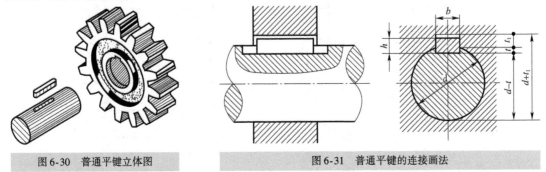	GB/T 1096—2003 键6×6×20 表示圆 头普通平键(A 型可不标出 A 字) 其中:键宽 $b=6$mm 键高 $h=6$mm 键长 $L=20$mm

如图6-30所示为普通平键连接,在轴和轮毂上加工出键槽,装配时先将键装入轴的键槽内,然后将轮毂上的键槽对准轴的键,把皮带轮(齿轮)装在轴上。传动时,轴和皮带轮(齿轮)便可一起转动。普通平键工作时靠键与键槽侧面的挤压来传递转矩,故平键的两个侧面是工作面,平键的上表面与轮毂孔键槽的顶面之间留有间隙。

在绘制普通平键连接的装配图时,由于其两侧面是工作面,因此也是接触面,所以只画一条线。而普通平键与轮毂孔的键槽顶面之间是非接触面应画两条线,如图6-31所示,轴和键纵向剖均按不剖绘制。

图6-30 普通平键立体图
图6-31 普通平键的连接画法

键槽画法及尺寸标注,如图6-32所示。相配合的键槽尺寸,可根据轴的直径从机械设计手册中查取。在零件图上,考虑测量方便不能直接标注键槽深,而应标注 $d-t$[图6-32a)]或 $D+t_1$[图6-32b)]。

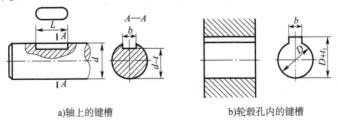

a)轴上的键槽
b)轮毂孔内的键槽

图6-32 普通平键键槽的画法

2.1.2 花键连接

花键连接的情况如图6-33所示。轴上的纵向键放在轮毂内相应的键槽中,用以传递转矩。

花键根据其齿形不同,分为矩形花键、渐开线花键及三角形花键等,其中矩形花键应用最广,且已标准化,各部分尺寸均可由相应标准中查取。下面只介绍矩形花键的画法及尺寸标注。

(1)矩形花键的各部分名称。

与轴一体的花键称为外花键[图6-33a)],与轮毂一体的花键称为内花键[图6-33b)]。图6-34、图6-35中 D 为花键大径, d 为花键小径, B 为花键键宽,6 为花键齿数。

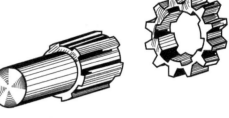

a)外花键(花键轴)　　b)内花键(花键孔)

图6-33　花键连接

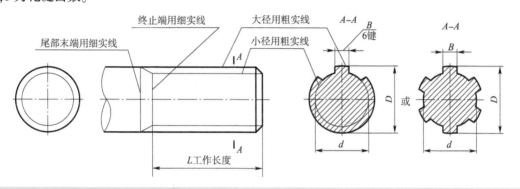

图6-34　外花键的画法及标注

(2)矩形花键的规定画法及标注。

为了简化作图,绘制花键时不按其真实投影绘制。国家标准《机械制图》(GB/T 4459.3—2000)规定了内、外花键及其连接的画法。

①外花键的画法。在平行于外花键轴线的投影面的视图中,大径画粗实线,小径画细实线,并用剖面图画出一部分(但要注明键数)或全部齿形。工作长度的终止端和尾部长度的末端均用细实线绘制,尾部则画成与轴线成30°的斜线(图6-34)。

②内花键的画法。在平行于内花键轴线的投影面上的剖视图中,大径、小径均用粗实线绘制;并用局部视图画出一部分(注明键数)或全部齿形(图6-35)。

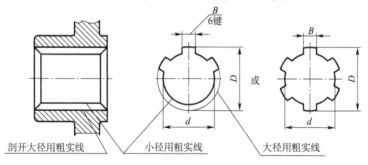

图6-35　内花键的画法及标注

③花键的标注。花键的标注方法有两种:一种是在图中注出公称尺寸 D(大径)、d(小径)、B(槽宽)和 N(键数)等;另一种是用指引线从大径引出标出花键代号(图6-36),花键代号格式为 $N \times d \times D \times B$,如 $6 \times 28 \times 32 \times 7$。无论采用哪种注法,花键的工作长度 L 都要在图上直接注出。

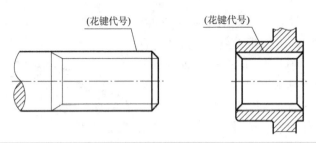

图6-36　花键的标记

④花键连接的画法及标注。用剖视图表示花键连接时,其连接部分采用外花键的画法(图6-37)。

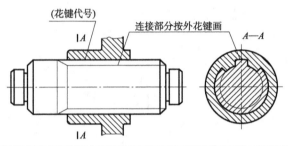

图6-37　花键连接的画法及标注

花键连接的标记格式为 $N \times d \times D \times B$,如 $6 \times 23 \dfrac{\text{H7}}{\text{f7}} \times 26 \dfrac{\text{H10}}{\text{a11}} \times 6 \dfrac{\text{H11}}{\text{d10}}$。从大径引出标注花键代号。

2.2　销连接

销连接常用于零件之间的连接和定位,按销形状的不同分为:圆柱销、圆锥销和开口销,其结构、画法和标记见表6-7,具体规格可查附录P。圆柱销连接如图6-38所示,圆柱销利用微量过盈固定在销孔中,经过多次装拆后,连接的紧固性及精度降低,故只宜用于不常拆卸处;圆锥销连接如图6-39所示,圆锥销有1:50的锥度,装拆比圆柱销方便,多次装拆对紧固性及定位精度影响小,应用广泛;开口销连接如图6-40所示,开口销用在带孔螺栓和带槽螺母上,将其插入槽形螺母的槽口和带孔螺栓的孔,并将开口销的尾部叉开,以防止螺母与螺栓脱落。

销的规定标记示例及画法　　　　　　　　　　　　　　　表6-7

名　　称	轴测图及国标代号	画　　法	标　记　示　例
圆柱销	GB/T 119.1—2000	d　　l	GB/T 119.1—2000 6m6×30 表示:$d=6\text{mm}$,公差 m6,$l=30\text{mm}$
圆锥销	GB/T 117—2000	1:50　　d　　l	GB/T 117—2000 6×30 表示:$d=6\text{mm}$,$l=30\text{mm}$,A 型
开口销	GB/T 91—2000	l　　d	GB/T 91—2000 5×50 表示:$d=5\text{mm}$,$l=50\text{mm}$

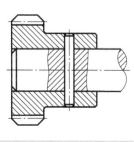

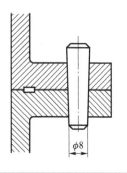

图 6-38　圆柱销连接画法图　　　　图 6-39　圆锥销连接画法

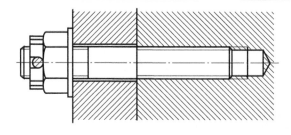

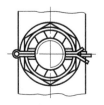

图 6-40　开口销连接画法

任务 4　齿　　轮

❶ 任务引入

图 6-1 所示的圆锥齿轮差速器图中包含很多齿轮,齿轮是机器中的传动零件,常用来传递两轴间的动力和变换运动方向、运动速度,是机械传动中最常用的一类传动件。那么齿轮的测绘、轮齿部分尺寸计算及齿轮零件图的画法又是如何规定的呢?

常见的齿轮传动类型有:圆柱齿轮传动[图 6-41a)、d)],常用于两平行轴之间的传动;圆锥齿轮传动[图 6-41b)]常用于两相交轴之间的传动;蜗杆传动[图 6-41c)],常用于两交叉轴之间的传动。相互啮合的一对齿轮有主动轮与从动轮之分。圆柱齿轮是最常用的齿轮,本节仅介绍直齿圆柱齿轮的基本参数和规定画法。

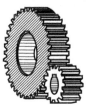

a)圆柱齿轮传动　　　b)圆锥齿轮传动　　　c)蜗杆传动　　　d)内啮合齿轮传动

图 6-41　齿轮传动

❷ 相关理论知识

圆柱齿轮按其轮齿的方向分为直齿、斜齿、人字齿三种,如图 6-42 所示。

a)直齿

b)斜齿

c)人字齿

图6-42　圆柱齿轮

2.1　圆柱齿轮的各部分名称及尺寸关系

圆柱齿轮的各部分名称及其代号如图6-43所示。

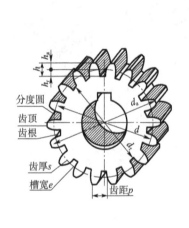
a)单个齿轮

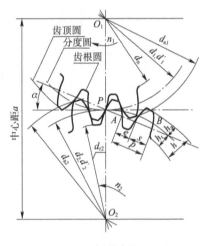
b)一对啮合齿轮

图6-43　直齿轮各部分名称及其代号

2.1.1　齿顶圆直径 d_a

通过轮齿顶部的圆称作齿顶圆,直径用 d_a 表示。

2.1.2　齿根圆直径 d_f

通过轮齿根部的圆称作齿根圆,直径用 d_f 表示。

2.1.3　分度圆直径 d

分度圆是在齿顶圆与齿根圆之间的一个约定的假想圆,它是设计、制造齿轮时计算尺寸的依据。在标准齿轮的分度圆的圆周上,齿厚 s 和槽宽 e 相等。一对正确安装的标准齿轮,其分度圆是相切的。

2.1.4　节圆 d'

一对齿轮轮齿的接触点 P 称作节点,以 O_1、O_2 为圆心,以 O_1P、O_2P 为半径画出的两个相切的圆称作节圆,直径用 d' 表示。一对正确安装的标准齿轮,分度圆和节圆重合, $d' = d$。

2.1.5 齿距 p、齿厚 s、槽宽 e

在分度圆上，相邻两个轮齿同侧齿面间的弧长称作齿距，用 p 表示；在分度圆上一个轮齿齿廓间的弧长称作齿厚，用 s 表示；在分度圆上一个齿槽齿廓间的弧长，称作槽宽，用 e 表示。在标准齿轮的分度圆的圆周上，齿厚 s 和槽宽 e 相等。

2.1.6 齿全高 h、齿顶高 h_a、齿根高 h_f

齿顶圆与齿根圆的径向距离，称作齿全高，用 h 表示。分度圆把齿高分为两个不等的部分，齿顶圆与分度圆的径向距离称作齿顶高，用 h_a 表示；分度圆与齿根圆的径向距离，称作齿根高，用 h_f 表示。$h = h_a + h_f$。

2.2 直齿圆柱齿轮的基本参数

2.2.1 齿数 z

齿轮轮齿的个数。

2.2.2 模数 m

模数是设计和制造齿轮的基本参数。齿轮分度圆周长为 $\pi d = zp$，等式变换 $d = (p/\pi)z$，其中 π 为无理数，为便于计算，令 $m = p/\pi$，称作模数，于是 $d = mz$。由于模数 $m = p/\pi$，因此，齿轮的模数大，其齿距就大，齿轮的轮齿就厚。若齿数一定，模数大的齿轮，其分度圆直径就大。齿轮的模数不同，其轮齿的大小也不同，应选用不同模数的刀具进行加工。为简化设计和便于制造，我国已经将模数标准化，见表 6-8。

2.2.3 压力角 α

两个相啮合的轮齿齿廓在节点 P 处的公法线与两分度圆的公切线的夹角，称为压力角 α，对于单个齿轮，它的压力角也称齿形角。我国标准齿轮的齿形角为 $\alpha = 20°$。

2.3 标准直齿圆柱齿轮的尺寸计算

标准直齿圆柱齿轮的尺寸计算见表 6-8。

标准圆柱齿轮(外啮合)轮齿部分的尺寸计算   表 6-8

名称及代号	公　式	名称及代号	公　式
模数 m	m	齿根高 h_f	$h_f = 1.25m$
分度圆直径 d	$d = mz$	齿高 h	$h = h_a + h_f = m + 1.25m = 2.25m$
齿距 p	$p = \pi m$	齿顶圆直径 d_a	$d_a = d + 2h_a = mz + 2m = m(z + 2)$
齿顶高 h_a	$h_a = m$	齿根圆直径 d_f	$d_f = d - 2h_f = mz - 2.5m = m(z - 2.5)$
中心距 a	$a = (d_1 + d_2)/2 = m(z_1 + z_2)/2$		

2.4 圆柱齿轮的规定画法

2.4.1 单个圆柱齿轮的画法

按国家标准规定，齿轮的齿顶圆(线)用粗实线绘制，分度圆(线)用细点画线绘制，齿根圆

（线）用细实线绘制（也可省略不画），如图6-44a）所示。在剖视图中，剖切平面通过齿轮的轴线时，轮齿按不剖处理，齿顶线和齿根线用粗实线绘制，分度线用细点画线绘制，如图6-44所示。若为斜齿或人字齿，则该视图可画成半剖视图或局部剖视图，并用三条细实线表示轮齿的方向，如图6-44b）、c）所示。

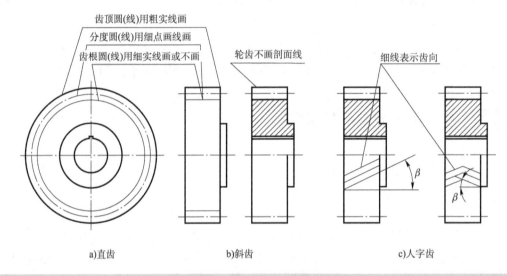

齿顶圆(线)用粗实线画
分度圆(线)用细点画线画
齿根圆(线)用细实线画或不画
轮齿不画剖面线
细线表示齿向

a)直齿   b)斜齿   c)人字齿

图6-44　圆柱齿轮的画法

2.4.2　圆柱齿轮啮合的画法

只有模数和压力角都相同的齿轮才能互相啮合。两个相互啮合的圆柱齿轮，在反映为圆的视图中，啮合区内的齿顶圆均用粗实线绘制[图6-45a)]，也可省略不画[6-45b)]；用细点画线画出相切的两分度圆；两齿根圆用细实线画出，也可省略不画。在非圆视图中，若画成剖视图，由于齿根高与齿顶高相差0.25m（m为模数），一个齿轮的齿顶线与另一个齿轮的齿根线之间，应有0.25m的间隙（图6-46），将一个齿轮的轮齿用粗实线绘制，按投影关系另一个齿轮的轮齿被遮挡的部分用虚线绘制（图6-44），也可省略不画[图6-45c)]。若不剖[图6-45d)]，则啮合区的齿顶线不需画出，节圆线用粗实线绘制，非啮合区的节圆线仍用细点画线绘制。图6-47所示为一对圆柱齿轮内啮合的画法。

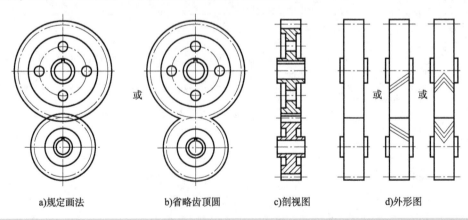

a)规定画法   b)省略齿顶圆   c)剖视图   d)外形图

图6-45　圆柱齿轮啮合的规定画法

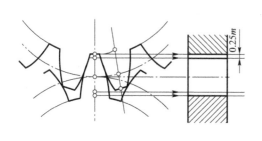

图 6-46　啮合区的画法

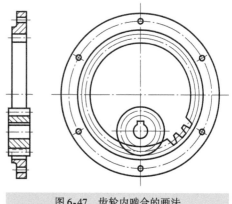

图 6-47　齿轮内啮合的画法

3 任务实施

3.1 齿轮测绘

标准直齿圆柱齿轮的测绘步骤见表 6-9。

标准直齿圆柱齿轮的测绘方法及步骤　　　　　　　　　　表 6-9

步　骤	举　例
数出齿数 z	$z = 29$
测出齿顶圆直径 d'_a	采用间接测量法(图 6-46)测出 $d'_a = 61.50\text{mm}$
计算模数 m' 确定 m	$m' = d'_a/(z+2) = 61.5/(29+2) = 1.98\text{mm}$;查表 6-8, $m = 2\text{mm}$
计算 d、d_a、d_f	$d = mz = 58\text{mm}$; $d_a = d + 2m = 62\text{mm}$; $d_f = d - 2.5m = 53\text{mm}$
测量齿轮其他各部分尺寸	测得:孔径 $D = 28\text{mm}$;齿宽 $b = 15\text{mm}$;轮毂宽 $b_1 = 25\text{mm}$。根据 $D = 28\text{mm}$ 查表确定轮毂上的键槽尺寸
绘制齿轮的零件图	如图 6-49 所示

测绘齿轮时应注意以下几点:

(1)齿顶圆直径 d'_a 的测量:齿数为偶数时,可直接用游标卡尺测出。齿数如为奇数时,不能直接用游标卡尺测量,而应分别测出孔径 D_1 和孔壁到齿顶的径向距离 H,然后由 $d'_a = 2H + D_1$ 算出,如图 6-48 所示。

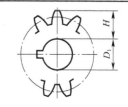

图 6-48　奇数齿的间接测量

(2)齿轮的模数必须取标准值,且分度圆、齿顶圆和齿根圆直径应按有关公式(表 6-9)进行计算。

单个锥齿轮的画图步骤如图 6-49 所示。

3.2 绘制齿轮工作图

如图 6-50 所示,在齿轮工作图中,除具有一般零件工作图的内容外,齿轮齿顶圆直径、分度圆直径及有关齿轮的公称尺寸必须直接注出,齿根圆直径规定不标注;在图样右上角的参数表中注写模数、齿数等基本参数。

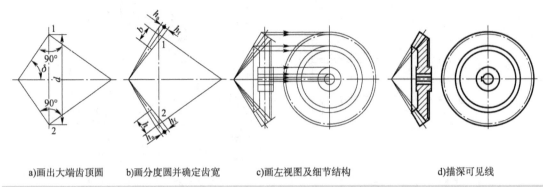

a)画出大端齿顶圆　　b)画分度圆并确定齿宽　　c)画左视图及细节结构　　　　d)描深可见线

图 6-49　单个圆锥齿轮的画图步骤

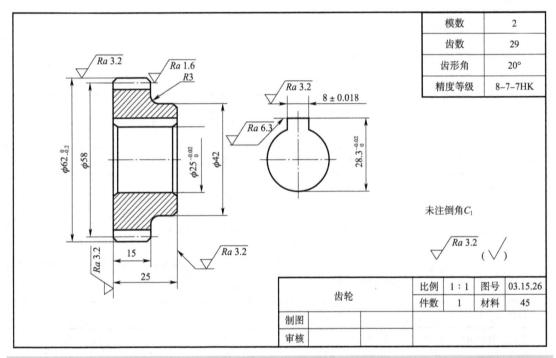

模数	2
齿数	29
齿形角	20°
精度等级	8-7-7HK

未注倒角C_1

$\sqrt{Ra\ 3.2}$ （$\sqrt{}$）

齿轮		比例	1∶1	图号	03.15.26
		件数	1	材料	45
制图					
审核					

图 6-50　圆柱齿轮工作图

任务 5　弹　　簧

1 任务引入

弹簧是机械中常用的零件,具有功、能转换特性,可用于减振、测力、调节、压紧与复位等多种场合。那么弹簧都有哪些种类? 分别用在哪些场合? 其规定标记和规定画法等要求在国家标准中是怎样规定的?

2 相关理论知识

2.1 弹簧的类型及功能

弹簧的种类很多,有螺旋弹簧、板弹簧、平面蜗卷弹簧、碟形弹簧等,如图 6-51 所示。汽车中的弹簧主要有螺旋弹簧和板弹簧。其中用弹簧钢丝按螺旋线卷绕而成的螺旋弹簧,由于制造简便,广泛应用于缓冲、吸振、测力等功用。螺旋弹簧按形状分为圆柱螺旋弹簧和圆锥螺旋弹簧;根据受力方向不同又可分为压缩弹簧、拉伸弹簧和扭转弹簧。板弹簧主要用来承受弯矩,有较好的消振能力,所以多用作各种车辆的减振弹簧。

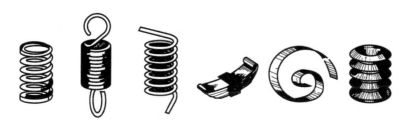

a)压缩弹簧　　b)拉伸弹簧　　c)扭转弹簧　　　d)板弹簧　　e)平面蜗卷弹簧　　f)碟形弹簧

图 6-51　弹簧类别

2.2 弹簧的规定画法

国家标准对弹簧的画法作了具体规定。本书重点介绍应用最广泛的圆柱螺旋压缩弹簧的画法。

2.2.1 圆柱螺旋压缩弹簧的参数名称及尺寸关系

弹簧的参数名称如图 6-52 所示。

(1)簧丝直径 d:制造弹簧的钢丝直径。

(2)弹簧外径 D:圆柱螺旋弹簧的最大直径。

(3)弹簧内径 D_1:圆柱螺旋弹簧的最小直径,$D_1 = D - 2d$。

(4)弹簧中径 D_2:弹簧的外径和内径的平均值,$D_2 = (D + D_2)/2$。

(5)节距 t:除支承圈外,相邻两圈对应点间的轴向距离。

(6)有效圈数 n、支承圈数 n_2、总圈数 n_1:为使螺旋压缩弹簧工作时受力均匀,增加弹簧的平稳性,故将弹簧的两端并紧,且将端面磨平。并紧、磨平的各圈仅起支承作用,称支承圈。支承圈有1.5 圈、2 圈、2.5 圈三种,大多数螺旋压缩弹簧的支承圈为 2.5 圈。除支承圈外其他各圈保持相等节距,称有效圈数(或称工作圈数)。有效圈数与支承圈数之和,称为总圈数,即 $n_1 = n + n_2$。

(7)自由高度 H_0:弹簧在不受外力作用时的高度,$H_0 = nt + (n_2 - 0.5d)$。

(8)簧丝展开长度 L:制造弹簧时,用去簧丝坯料的长度。由螺旋线的展开知:$L \approx n_1 \sqrt{(\pi D)^2 + t^2}$。

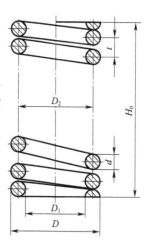

图 6-52　弹簧的参数名称

2.2.2　圆柱螺旋弹簧的规定画法

(1)弹簧在平行于轴线的投影面上的视图中,各圈的投影轮廓线均应画成直线,如图 6-53 所示。

(2)有效圈数在四圈以上的弹簧,可只画出两端的 1~2 圈(支承圈除外),中间各圈可省略不画,仅用通过簧丝断面中心的细点画线连起来,如图 6-53 所示。若簧丝为非圆形剖面的弹簧,则中间用细实线连起来。

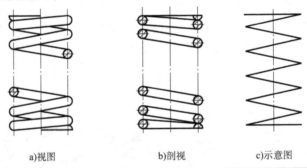

| a)视图 | b)剖视 | c)示意图 |

图 6-53　圆柱螺旋弹簧画法

(3)在图样中,右旋螺旋弹簧必须画成右旋。左旋螺旋弹簧可画成左旋或右旋,但一律要在图上加注"LH"字样表示左旋。

(4)在装配图中,被弹簧挡住的零件轮廓不画出,其可见部分应从弹簧的外轮廓线或从簧丝的中心线画起,如图 6-54b)所示。

(5)在装配图(剖视图)中,弹簧被剖切时,当簧丝直径在图形上小于或等于 2mm 时,可用涂黑代替簧丝剖面,且允许只画出簧丝剖面[图 6-54a)],或采用示意画法[图 6-54c)]。

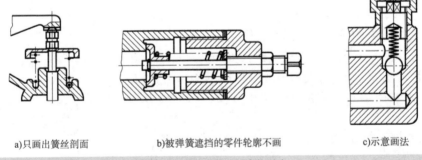

| a)只画出簧丝剖面 | b)被弹簧遮挡的零件轮廓不画 | c)示意画法 |

图 6-54　弹簧在装配图中的画法

2.2.3　片弹簧的画法

片弹簧视图一般按自由状态下的形状绘制,如图 6-55 所示。

❸ 任务实施

3.1　圆柱螺旋压缩弹簧的画图步骤

对于两端并紧且磨平的圆柱螺旋压缩弹簧,不论支承圈的圈数多少和端部并紧情况如何,均可按支承圈为 2.5 圈绘制。必要时,允许按支承圈的实际结构绘制。

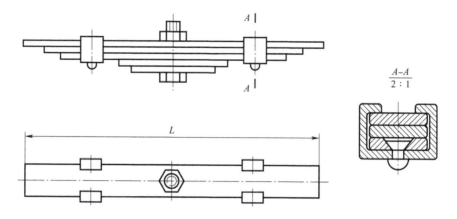

图 6-55　片弹簧的画法

举例：已知弹簧外径 $D = 45\text{mm}$，簧丝直径 $d = 5\text{mm}$，节距 $t = 10\text{mm}$，有效圈数 $n = 8$，支承圈数 $n_2 = 2.5$，右旋，试画出该弹簧的剖视图。

（1）计算弹簧中径和自由高度：

弹簧中径 $D_2 = D - d = 40\text{mm}$，自由高度 $H_0 = nt + (n_2 - 0.5)d = 90\text{mm}$。

（2）以弹簧中径 D_2 为间距画两条平行点画线，并定出自由高度 H_0，如图 6-56a）所示。

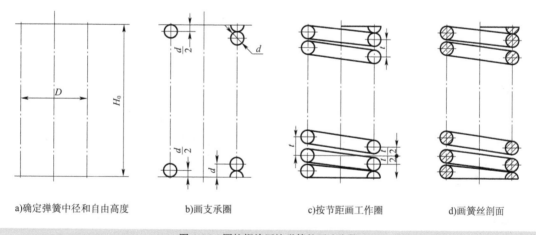

a)确定弹簧中径和自由高度　　b)画支承圈　　c)按节距画工作圈　　d)画簧丝剖面

图 6-56　圆柱螺旋压缩弹簧的画法步骤

（3）画支承圈部分，d 为簧丝直径，如图 6-56b）所示；注意半个簧丝（磨平的簧丝）应画在图的同一侧。

（4）按节距画工作圈部分（允许只画四圈），t 为节距，如图 6-56c）所示。

（5）按右旋方向作相应圆的公切线，再加画剖面线，如图 6-56d）所示。

3.2　圆柱螺旋压缩弹簧零件工作图

图 6-57 是一个圆柱螺旋压缩弹簧的零件图，弹簧的参数应直接标注在视图上。若直接标注有困难，可在技术要求中说明。图中还应注出完整的尺寸、尺寸公差和形位公差及技术要求。当需要表明弹簧的力学性能时，须在零件图中用图解表示。

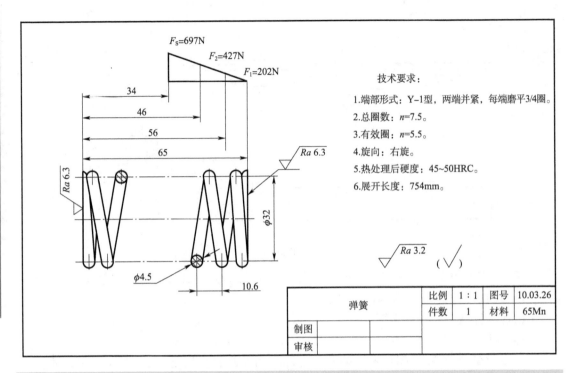

技术要求:

1. 端部形式:Y-1型,两端并紧,每端磨平3/4圈。
2. 总圈数:$n=7.5$。
3. 有效圈:$n=5.5$。
4. 旋向:右旋。
5. 热处理后硬度:45~50HRC。
6. 展开长度:754mm。

弹簧		比例	1:1	图号	10.03.26
		件数	1	材料	65Mn
制图					
审核					

图 6-57　圆柱螺旋压弹簧零件图

任务6　滚动轴承

❶ 任务引入

滚动轴承是支持机器转动(或摆动)并承受其载荷的标准部件。由于滚动轴承的摩擦系数低,启动阻力小,而且它已标准化,对设计、使用、润滑、维护都很方便,因此,在一般机器中应用较广。图 6-1 汽车传动系统的差速器中就用到了圆锥滚子轴承,那么对于滚动轴承的结构、类型、代号和画法,国家标准有哪些规定呢?

❷ 相关理论知识

2.1　滚动轴承的基本构造

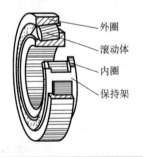

图 6-58　滚动轴承的基本结构

滚动轴承种类很多,但其结构大体相同,一般由内圈、外圈、滚动体和保持架等四部分组成,如图 6-58 所示。内圈与轴颈装配,外圈和轴承座孔装配。通常内圈随轴颈回转,外圈固定。常用的滚动体有钢球、圆柱滚子、圆锥滚子、滚针等几种。保持架的主要作用是均匀地隔开滚动体,减少摩擦和磨损。

2.2　滚动轴承的代号

为了便于组织生产和在设计中选用,国家标准(GB/T 272—

2017）规定用轴承代号来表示轴承的结构、尺寸、公差等级、技术性能等特征。

滚动轴承代号由基本代号、前置代号、后置代号组成，用字母和数字表示。

基本代号表示轴承的基本类型、结构和尺寸，是轴承代号的基本内容。只有当滚动轴承在结构、形状、尺寸、公差、技术要求等有改变时，才在其基本代号的前后添加前置代号和后置代号作为补充。滚动轴承基本代号的构成见表6-10。

滚动轴承基本代号的构成　　　　表6-10

类 型 代 号	尺寸系列代号		内 径 代 号
	宽度系列代号	直径系列代号	

2.2.1　轴承类型代号

轴承类型代号用基本代号右起第五位数字（或字母）表示。常用滚动轴承的代号见表6-11。

滚动轴承的内径代号　　　　表6-11

代　号	轴承类型	代　号	轴承类型
0	双列角接触球轴承	6	深沟球轴承
1	调心球轴承	7	角接触球轴承
2	调心滚子轴承 推力调心滚子轴承	8	推力圆柱 滚子轴承
3	圆锥滚子轴承	N	圆柱滚子轴承
4	双列深沟球轴承	U	外球面球轴承
5	推力球轴承	QJ	四点接触球轴承

2.2.2　尺寸系列代号

尺寸系列代号包括宽度系列代号和直径系列代号。

（1）宽度系列代号：轴承的宽度系列指结构、内径、外径系列都相同的轴承，在宽度方面的变化系列，用基本代号右起第四位数字表示。宽度系列代号0可不标出，因此，常见的滚动轴承代号为四位数。

（2）直径系列代号：是指结构相同、内径相同的轴承，由于载荷的需求在外径和宽度方面的变化系列，用基本代号右起第三位数字表示。

2.2.3　轴承内径代号

轴承内径用基本代号右起第一、二位数字表示。内径表示方法见表6-12。

滚动轴承的内径表示方法　　　　表6-12

轴　承	内径代号	示　例
0.6～10（非整数）	公称内径用"mm"数直接表示，在其与尺寸系列代号之间用"／"分开	深沟球轴承 618/2.5 $d=2.5$mm
1～9（整数）	公称内径用"mm"数直接表示，对深沟及角接触球轴承7、8、9直径系列，内径与尺寸系列代号之间用"／"分开	深沟球轴承 625 618/5 $d=5$mm

轴　　承		内径代号	示　　例
10 ~ 17	10 12 15 17	00 01 02 03	深沟球轴承 6200 $d = 10$mm
20 ~ 480 （22、28、32 除外）		公称内径以 5 的商数表示，商数为个位数，需在商数左边加"0"，如 08	调心滚子轴承 23208 $d = 40$mm
≥500 及 22、28、32		公称内径用"mm"数直接表示，在其与尺寸系列代号之间用"/"分开	调心滚子轴承 230/500 $d = 500$mm 深沟球轴承 62/22 $d = 22$mm

常用滚动轴承用五位数字和公差等级代号表示，下面举例说明滚动轴承代号的含义（图 6-59）。

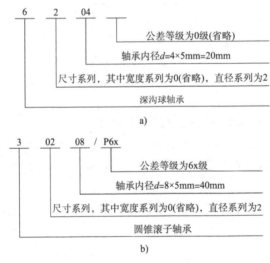

图 6-59　滚动轴承代号的含义

2.3　滚动轴承的画法

国家标准（GB/T 4459.7—2017）规定了滚动轴承的规定画法和简化画法。简化画法又分通用画法和特征画法。采用简化画法绘制滚动轴承时，在同一图样中一般只采用其中一种画法。常用滚动轴承的结构和画法见表 6-13。在装配图中，滚动轴承的一般画法为：轴的一侧按规定画法绘制，另一侧按通用画法绘制。表中尺寸，除 A 可以计算得出外，其余尺寸均可从附录 M 中查取。

名称、标准号、结构和代号	由标准查数据	结构形式	一侧为规定画法 一侧为通用画法	特征画法	通用画法
深沟球轴承 GB/T 276—2013 60000 型	D d B				
圆锥滚子轴承 GB/T 297—2015 30000 型	D d T				
推力球轴承 GB/T 301—2015 50000 型	D d T				

复习与思考题

一、填空题

1. 不论是内螺纹还是外螺纹,除管螺纹的代号用_____标注外,其余螺纹均注在螺纹的_____上。

2. 标准螺纹的_____、_____、_____都要符合国家标准。常用的标准螺纹有_____。

3. 牙型符合标准,而直径或螺距不符合标准的称为_____。

4. 各种管螺纹的尺寸代号的数值与管子孔径_____而不是管螺纹

的 _____。

5. 螺柱(GB/T 898)M16×55，被旋入端材料为铸铁，旋入端 = _____ mm，攻丝前应选用 _____ 的钻头，钻孔深度应为 _____ mm。

6. 模数 m 与齿距 P 的关系是_____。

7. 模数越大，轮齿就 _____（A.越大　　B.越小）。

8. 内径代号为02，轴承内径为 _____ mm。

9. Tr32×12(P6)LH 表示 _____ 为32mm，_____ 为12mm，_____ 线 _____ 旋螺纹。

二、选择题

1. 用于薄壁零件连接的螺纹，宜采用（　　）。

  A.梯形螺纹　　　　　　B.三角形细牙螺纹　　　　　　C.三角形粗牙螺纹

2. 螺纹连接是一种（　　）。

  A.可拆连接

  B.不可拆连接

  C.具有防松装置的为不可拆连接，否则为可拆连接

  D.具有自锁性能的为不可拆连接，否则可拆

3. 顺时针旋入的螺纹为（　　）。

  A.左旋　　　　　　　　B.可能是左旋也可能是右旋

  C.无法确定　　　　　　D.右旋

4. 在圆柱（或圆锥）外表面形成的螺纹，称为（　　）。

  A.内螺纹　　　　B.外螺纹　　　　C.表面螺纹　　　　D.标准螺纹

5. 按螺纹的用途可分为连接螺纹和（　　）螺纹。

  A.传动　　　　B.运动　　　　C.普通　　　　D.梯形

三、简答题

1. 内、外螺纹旋合时，需要哪些要素相同？

2. 螺纹按用途不同可以分为哪些种类？

3. 汽车上常用的键有哪些种类？

4. 常用的销有哪些种类？

5. 圆柱螺旋弹簧根据用途可分为哪些种类？

6. M16–6g 表示的是什么螺纹？

四、技能训练

1. 计算并查附录表填写下列螺纹紧固件的尺寸，写出规定标记。

（1）六角头螺栓，GB/T 5782—2016，螺纹规格 d =M16，公称长度 l =80mm（图6-60）。

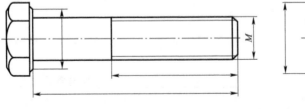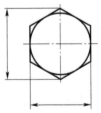

图6-60　第(1)题图

标记＿＿＿＿＿＿＿＿＿＿＿＿＿＿＿＿＿＿＿＿

（2）开槽沉头螺钉，GB/T 68—2016，螺纹规格 d = M10，公称长度 l = 50mm（图 6-61）。

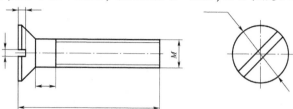

图 6-61　第（2）题图

标记＿＿＿＿＿＿＿＿＿＿＿＿＿＿＿＿＿＿＿＿

（3）1 型六角螺母，GB/T 6170—2015，螺纹规格 d = M16（图 6-62）。

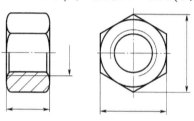

图 6-62　第（3）题图

标记＿＿＿＿＿＿＿＿＿＿＿＿＿＿＿＿＿＿＿＿

（4）平垫圈，GB/T 97.1—2002，公称直径 16mm（图 6-63）。

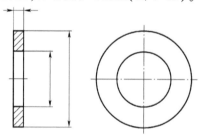

图 6-63　第（4）题图

标记＿＿＿＿＿＿＿＿＿＿＿＿＿＿＿＿＿＿＿＿

2. 补全螺纹连接两视图中所缺的图线（主视图为全剖视图）（图 6-64）

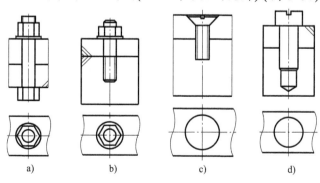

a)　　　　b)　　　　c)　　　　d)

图 6-64　第 2 题图

3. 已知直齿圆柱齿轮 $m=5$, $z=40$, 齿轮端部倒角为 $C2$, 比例为 $1:2$, 试完成齿轮的两个视图, 并标注尺寸(图 6-65)。

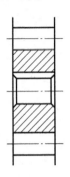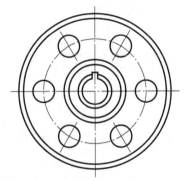

图 6-65 第 3 题图

项目7

零 件 图

概 述

任何机器或部件都是由若干零件装配而成的,零件是机器或部件中不可再分割的基本单元,也是制造单元。用来表示单个零件的结构形状、大小和技术要求的图样称为零件工作图,简称零件图。图7-1所示为铣刀头装配图,是由轴、座体、V带轮、端盖、轴承、螺栓等十多种零件所组成。

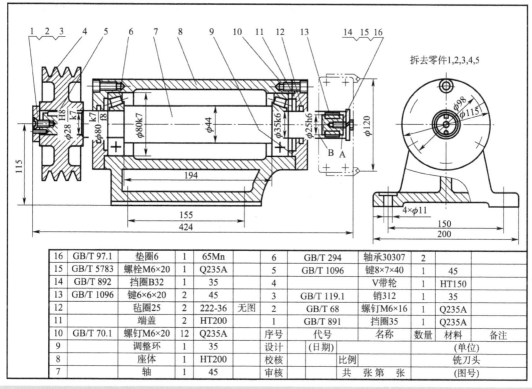

16	GB/T 97.1	垫圈6	1	65Mn		6	GB/T 294	轴承30307	2		
15	GB/T 5783	螺栓M6×20	1	Q235A		5	GB/T 1096	键8×7×40	1	45	
14	GB/T 892	挡圈B32	1	35		4		V带轮	1	HT150	
13	GB/T 1096	键6×6×20	2	45		3	GB/T 119.1	销312	1	35	
12		毡圈25	2	222-36	无图	2	GB/T 68	螺钉M6×16	1	Q235A	
11		端盖	2	HT200		1	GB/T 891	挡圈35	1	Q235A	
10	GB/T 70.1	螺钉M6×20	12	Q235A		序号	代号	名称	数量	材料	备注
9		调整环	1	35		设计	(日期)			(单位)	
8		座体	1	HT200		校核		比例		铣刀头	
7		轴	1	45		审核		共 张第 张		(图号)	

图7-1 铣刀头装配图

零件图是用来指导制造、生产加工和零件检验的图样。在生产过程中,要根据零件图标题栏中注明的材料和数量进行备料;根据零件图示的形状、尺寸和技术要求加工制造;最后还要根据该图样进行检验。

零件图上,除了表达零件的结构形状和用尺寸标明零件的各组成部分的大小及位置关系外,通常还标注有相关的技术要求。零件图上的技术要求一般有以下几个方面的内容:零件的极限与配合要求;零件的形状和位置公差;零件上各表面的粗糙度;对零件材料的要求和说明;零件的热处理、表面处理和表面修饰的说明;零件的特殊加工、检查、试验及其他必要的说明;零件上某些结构的统一要求,如圆角、倒角尺寸等。技术要求中,凡已有规定代号、符号的,用代号、符号直接标注在图上,无规定代号、符号的,则可用文字或数字说明,书写在零件图的右下角标题栏的上方或左方适当空白处。

任务1　零件图的作用和内容

1 任务引入

图 7-1 所示的铣刀头装配图,零件与部件在结构、尺寸和技术要求等方面有何关系?

2 相关理论知识

2.1 零件图的内容

图 7-2 是柱塞套的零件图,一张完整的零件图应包括如下内容:

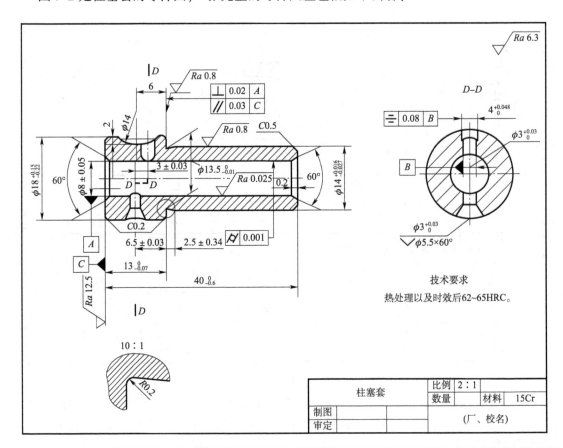

图 7-2　柱塞套零件图

(1)一组图形。用必要的视图、剖视图、断面图及其他表达方法将零件的内、外结构形状正确、完整、清晰地表达出来。

（2）全部尺寸。正确、完整、清晰、合理地标注制造零件所需要的全部尺寸，表示零件及其结构的大小。

（3）技术要求。用符号标注或文字说明零件在制造和检验时应达到的一些要求。

（4）标题栏。填写零件的名称、材料、数量、图号、比例以及设计人员的签名等。

2.2 零件与部件的关系

2.2.1 零件的分类

零件是部件的组成部分。一个零件的结构、大小是由其在部件中的作用来决定的。根据在部件中所起的作用以及其结构是否标准化，可将零件分为三类。

（1）一般零件。此类零件的结构、形状、尺寸、精度，常由它们在部件中的作用、制造工艺的要求以及和相邻部件的关系决定。一般零件按其结构特点可分为：轴套类零件、盘盖类零件、支架类零件和箱壳类零件。

（2）传动零件。这类零件起传递动力和运动的作用，如齿轮、蜗轮、蜗杆、梯形螺纹、锯齿形螺纹、胶带轮等。齿轮的轮齿、带轮的 V 形槽等要素都已标准化，并有规定画法。

（3）标准零件。标准零件主要起连接、支承、密封、定位等作用。如螺栓、六角螺母、垫圈、弹簧、键、销、紧定螺钉等。

2.2.2 零件与部件的关系

生产中，一般先把零件装配成部件，然后把有关的部件和零件装配成机器。部件的功用决定它本身的结构和需要哪些零件。而零件的结构形状、尺寸和技术要求，主要取决于零件在部件中的作用。在画图前，了解部件的功用及其与零件之间的关系，是很必要的。由于部件是由零件组成的，所以研究零件与部件的关系，往往要提到零件与零件的关系。

图 7-3 所示为专用铣床上铣刀头立体图。铣刀头是专用铣床上的一个部件，供装铣刀盘用。由图可见，铣刀头在铣刀盘上通过键 13 与轴连接。当动力通过带轮 4 经键 5 传递到轴 7 时，即可带动刀盘旋转，从而对零件进行铣削加工。

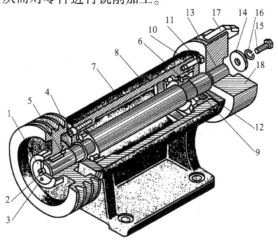

图 7-3　铣刀头轴测图

1-挡圈；2-螺钉；3-销；4-带轮；5-键；6-滚动轴承；7-轴；8-座体；9-调整环；10-螺钉；11-端盖；12-毡圈；13-键；14-挡圈；15-螺栓；16-垫圈；17-铣刀；18-刀盘

❸ 任务实施

读图 7-1 铣刀头装配图,说明零件与部件在结构、尺寸和技术要求等方面的关系。

3.1　相互结构上的联系

图 7-1 所示为铣刀头部件装配图,图中带轮 4 和轴 7 的作用是传递转矩,键 5 的作用是实现两者的连接,因此,轴 7 的相应部位和带轮 4 的内孔都要开设键槽(图 7-1),键槽的结构由设计时所选定的平键结构来确定。一对圆锥滚子轴承 6 的作用是支承轴及轴上零件能轻快地转动,但轴承必须固定不许有轴向移动,轴 7 上两端设置的轴肩,起到了固定轴承的作用。这些说明一组零件组合在一起实现功用,且其中每个零件都能发挥各自的作用,则它们一定要有对应的结构。也说明零件上的结构都是与相关零件的结构紧密关联的。

3.2　尺寸上的关系

上面提到轴 7 与带轮 4 靠键 5 连接(图 7-1),那么轴 7 相应部位的键槽、带轮内孔的键槽及键 5 三者的尺寸大小要协调一致。设计时可查国家标准,由选定的平键的尺寸就可确定轴和轮毂上键槽的尺寸;端盖 11 的六个小孔和座体 8 端面上六个螺孔的定位尺寸 $\phi98$ 应当一致;两端盖凸台外径和座体左、右孔内径公称尺寸相同,如图 7-4 所示,端盖外径与座体左右两端外圆柱面尺寸 $\phi115$ 一致。另外,由端盖、轴、轴承等组成的轴系零件的轴向固定是靠左右两端盖 11 固定在座体 8 的左右两端面上。因此,此轴系零件的左右两端盖内侧之间的尺寸与箱体左右两端面之间的距离 255mm 必须相等,否则轴系零件无法装配到座体上。为了弥补轴向尺寸出现的误差,设计时特地增加了一个调整环 9。装配时,只需选择或修配调整环的厚度尺寸就可以实现设计要求。

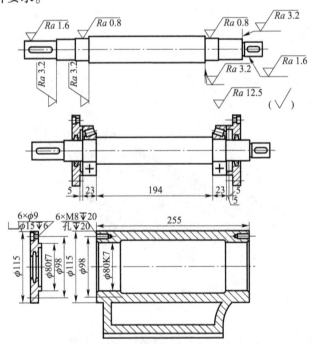

图 7-4　轴系零件与座体、轴之间的关系

前面提到一对圆锥滚子轴承 6 的作用是支承轴及轴上零件转动(图 7-1)。为使转动平稳和避免轴颈的磨损,要求轴承内圈和轴实现一同旋转的功用,轴 7 和轴承 6 发挥作用形成紧(过盈)配合。这样,图 7-1 中就有了 $\varphi 35k6$ 反映这一配合性质的技术要求。

表面结构是零件图中不可缺少的技术要求。如图 7-1、图 7-4 所示,轴 7 和两轴承 6 配合处,不仅尺寸精度要求高(有配合要求,此处为 6 级精度),而且表面结构的要求也高(此处为 $Ra = 0.8\mu m$)。

零件间凡是有接触或配合要求之处,都有一定的尺寸、形状精度和表面结构要求。而对非接触、非配合的表面的技术要求都很低,如底座的外表面就不需要进行去除材料的机械加工。

任务 2　零件结构形状的表达

1 任务引入

要准确地表达零件的结构形状,需要对零件的结构进行合理的分析,选择合理的表达方案。

一个好的表达方案应把零件的结构形状正确、完整、清晰地表达出来。选择时,首先要对零件的结构形状特点进行分析,了解其在部件或机器中的位置、作用及加工方法,然后综合分析、灵活合理地选择视图的数量及表达方法。本任务主要分析轴套类零件图、盘盖类零件图、支架类零件图及箱体类零件图等典型零件的表达方法。

2 相关理论知识

2.1 零件的构形分析

零件的结构形状与组合体的形状有很大区别,其主要区别之一就是零件图上的结构是由设计要求与工艺要求决定的,其结构都有一定的功用。因此,在画零件图或读零件图时,还要进行结构分析。

从设计要求出发,零件在部件或机器中起如下作用:支承、容纳、传动、配合、连接、安装、定位、密封和防松等。这是决定零件主要结构的依据。

如图 7-5 所示,减速器箱座起容纳作用;齿轮起传递转矩和动力的作用;轴承起支承轴的作用;轴承端盖起密封作用;销起定位作用;键、螺栓、螺母、垫圈起连接作用等。由此可见,零件上每个结构形状都不是随意确定的,而是由设计要求决定的。

从工艺要求出发,为了便于零件的毛坯制造、加工、测量、装配及调整等工作进行顺利,在零件上还应设计出铸造圆角、起模斜度、倒角、退刀槽等结构,这是决定零件局部结构的依据。

通过零件的结构分析,可对零件上每一结构的功用加深认识,从而才能正确、完整、清晰和简便地表达零件的结构形状,完整、合理地标注出零件的尺寸和技术要求。

2.2 零件的表达方案

选择表达方案的基本原则是:首先考虑生产中读图方便,在能正确、全面、清楚地表达零件结构形状的前提下,力求视图数量少、作图简便。一般步骤是:先分析零件结构形状,选择主视图,再根据情况配置其他视图。

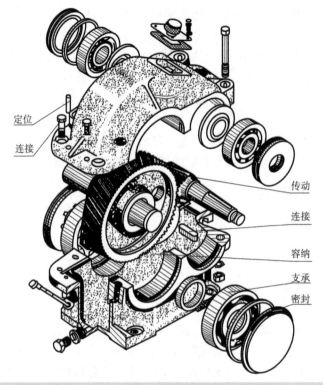

图 7-5　减速器

2.2.1　主视图的选择

主视图是一组视图的核心图形。从便于读图和生产的角度出发,选择主视图时,应着重考虑下列原则。

(1)形状特征原则。

形状特征原则是指所选择的主视图应最能反映零件的形状特征,这是选择主视图的一个主要原则,是选择主视图投射方向的依据。如图 7-6 所示轴类零件,箭头投射方向最能表达该轴各段形状、大小及相互位置,突出表达了该轴零件的形状特征。但按此原则只是确定了主视图的投射方向,在主视图中,究竟是将零件画成水平、竖立或者倾斜,还必须结合"加工位置原则""工作位置原则"综合考虑。

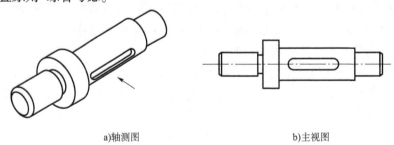

a)轴测图　　　　　　　　　　　b)主视图

图 7-6　轴类零件主视图的方向

(2)加工位置原则。

零件在加工制造时,需要被固定、夹紧在一定的位置上,称之为零件的加工位置。如图 7-7 所示的轴,在车削时,轴线处于水平位置,并将车削加工量较多的小直径一端放在右边,其主视图的选择与零件加工位置一致,便于加工时看图。

如图 7-8 所示的轴承盖,如果选择 B 的投射方向作为主视图,则轴承盖的外形、各孔间的相对位置都能表达出来,突出了轴承盖的形状特征。但是,各形体结构层次不明确。如果用 A 投射方向确定主视图,并作全剖视,则凸缘、内孔、毛毡密封槽等结构都能表达清楚,但形状特征却不明显。可见,按 A 或 B 的投射方向选择主视图各有利弊。在此情况下,应考虑端盖的主要加工工序在车床上进行,因此,画图时可根

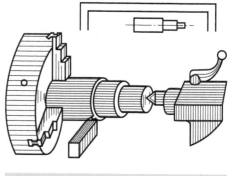

图 7-7 轴类零件的加工位置

据加工位置将轴线水平放置,用全剖的主视图表达形体结构,左视图表达孔的分布位置。这样便于轴承盖按照图样进行加工。

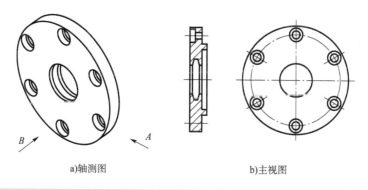

a)轴测图　　　　　　　　　b)主视图

图 7-8 轴承盖主视图方向的选择

(3)工作位置原则。

每个零件在机器或部件中都有一定的工作位置,它是指零件安装在机器或部件中工作时的摆放情况,即安装位置。主视图的选择应尽量与零件的工作位置一致,这样便于想象零件在工作时的位置和作用。如图 7-9 所示,起重机吊钩和汽车前拖钩,其主视图是按工作位置绘制的。

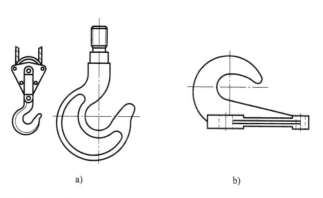

a)　　　　　　　　　　b)

图 7-9 吊钩、拖钩的工作位置

零件的加工位置与工作位置有时是一致的,有时又不一致。或者因为工序较多,加工位置变化也多。这种情况下,对轴、套、盘等回转体零件常按加工位置选择主视图;对钩、支

架、箱体等零件常按工作位置选择主视图。此外,选择主视图时还应考虑使其他视图虚线较少。

2.2.2 其他视图的选择

考虑上述原则选择零件主视图,同时应顾及其他视图的选择,应根据零件内外结构的复杂程度来决定其他视图或剖视图、断面图的数量。应使每个视图都有其表达的重点内容,具有独立存在的意义。

2.3 常见的零件工艺结构

零件上的工艺结构,是通过不同的加工方法得到的。机械制造的基本加工方法有:铸造、锻造、切削加工、焊接、冲压等。下面仅对切削加工工艺对零件的结构要求加以介绍。

铸件、锻件等毛坯的工作表面,一般要在切削机床上通过切削加工,获得图样所要求的尺寸、形状和表面质量。

2.3.1 常用的切削加工方法

切削加工是通过刀具和坯料之间的相对运动,从坯料上切除一定金属,从而达到零件要求的一种加工方法。不同的加工表面,在不同的机床上用不同的刀具及相对运动进行切削,常用的切削加工方法有刨削、铣削、钻削、磨削和车削。

2.3.2 倒角、退刀槽、越程槽、孔、凸台及凹坑

零件中有一些常见的工艺结构,如:倒角、退刀槽、越程槽、各种孔及凸台、凹坑等,了解这些结构的加工方法,对正确画图有很大好处。

2.3.3 孔结构

零件上孔的结构很多,用麻花钻头钻削直径不大的孔;定位销孔要求表面精度较高,需要用铰刀铰孔;圆柱沉孔、平面凹坑、圆锥沉孔,需要用锪刀加工;小螺纹孔可用丝锥攻制螺纹。

2.3.4 中心孔(GB/T 4459.5—1999)

一般加工轴类零件时,需要在轴的端部加工中心孔。在机械图样中,加工好的零件上是否保留中心孔的要求有三种:

(1)在加工好的零件上要求保留中心孔。

(2)在加工好的零件上可以保留中心孔。

(3)在加工好的零件上不允许保留中心孔。

2.3.5 中心孔的标记

中心孔的形式有四种:R 型(弧形)、A 型(不带护锥)、B 型(带护锥)、C 型(带螺纹)。

2.3.6 中心孔的规定表示法和简化画法

(1)对于已经有相应标准规定的中心孔,在图样中可不绘制其详细结构,只需要在零件轴端绘制出对中心孔要求的符号,随后标注出其相应的标记。

(2)如需要指明中心孔标记的标准编号时,也可按图 7-10a)、b)所示的方法标注。

(3)以中心孔的轴线为基准时,基准代号可按图 7-10c)、d)所示的方法标注。

(4)中心孔工作表面的表面粗糙度应在引出线上标注,如图 7-10c)、d)所示的方法标注。

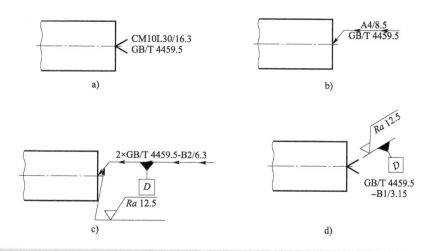

图 7-10 中心孔规定画法

（5）在不致引起误解时，可省略标记中的标准编号，如图 7-11 所示。

（6）如同一轴的两端中心孔相同，可只在其一端标出，但应注出数量，如图 7-11 所示。

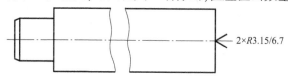

图 7-11 中心孔的简化画法

❸ 任务实施

分析轴套类零件图、盘盖类零件图、支架类零件图等典型零件的表达方法。

3.1 轴套类零件

轴套类零件包括轴、衬套等，如图 7-12 所示的减速器输出轴属于轴套类零件。它们的基本形状是同轴回转体，而且轴向尺寸大，径向尺寸相对小。此类零件主要在车床上加工，为了便于加工时看图，其主视图按加工位置（轴线水平，大头在左，小头在右）放置。根据形状特征，键槽等结构朝前。在轴类零件上，还常有轴肩、螺纹、退刀槽、中心孔等结构。对此类零件一般只画一个基本视图，另采用移出断面图、局部剖视图和局部放大图等表示轴上的某些结构。在图 7-12 中，键槽采用断面图表达，主视图中还采用了局部剖视表达轴上的中心孔。

3.2 盘盖类零件

盘盖类零件包括端盖、齿轮、轮盘等，图 7-13 所示的泵盖属于盘盖类零件。此类零件的立体结构是同轴线回转体或其他扁平状，且轴向尺寸比径向尺寸小。它们主要在车床上加工，其主视图按加工位置将轴线摆放成水平并画成全剖视，以表达轴向结构。对有些不以车床加工为主的盘盖类零件可按形状特征和加工位置选择主视图。这类零件常有沿圆周分布的孔、槽、凸台等结构，因此，一般需要两个基本视图，除主视图外，还应辅以左视图或右视图，以表达这些结构的形状和分布情况。在图 7-13 中，主视图采用全剖视图表达了该零件的轴向结构，左视图采用基本视图表达了各孔的分布情况。

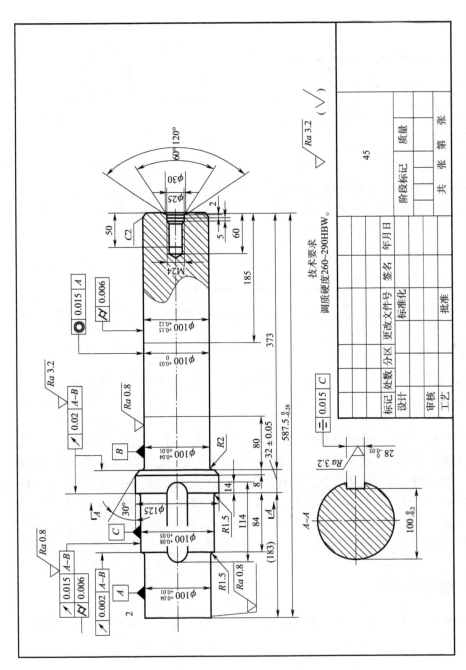

图 7-12 减速器输出轴零件图

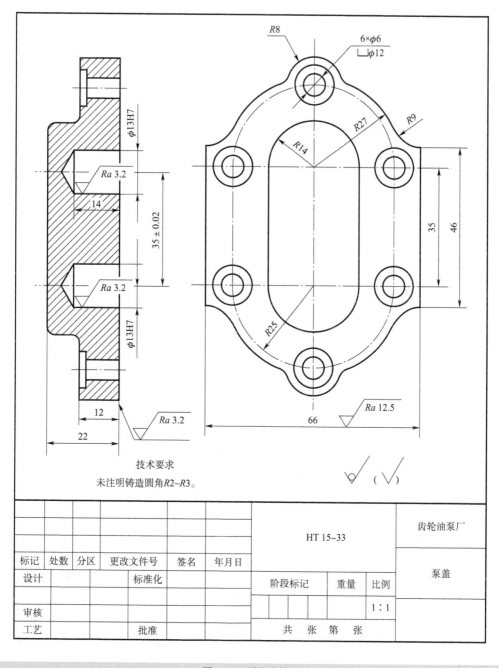

技术要求

未注明铸造圆角R2~R3。

							齿轮油泵厂
						HT 15–33	
标记	处数	分区	更改文件号	签名	年月日		
设计			标准化			阶段标记	重量	比例	泵盖
审核								1：1
工艺			批准			共　张　第　张	

图 7-13　泵盖零件图

3.3　支架类零件

　　支架类零件包括拨叉、连杆、支架等,图7-14 所示的支架属于支架类零件。从图中可知这类零件的结构形状较为复杂,一般需要两个以上的视图。许多零件都有歪斜结构,要在多种机床上加工,所以要按照工作位置和结构特征选择主视图,而且一般还要选择其他视图。在图7-14中,采用了移出断面图、局部剖视,表达肋板、孔等结构形状。

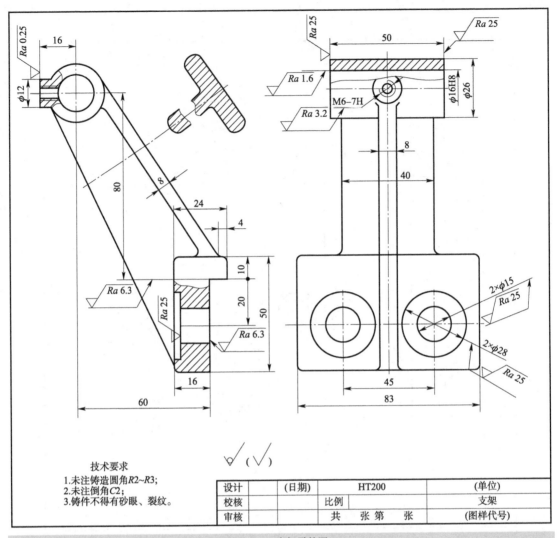

图 7-14　支架零件图

3.4　箱体类零件

　　箱体类零件包括机床床身、泵体、变速器的箱壳等,如图 7-15 所示的减速器箱体属于箱体类零件。其毛坯多为铸件,也有焊接件。一般可起支承、容纳、定位和密封等作用。

　　箱体类零件一般都是部件的主体零件。这类零件的形状、结构比前面三类零件复杂,常见的结构有圆形的、长方形的和拱形的,有中空的内腔、轴孔;有起安装和密封作用的底板、凸缘、凹坑、肋板以及各种孔等。

　　箱体类零件较复杂,常需用多个视图来表达,一般以形状特征和工作位置来确定主视图。针对外部和内部结构形状的复杂情况,可采用全剖视图、半剖视图与局部视图;对于局部的外、内部结构形状可采用斜视图、局部视图、局部剖视和断面图来表示。

　　在图 7-15 中,主视图和左视图分别采用阶梯剖视和全剖视来表达三轴孔的相对位置。俯视图主要表达顶部和底部的结构形状以及蜗杆轴的轴孔。D 向视图表达左面箱壁凸台的形状和螺孔位置。C—C 局部剖视表达圆锥齿轮轴孔的内部凸台圆弧部分的形状。通过这几个视图已经把箱体的全部结构表达清楚。

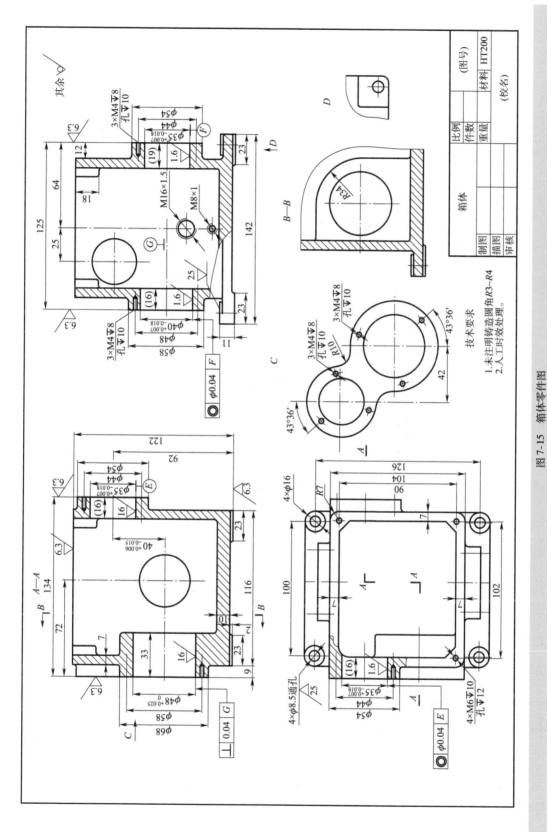

技术要求

1.未注明转造圆角R3~R4
2.人工时效处理。

图 7-15 箱体零件图

161

任务3 零件图中的尺寸标注

1 任务引入

零件图是制造、检验零件的重要文件,图形只表达零件的形状,而零件的大小则由图上标注的尺寸来确定。因此,零件图的尺寸标注,除了要正确、完整、清晰以外,还要求合理。

图 7-16 所示为制动踏板座,该如何进行尺寸标注?

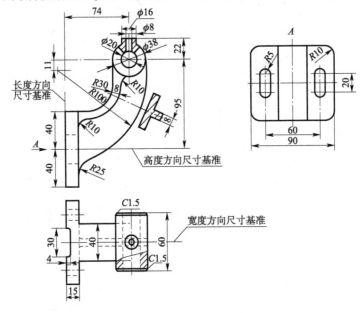

图 7-16　制动踏板座的尺寸标注

2 相关理论知识

2.1　选择尺寸基准

一般尺寸基准选择零件上的线或面。一般线基准选择轴或孔的轴线、对称中心线等。面基准常选择零件上较大的加工面、两零件的结合面、零件的对称平面、重要端面或轴肩等。由于用途不同,基准可以分为两类。

(1)设计基准。根据零件在机器中的位置、作用所选择的基准。

(2)工艺基准。在加工或测量零件时所确定的基准。

从设计基准出发标注的尺寸,其优点是在标注尺寸上反映了设计要求,能保证所设计的零件在机器中的工作性能。

从工艺基准出发标注的尺寸,其优点是把尺寸的标注与零件的加工制造联系起来,在标注尺寸上反映了工艺要求,使零件便于制造、加工和测量。

一般在标注尺寸时,最好是把设计基准与工艺基准统一起来。这样,既能满足设计要求,又能满足工艺要求。如果两者不能统一时,应以保证设计要求为主。

零件有长、宽、高三个度量方向,每个方向均有尺寸基准。当零件结构比较复杂时,同一方向上的尺寸基准可能有几个,其中决定零件主要尺寸的基准称主要基准。为了加工和测量方便而附加的基准称辅助基准。

为了将尺寸标注得合理,符合设计和加工对尺寸提出的要求,一般回转结构的轴线、装配中的定位面和支承面、主要的加工面和对称平面可作为基准。

2.2 合理标注尺寸的原则

2.2.1 零件上的重要尺寸必须直接给出

重要的尺寸主要是指直接影响零件在机器中的工作性能和相对位置的尺寸。常见的如零件间的配合尺寸、重要的安装尺寸等。零件的重要尺寸应从基准直接注出,避免尺寸换算,以保证加工时能达到尺寸要求。

2.2.2 避免出现封闭的尺寸链

封闭的尺寸链是指头尾相接,绕成一圈的尺寸。如图 7-17a)所示的阶梯轴,长度方向尺寸 A_1、A_2、A_3、A_0 首尾相接,构成一封闭尺寸链,这种情况应当避免。所以,当几个尺寸构成封闭的尺寸链时,应当在尺寸链中挑选一个不重要的尺寸空出不标注(开口环),以使所有的误差都积累到此处,如图 7-17b)所示。

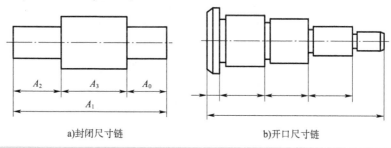

a)封闭尺寸链　　　　　　　　　　　　b)开口尺寸链

图 7-17　尺寸链

2.2.3 标注尺寸应符合工艺要求

(1)按加工顺序标注尺寸。按加工顺序标注尺寸,符合加工过程,便于加工和测量。

(2)按加工方法集中标注。一个零件一般是经过几种加工方法(如车、刨、铣、磨……)才制成。在标注尺寸时,最好将与加工方法有关的尺寸集中标注。

(3)考虑加工、测量的方便及可能性。如果没有特殊要求,应尽量做到用普通量具就能测量,以减少专用量具的设计和制造。标注尺寸时,应考虑便于加工、便于测量。

2.3 零件上常用的典型结构尺寸标注

零件上常用的倒角、退刀槽、越程槽尺寸标注见表 7-1。

倒角、退刀槽、越程槽的尺寸标注方法　　　　　　　　　　　　表 7-1

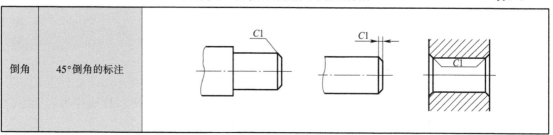

倒角	45°倒角的标注	

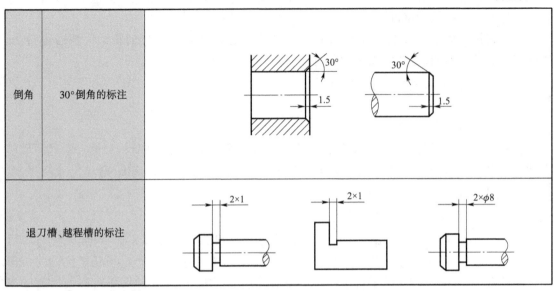

| 倒角 | 30°倒角的标注 | |
| 退刀槽、越程槽的标注 | | |

零件上常用的各种孔标注方法见表7-2。

常见孔的尺寸标注方法　　　　　表7-2

简 化 后	简 化 前	说 明
4×φ4▽10　4×φ4▽10	4-φ4　4-φ4深10	4×φ4 表示直径为 4mm 均匀分布的 4 个光孔。▽表示孔深度的符号
6×φ6.5　6×φ6.5 ▽φ10×90°　▽φ10×90°	90° φ10　6-φ6.5 沉孔φ10×90° 6-φ6.5	6×φ6.5 表示直径为 6.5mm 均匀分布的 6 个孔。▽φ10×90°表示沉孔形状为锥形,直径为 10mm,角度为 90°
8×φ6.4　8×φ6.4 ⊔φ12▽4.5　⊔φ12▽4.5	φ12　4.5　8×φ6.4 沉孔φ12深4.5 8-φ6.4	8×φ6.4 表示直径为 6.4mm 均匀分布的 8 个孔。⊔φ12▽4.5 表示沉孔形状为柱形,直径为 12mm,深度为 4.5mm

3 任务实施

标注踏脚座的尺寸,如图 7-16 所示。

3.1 选取尺寸标准

选取安装板的左端面作为长度方向的尺寸基准;选取安装板的水平对称面作为高度方向的尺寸基准;选取踏脚座前后方向的对称面作为宽度方向的尺寸基准。

3.2 标注尺寸

（1）由长度方向的尺寸基准（左端面）标注出尺寸 74mm，由高度方向的尺寸基准（安装板的水平对称面）标注出尺寸 95mm，从而确定上部轴承的轴线位置。

（2）由长度方向的定位尺寸 74mm 和高度方向的定位尺寸 95mm 已确定的轴承的轴线作为径向辅助基准，标注出 ϕ20mm 和 ϕ38mm。由轴承的轴线出发，按高度方向分别标注出 22mm 和 11mm，确定轴承顶面和踏脚座连接板 R100mm 的圆心位置。

（3）由宽度方向的尺寸基准（踏脚座的前后对称面），在俯视图中标注出尺寸 30mm、40mm、60mm，以及在 A 向局部视图中标注出尺 60mm、90mm。

其他的尺寸请自行分析。

3.3 想象结构形状

通过对上述各图形的分析，可以想象出制动踏板座是由三部分组成的。

（1）踏板。

踏板的形状主要由主、俯视图和局部视图 A 反映。基本形状是四角带圆弧的矩形板，其上有两个长圆孔，左端还有一个上下方向的矩形通槽。

（2）圆筒。

圆筒的形状主要由主视图、俯视图反映。基本形状是空心圆柱体，在其两端外部都有倒角，圆筒上方有凸台。

（3）连接板。

连接板是踏板与圆筒的连接部分，其形状主要由主视图、俯视图和移出断面图反映，基本形状是弯曲的 T 形结构。

通过仔细分析，可以想象出制动踏板座的形状如图 7-18 所示。

图 7-18　想象出制动踏板座的形状

任务 4　零件图中的技术要求

① 任务引入

技术要求是指在图样上对产品制造、检验、安装、调试、使用、修饰等规定的各种要求和指标。技术要求主要有极限与配合、几何公差、表面结构、热处理和表面处理、特殊加工要求、检验和试验说明、材料要求等内容。这些项目凡是有规定代号的，可用代号直接标注在图上，无规定代号的则可用文字说明，书写在标题栏附近。

那么 ϕ50H7 代表什么含义？图 7-19 所示阶梯轴上的形位公差又有哪些？分别代表什么含义？

② 相关理论知识

2.1　极限与配合

现代化大规模生产要求零件具有互换性，互换性是指合格的产品和零部件在尺寸上、功能上具有能互相替换的性能。机械零件的互换性就是指同一规格的零件，任取其中一件，不经挑选或修配就能装配到机器或部件上去,并达到规定的功能要求。

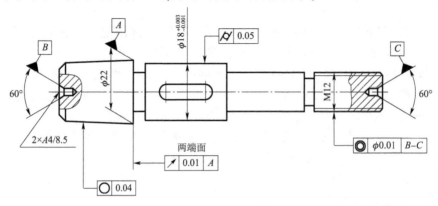

图 7-19　阶梯轴上形位公差的识读

2.1.1　公差的概念

零件在加工过程中,将每个零件都加工到与所指定的尺寸完全一样是做不到的,而且也没有必要。因此,实际生产中为了使零件具有互换性,通常根据零件具体要求,对零件的有关尺寸规定一个允许的变动量,这就是尺寸公差(简称公差)。

2.1.2　与公差有关的一些术语及定义

(1)公称尺寸:公称尺寸即设计给定的尺寸。

(2)实际尺寸:通过测量获得的某一孔、轴的尺寸。

(3)极限尺寸:允许尺寸变化的两个界限值,即允许孔或轴尺寸的两个极端。实际尺寸应位于其中,也可以达到极限尺寸。极限尺寸分上极限尺寸和下极限尺寸。

①上极限尺寸是允许孔或轴的最大尺寸,即最大的界限值。

②下极限尺寸是允许孔或轴的最小尺寸,即最小的界限值。

(4)尺寸偏差(简称偏差):即某一尺寸(实际尺寸或极限尺寸)减其公称尺寸所得的代数差。尺寸偏差分实际偏差和极限偏差。

①实际偏差。实际尺寸减其公称尺寸所得的代数差。

②极限偏差。上极限偏差和下极限偏差统称为极限偏差。国家标准规定:轴的上、下极限偏差代号用小写字母 es、ei 表示;孔的上、下极限偏差代号用大写字母 ES、EI 表示。

上极限偏差是上极限尺寸减其公称尺寸所得的代数差。

下极限偏差是下极限尺寸减其公称尺寸所得的代数差。

例如轴 $\phi 30^{0.020}_{0.072}$ 的上、下极限偏差为

$$es = 29.980 - 30 = -0.020(\text{mm})$$
$$ei = 29.928 - 30 = -0.072(\text{mm})$$

偏差可以为正值、负值或零。实际偏差在两个极限偏差范围内为合格。

(5)尺寸公差(简称公差):极限尺寸减下极限尺寸之差,或上极限偏差减下极限偏差之差。它是允许尺寸的变动量。尺寸公差没有正、负,又不能为零。

如轴 $\phi 30^{0.020}_{0.072}$

$$公差 = 29.980 - 29.928 = 0.052(\text{mm})$$
$$或公差 = -0.020 - (-0.072) = 0.052(\text{mm})$$

（6）公差带图、零线与公差带。

①公差带图：由于尺寸公差或偏差的数值与公称尺寸数值相比相差太大，不便用同比例表示，实际应用中，可不画出孔和轴的全形，只将图中公差和偏差部分放大，这就是极限与配合图解，即公差带图，如图7-20所示。

②零线：在公差带图中，表示公称尺寸的一条直线，以其为基准确定偏差和公差，如图7-20所示。通常，零线沿水平方向绘制，正偏差位于其上，负偏差位于其下。

③公差带：在公差带图中，由代表上、下极限偏差或上极限尺寸、下极限尺寸的两条直线所限定的一个区域，如图7-20所示。公差带内可绘制与零线成45°方向的细实线，且孔与轴的方向相反。

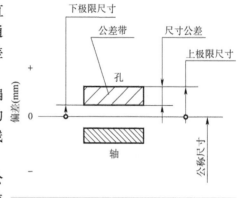

图7-20　公差带示意图

公差带在垂直零线方向的宽度代表公差值。公差带有"大小"和"位置"两个参数，前者由标准公差确定。后者由基本偏差确定。

2.1.3　标准公差和基本偏差

标准公差和基本偏差是公差带的两个重要组成部分。标准公差确定了公差带的大小，也就是公差值的大小，而基本偏差则确定了公差带相对于零线的位置。

（1）标准公差。标准公差是国家标准规定的用以确定公差带大小的任一公差值。标准公差符号为IT，共分20个等级，即：IT01、IT0、IT1、IT2、……、IT18。按顺序，公差值依次增大，对零件的要求逐渐放宽，具体内容可查看附录J。

（2）基本偏差。确定公差带相对零线位置的那个极限偏差。它可以是上极限偏差或下极限偏差，一般为靠近零线的那个偏差。公差带在零线上方时，基本偏差为下极限偏差；公差带在零线下方时，基本偏差为上极限偏差。

基本偏差可使公差带位置标准化。为了使孔、轴实现不同性质和不同松紧程度的配合，需要有一系列不同的公差带位置。国家标准对不同公称尺寸的孔和轴各规定了28个公差带位置，分别由28个基本偏差来确定。基本偏差用代号表示，孔的用大写字母A，……，ZC表示；轴的用小写字母a，……，zc表示，如图7-21所示。其中，基本偏差H代表基准孔；h代表基准轴。JS和js没有基本偏差，其上、下极限偏差与零线对称，孔和轴的上、下极限偏差分别都是 +IT/2、-IT/2。具体内容可查看附录K、L。

基本偏差确定了公差带的一个极限偏差，由基本偏差和标准公差则可确定另一个极限偏差。

孔的另一个极限偏差：ES = EI + IT 或 EI = ES - IT

轴的另一个极限偏差：es = ei + IT 或 ei = es - IT

（3）公差带代号。孔、轴的尺寸公差可用基本偏差代号与公差等级数字组成公差带代号。如H8、F7为孔的公差带代号，h7、r6为轴的公差带代号。

2.1.4　配合

通常孔和轴要装配到一起来工作。由于使用要求不同，它们之间结合松紧不一。但它们的公称尺寸都是相同的，只是在设计时给它们规定了不同的公差带关系而造成的。有可能出现间隙或过盈。孔的尺寸减去与其相配合的轴的尺寸之差为正值时,称为间隙;为负值时,称为过盈。

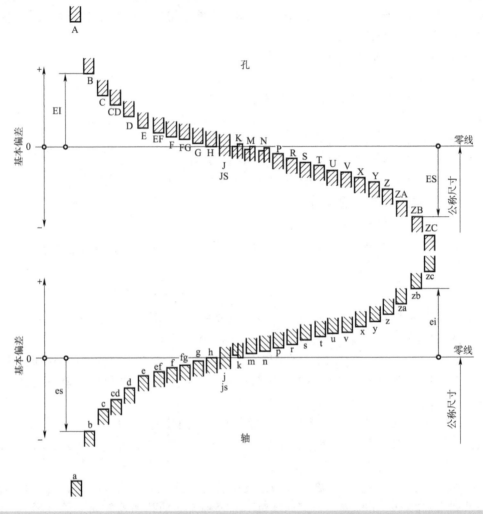

图 7-21　基本偏差系列示意图

(1)配合的种类。根据配合的孔、轴之间产生间隙或过盈的情况,配合可分为三种。

①间隙配合。具有间隙(包括最小间隙为零)的配合称为间隙配合。此时,孔的公差带位于轴的公差带之上,如图 7-22a)所示。

②过盈配合。具有过盈(包括最小过盈为零)的配合称为过盈配合。此时,孔的公差带位于轴的公差带之下,如图 7-22b)所示。

③过渡配合。过渡配合是可能具有间隙或过盈的配合。此时,孔的公差带与轴的公差带相互交叠,如图 7-22c)所示。

(2)配合制。配合制是孔和轴公差带形成配合的一种制度。为了实现配合标准化,国家标准规定了两种配合的基准制,即基孔制和基轴制。

①基孔制。基本偏差为一定的孔的公差带,与不同基本偏差的轴的公差带形成各种配合的一种制度称为基孔制。

基孔制中的孔称为基准孔,基本偏差代号为 H,基本偏差为下极限偏差,且下极限偏差为零。基孔制中 a ~ h 用于间隙配合,j ~ zc 用于过渡配合和过盈配合。

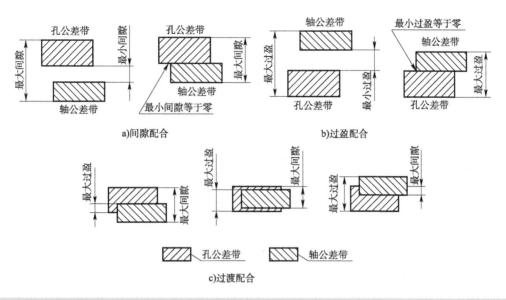

a)间隙配合　　　　　　　　b)过盈配合

c)过渡配合

图 7-22　三种配合

②基轴制。基本偏差为一定的轴的公差带,与不同基本偏差的孔极限的公差带形成各种配合的一种制度称为基轴制。

基轴制中的轴称为基准轴,基本偏差代号为 h,基本偏差为上极限偏差,且上极限偏差为零。基轴制中 A ~ H 用于间隙配合,J ~ ZC 用于过渡配合和过盈配合。

2.1.5　极限与配合的标注和查表

(1)在装配图中,极限与配合一般采用代号的形式标注。标注线性尺寸的配合代号时,必须在公称尺寸的后边,用分数的形式注出,分子为孔的公差带代号,分母为轴的公差带代号。其注写形式一般有三种,如图 7-23 所示。

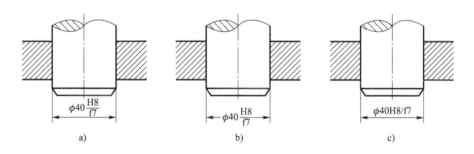

a)　　　　　　　　b)　　　　　　　　c)

图 7-23　配合代号在装配图上的三种标注形式

(2)在零件图上线性尺寸的公差应按三种形式之一标注,如图 7-22 所示。标注偏差数值,上极限偏差注在公称尺寸的右上方,下极限偏差注在公称尺寸的右下方,偏差的数字应比公称尺寸数字小一号,并使下极限偏差与公称尺寸在同一底线上。上极限偏差或下极限偏差数值为零时,"0"与另一偏差的个位数字"0"对齐,如图 7-24b)所示。

当上、下极限偏差值相同而符号相反时,则在公称尺寸后面注上"±",再填写偏差数值。其数字高度与公称尺寸数字高度相同。

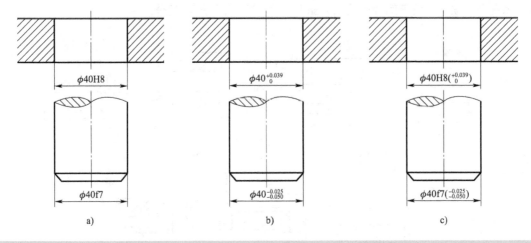

图 7-24 公差代号、极限偏差在零件图上的标注三种形式

2.1.6 极限与配合的识读

极限与配合识读的顺序是由左向右,逐项内容进行分析。识读时应注意以下问题:

①基本偏差代号为大写字母则是孔,字母"H"则是基孔制的基准孔;代号为小写字母则是轴,字母"h"则是基轴制的基准轴。

②在公差带代号中不出现"H"而出现"h"的情况下,大写字母是表示基轴制配合的孔;不出现"h"而出现"H",小写字母则表示是基孔制配合的轴。

2.2 几何公差

2.2.1 几何公差的概念

几何公差是工件在形状、位置方向的公差。经过加工的零件,除了会产生尺寸误差外,也会产生表面形状和位置误差。

形状误差是指加工后实际表面形状对理想表面形状的误差。如图 7-25 中的小轴,加工后双点画线表示的表面形状与理想表面形状产生了形状误差。

位置误差是指零件的各表面之间、轴线之间或表面与轴线之间的实际相对位置对理想相对位置的误差。如图 7-26 中的小轴,其左段的轴线与右段不同轴,产生了位置误差。

形状误差和位置误差都会影响零件的使用性能,因此,对一些零件的重要工作面和轴线,常规定其形状和位置误差的最大允许值,即几何公差。

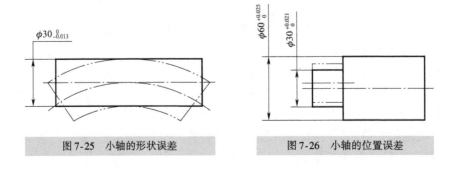

图 7-25 小轴的形状误差   图 7-26 小轴的位置误差

2.2.2　几何公差的符号及代号

（1）几何公差的符号。

几何公差特征项目的分类及符号见表7-3。

需要说明的是,在图样中标注表7-3中特征项目符号的线宽为$h/10$(h为图样中所注尺寸数字的高度),符号高度一般为h,平面度、圆柱度、平行度、圆跳动和全跳动的符号倾斜约75°,倾斜度符号的斜画倾斜约45°。

几何公差特征项目的分类及符号　　　　　　　　　　　表7-3

公	差	特征项目	符号	有无基准要求	公	差	特征项目	符号	有无基准要求
形状	形状	直线度	—	无	位置	定向	平行度	//	有
		平面度	▱	无			垂直度	⊥	有
		圆度	○	无			倾斜度	∠	有
		圆柱度	⌭	无		定位	位置度	⊕	有或无
形状或位置	轮廓	线轮廓度	⌒	无			同轴度（同心度）	◎	有
							对称度	=	有
		面轮廓度	⌓	无		跳动	圆跳动	↗	有
							全跳动	↗↗	有

（2）几何公差的代号。

在技术图样中,几何公差一般应采用代号进行标注,当无法采用代号标注时,允许在技术要求中用文字说明。在图样上的标注方法应遵循 GB/T 1182—2018 的规定。

①几何公差的代号包括:几何公差特征项目符号、几何公差框格及指引线、几何公差数值和其他有关符号、基准代号的字母等,如图 7-27a)、b)所示。

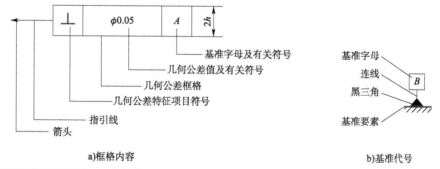

基准字母及有关符号
几何公差值及有关符号
几何公差框格
几何公差特征项目符号
指引线
箭头

a)框格内容

基准字母
连线
黑三角
基准要素

b)基准代号

图7-27　几何公差代号及基准代号

框格和带箭头的指引线用细实线绘制,框格水平或垂直放置,框格可分成两格或多格,框格内从左到右填写形位公差符号、公差数值和有关符号(如公差带是圆形或圆柱形则在公差值前加注ϕ,如是球形则加注$S\phi$等)、基准代号的字母等。框格高度是框格中数字或字母高(h)的两倍($2h$),框格中的数字、字母与图中的尺寸数字等高。

第一格长等于框格的高度;第二格应与标注内容的长度适应;第三格及以后各格需与有关字母的宽度相适应。框格的竖画线与标注内容(符号、数字或字母)之间的距离应至少为线条粗细的两倍,且不得少于0.7mm。

②基准要素要用基准代号标注,基准代号由框格、连线、字母和基准三角表示。框格和连线用细实线绘制。不论基准代号方向如何,框格内一律水平填写大写拉丁字母,字母的高度应与图样中尺寸数字高度相同。

2.2.3 几何公差的标注

在图样上标注几何公差时,用带箭头的指引线将被测要素与公差框格一端相连,指引线箭头应指向公差带的宽度方向或直径方向。

当被测要素为素线或表面时,指引线箭头应指在该要素的轮廓线或其引出线上,并应明显地与尺寸线错开。

当被测要素为轴线、球心或中心平面时,指引线箭头应该与该要素的尺寸线对齐。

标注基准时,基准符号要靠近基准要素。

当基准要素为素线或表面时,基准符合应靠近该要素的轮廓线或其引出线标注,并应明显地与尺寸线错开。

当基准要素为轴线、球心或中心平面时,基准符号应与该要素的尺寸线对齐。

2.3 表面结构

2.3.1 表面结构的概念

零件加工表面上具有的较小间距和峰谷所组成的微观几何形状特性,称为表面结构。表面结构与加工方法、刀刃形状、走刀量以及机床—刀具—工件系统的振动等因素有关。

2.3.2 有关标注表面结构的图形符号

表面粗糙度和表面波纹度、表面缺陷、表面纹理、表面几何形状等统称为表面结构。表面结构的各项要求在图样上的表示法在 GB/T 131—2006 中均有具体规定。在国家标准中,表面粗糙度的注法是通过表面结构的图样表示法来体现的。

图 7-28　表面结构要求的注写位置

2.3.3 有关表面结构要求在图形符号中的注写位置

在完整符号中,对表面结构的各种要求应注写在图 7-28 所示的指定位置。图 7-28 中在"a""b""d"和"e"区域中的所有字母高应等于 h。符号的水平线长度取决于其上下所标注内容的长度。

(1)位置 a:注写表面结构的单一要求。

(2)位置 a 和 b:a 注写第一表面结构要求。

　　　　　　　　b 注写第二表面结构要求。

(3)位置 c:注写加工方法,如"车""磨""镀"等。

(4)位置 d:注写表面纹理方向,如"$=$""$\times$""M"等。

　　　　(表面纹理是指完工零件表面上呈现的,与切削运动轨迹相应的图案)

(5)位置 e:注写加工余量。

注意:这里除表面结构参数和数值(常见为 Ra、Rz 及其数值)通常要标注外,其余均作为补充要求仅在必要时才标注。

2.3.4 有关表面结构要求在图样中的注法

(1)表面结构要求对每一表面一般只注一次,并尽可能注在相应的尺寸及其公差的同一视图上。除非另有说明,所标注的表面结构要求是对完工零件表面的要求。

（2）使表面结构的注写和读取方向与尺寸的注写和读取方向一致。

（3）表面结构要求可标注在轮廓线上,其符号应从材料外指向并接触表面。必要时,表面结构符号也可用带箭头或黑点的指引线引出标注。

（4）在不致引起误解时,表面结构要求可以标注在给定的尺寸线上。

（5）表面结构要求可标注在形位公差框格的上方。

（6）表面结构要求可以直接标注在延长线上,或用带箭头的指引线引出标注。

（7）圆柱和棱柱的表面结构要求只标注一次。如果每个棱柱表面有不同的表面结构要求,则应分别单独标注。

2.3.5　表面结构的简化注法

（1）有相同表面结构要求的简化注法。

如果在工件的多数（包括全部）表面有相同的表面结构要求。则其表面结构要求可统一标注在图样的标题栏附近。此时,表面结构要求的符号后面应有:

①在圆括号内给出无任何其他标注的基本符号,如图 7-29a）所示。

②在圆括号内给出不同的表面结构要求,如图 7-29b）所示。

注意:不同的表面结构要求应直接标注在图形中。

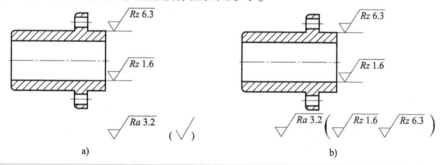

图 7-29　大多数表面有相同表面结构要求的简化注法

（2）多个表面有共同要求的注法。

当多个表面具有相同的表面结构要求或图纸空间有限时,可以采用简化注法。

①用带字母的完整符号的简化注法。如图 7-30 所示,可用带字母的完整符号以等式的形式,在图形或标题栏附近对有相同表面结构要求的表面进行简化标注。

图 7-30　在图纸空间有限时的简化注法

②只用表面结构符号的简化注法。如图 7-31 所示,用表面结构符号以等式的形式给出多个表面共同的表面结构要求。

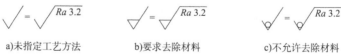

图 7-31　多个表面结构要求的简化注法

3 任务实施

3.1 说明 $\phi50\mathrm{H7}$ 的含义

$\phi50$——公称尺寸；H7——孔的公差代号，其中 H 指孔的基本偏差代号（位置要素），7 是公差等级代号（大小要素）。

此公差带的全称是：公称尺寸为 $\phi50\mathrm{mm}$，公差等级为 7 级，基本偏差代号为 H 的孔的公差带。

3.2 识读图 7-19 所示阶梯轴上的几何公差，并解释其含义

图中几何公差的含义为：

◎ $\phi0.01$ B—C 含义是：M12 外螺纹的轴线对两端中心孔轴线的同轴度公差为 $\phi0.01\mathrm{mm}$。

↗ 0.01 A 含义是：直径为 $\phi22\mathrm{mm}$ 圆锥的大端面对该段轴的轴线端面圆跳动公差为 $0.01\mathrm{mm}$。

○ 0.04 含义是：圆锥体任一正截面的圆度公差为 $0.04\mathrm{mm}$。

⌭ 0.05 含义是：$\phi18\mathrm{mm}$ 段圆柱面的圆柱度公差为 $0.05\mathrm{mm}$。

任务 5 读 零 件 图

1 任务引入

如图 7-32 所示为齿轮油泵泵体零件图，该如何进行识读？

2 相关理论知识

读零件图要求做到看懂各视图的投影关系，根据图形想象出零件的结构形状；找出尺寸基准、重要尺寸和定位、定形尺寸，根据尺寸确定零件大小及各部分的相对位置；理解图样上的各种符号、代号的含义，全面了解零件的加工方法、质量要求等。

读零件图的方法和步骤如下。

（1）看标题栏。

了解零件的名称、材料、画图的比例、质量等，联系典型零件的分类，对这个零件有一个初步认识。

（2）视图分析。

进行视图分析，看懂零件的内外结构形状，是读图的重点。可分两步进行：

第一步，分析视图表达方案。

先找出主视图，然后看清楚了多少个基本视图和其他视图，采用什么表达方法以及各视图间的投影关系；剖视、断面的剖切位置，有无局部放大图及简化画法、规定画法，为进一步看图打下基础。

第二步，进行形体分析和线面分析。

按投影关系，对零件各部分的外部结构和内部结构进行形体分析，逐个看懂。对不便于进

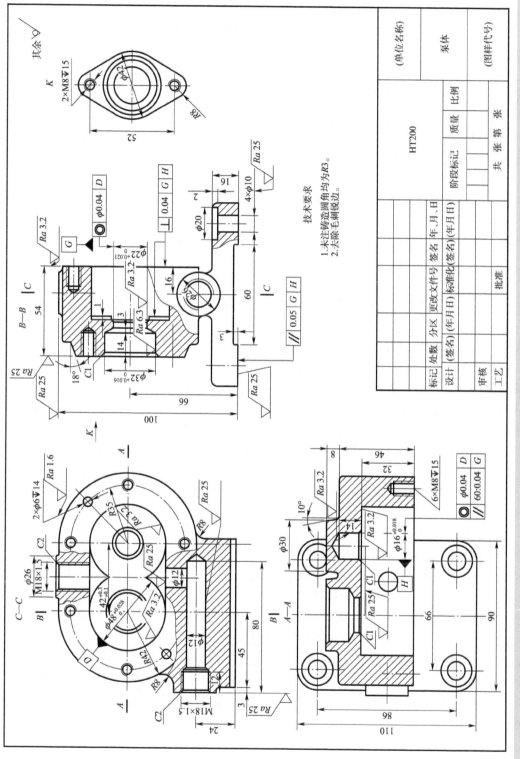

图 7-32 泵体零件图

行形体分析的局部结构进行线面分析,搞清楚投影关系、想象形状。对不符合投影关系或表达形式不熟悉的部分,要查标准,看是否为规定画法或简化画法等。

(3)尺寸分析。

首先找出尺寸基准,然后确定零件的定形尺寸和定位尺寸,看清尺寸标注形式和特点,尺寸标注的是否正确、齐全、合理,了解功能尺寸和非功能尺寸,确定零件的总体尺寸。

(4)技术要求和工艺分析。

根据图形内、外的符号和文字说明,了解表面结构、极限和配合、几何公差以及热处理等技术要求;根据零件的特点确定零件的制造工艺方法。

(5)综合归纳。

把看懂的零件的结构形状、尺寸标注和技术要求等内容归纳起来,全面地看懂这张零件图。

对一些比较复杂的零件,有时还需参考有关的技术资料,包括该零件所在的部件装配图以及与它有关的零件图。

当然,上述步骤不可机械地分开,而应合理、有效地交叉进行。

❸ 任务实施

识读图 7-32 齿轮油泵泵体零件图,通过本任务的实施使学生掌握零件图的识读方法和步骤。

(1)看标题栏。

零件的名称是泵体,属箱体类零件,材料为 HT200,是铸造件。

(2)视图分析。

泵体零件图由主、左、俯三个基本视图和一个局部视图组成。在主视图中,对进、出油口作了局部剖,它反映了壳体的结构形状及齿轮与进、出油口在长、高方向的相对位置;俯视图画成全剖视图,将安装一对齿轮的齿轮腔及安装两齿轮轴的孔剖出。同时还反映了安装底板的形状、四个螺栓孔的分布情况,以及底板与壳体的相对位置。左视图画成局部剖视图。从剖视图上看,剖切是通过主动轴的轴孔进行的,但该孔已在全剖的俯视图中表示清楚。所以,这个剖视图主要是为了表达腰圆形凸台上两个螺孔及进、出油口与壳体、安装底板之间的相对位置。

(3)尺寸及技术要求分析。

通过形体分析,并分析图上所注尺寸,可以看出:泵体长度方向的基准为安装板的左端面。主动轴轴孔和出油口端面,即以此为基准而注出的定位尺寸 45mm、3mm。再以主动轴轴孔的轴线为辅助基准,标注出它与被动轴轴孔的中心距 42mm,高度方向的基准为安装板的底面,以此为基准标注出油孔的中心高 66mm、出油孔的中心高 24mm。宽度方向的基准为安装板和出油孔道的对称平面,以此为基准确定壳体前端面的定位尺寸 16mm。

从图上标注的技术要求:两孔 ϕ16mm、ϕ22mm、齿轮腔 ϕ48mm 的尺寸偏差,以及两孔对齿轮腔的同轴度 ϕ0.04mm,ϕ22mm 孔的平行度 60:0.04 等几何公差的标注来看,对于这些部位的加工要求是比较严格的,这是设计人员考虑到在齿轮、轴与泵体装配后能保证油泵的工作性能而确定的。

(4)综合归纳。

综合以上几方面的分析,就可以了解到这一零件的完整形象,真正看懂这张零件图。

任务 6 零件测绘

1 任务引入

根据实际零件绘制草图,测量并标注尺寸,给出必要的技术要求的绘图过程,称为零件测绘。测绘零件的工作常在现场进行。由于条件限制,一般是先画零件草图,即以目测比例,徒手绘制零件图,然后根据草图和有关资料用仪器或计算机绘制出零件工作图。

图 7-33 所示为低速轴轴测图,如何根据轴测图绘制出零件图?

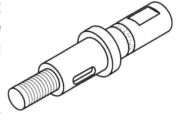

图 7-33　低速轴轴测图

2 相关理论知识

2.1 零件测绘的方法和步骤

2.1.1 分析零件

了解零件的名称、类型、材料及在机器中的作用,分析零件的结构、形状和加工方法。

2.1.2 拟订表达方案

根据零件的结构特点,按其加工位置或工作位置,确定主视图的投射方向,再按零件结构形状的复杂程度选择其他视图的表达方案。

2.1.3 绘制零件草图

现以球阀阀盖为例说明绘制零件草图的步骤。阀盖属于盘盖类零件,用两个视图即可表达清楚。画图步骤如图 7-32 所示。

(1)布局定位。在图纸上画出主、左视图的对称中心线和作图基准线,如图 7-34a)所示。布置视图时,要考虑到各视图之间留出标注尺寸的位置。

(2)以目测比例画出零件的内、外结构形状,如图 7-34b)所示。

(3)选定尺寸基准,按正确、完整、合理的要求画出所有尺寸界线、尺寸线和箭头。经仔细核对后,按规定线型将图线描深,如图 7-34c)所示。

(4)测量零件上的各个尺寸,在尺寸线上逐个填上相应的尺寸数值,如图 7-34d)所示。

(5)注写技术要求和标题栏,如图 7-34d)所示。

2.2 零件尺寸的测量方法

测量尺寸是零件测绘过程中必要的步骤,零件上的全部尺寸的测量应集中进行,这样可以提高工作效率,避免遗漏。切勿边画尺寸线,边测量,边标注尺寸。

测量尺寸时,要根据零件尺寸的精确程度选用相应的量具。常用钢直尺、内外卡钳测量不加工和无配合的尺寸;用游标卡尺、千分尺等测量精度要求高的尺寸;用螺纹规测量螺距;用圆角规测量圆角;用曲线尺、铅丝和拓印法等测量曲面、曲线。

2.3 测绘注意事项

(1)零件的制造缺陷如砂眼、气孔、刀痕等,以及长期使用所产生的磨损,均不应画出。

(2)零件上因制造、装配所要求的工艺结构,如铸造圆角、倒圆、倒角、退刀槽等结构,必须查阅有关标准后画出。

(3)有配合关系的尺寸一般只需要测出公称尺寸。配合性质和公差数值应在结构分析的基础上,查阅有关手册确定。

(4)对螺纹、键槽、齿轮的轮齿等标准结构的尺寸,应将测得的数值与有关标准核对,使尺寸符合标准系列。

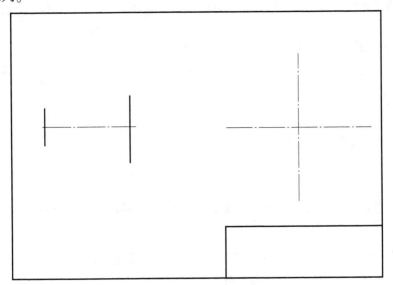

a)画主、左视图的对称中心线和作图基准线

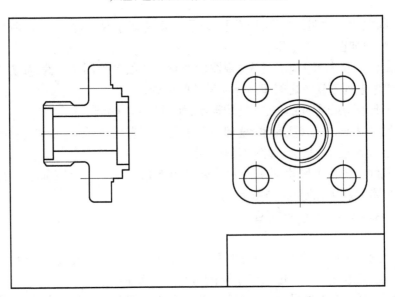

b)画零件的内、外结构形状

图 7-34

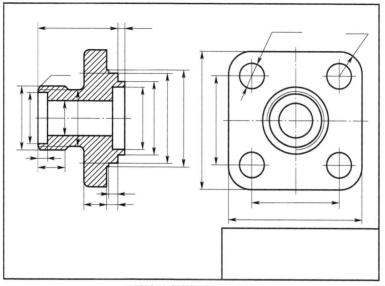

c)画所有尺寸界线、尺寸线和箭头

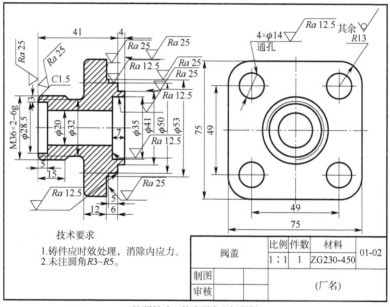

d)注写尺寸、技术要求和标题栏

图 7-34　零件的测绘方法和步骤

（5）零件的表面结构、极限与配合、技术要求等,可根据零件的作用参考同类产品的图样或有关资料确定。

（6）根据设计要求,参照有关资料确定零件的材料。

2.4　技术要求的确定

2.4.1　材料

零件材料的确定,可根据实物结合有关标准、手册的分析初步确定。常用的金属材料有碳钢、铸铁、铜、铅及其合金。可参考同类型零件的材料,用类比法确定或参阅有关手册。

2.4.2 表面结构

零件表面结构根据各个表面的工作要求及精度等级来确定,可以参考同类零件的粗糙度要求或使用粗糙度样板进行比较确定。确定表面结构时一般应遵循以下原则:

(1)一般情况下,零件的接触表面比非接触表面的粗糙度要求高。

(2)零件表面有相对运动时,相对速度越高所受单位面积压力越大,表面粗糙度要求越高。

(3)间隙配合的间隙越小,表面粗糙度要求应越高,过盈配合为了保证连接的可靠性亦应有较高要求的表面粗糙度。

(4)在配合性质相同的条件下,零件尺寸越小则表面粗糙度要求越高,轴比孔的表面粗糙度要求高。

(5)要求密封、耐腐蚀或装饰性的表面粗糙度要求高。

(6)受周期载荷的表面粗糙度要求应较高。

2.4.3 几何公差

标注几何公差时参考同类型零件,用类比法确定,无特殊要求时一律不标注。

2.4.4 公差配合的选择

参考相类似的部件的公差配合,通过分析比较来确定。

2.4.5 技术要求

凡是用符号不便于表示,而在制造时或加工后又必须保证的条件和要求都可注写在"技术要求"中,其内容参阅有关资料手册,用类比法确定。

❸ 任务实施

测绘图 7-33 所示低速轴,通过本任务的实施使学生掌握零件测绘的方法及具体实施步骤。

(1)认识、分析零件,弄清轴的用途作用、装配关系、结构特征,确定表达方案。

(2)绘制边框线、标题栏,进行图面布置。

(3)按照轴线水平、左大右小的原则,绘制主视图的主要轮廓,如图 7-35 所示。

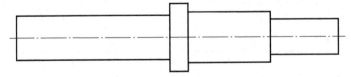

图 7-35　画低速轴主要轮廓线

(4)绘制轴上倒角、退刀槽、键槽等细节部分,如图 7-36 所示。

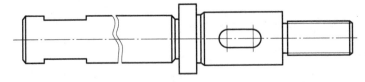

图 7-36　画低速轴的细节部分

(5)针对键槽和铣平结构,绘制移出断面图,并绘制砂轮越程槽的局部放大图,如图 7-37 所示。

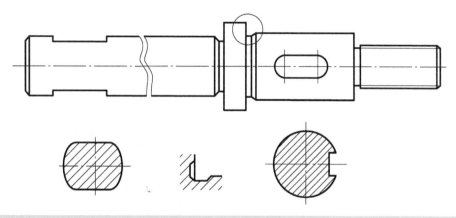

图 7-37　画移出断面图及局部放大图

（6）测量并标注轴径及长度尺寸，如图 7-38 所示。

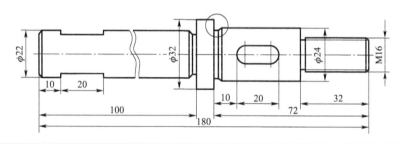

图 7-38　标注轴径尺寸及长度尺寸

（7）根据装配关系确定尺寸公差、几何公差及表面结构，并查阅标准，按要求格式标注砂轮越程槽和键槽尺寸，如图 7-39 所示。

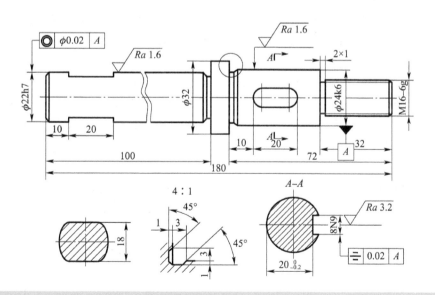

图 7-39　标注低速轴的完整尺寸

（8）书写技术要求，填写标题栏，如图 7-40 所示。

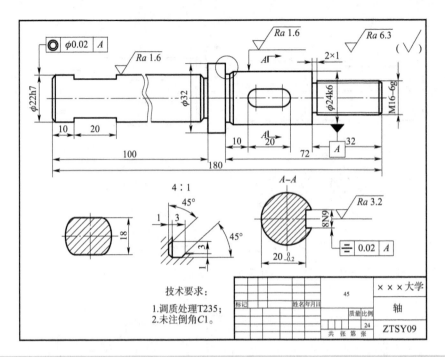

图 7-40　低速轴零件图

 复习与思考题

一、填空题

1. 组成机器或部件的最基本的机件,称为＿＿＿＿＿＿＿＿。

2. 零件的制造和检验都是根据＿＿＿＿＿＿＿＿上的要求来进行的。

3. 零件图尺寸标注的基本要求是正确、完整、＿＿＿＿＿＿＿、＿＿＿＿＿＿＿。

4. 标注零件尺寸时,同一方向尺寸基准可能有几个,其中决定零件主要尺寸的基准称为＿＿＿＿＿＿＿＿,为加工和测量方便而附加的基准称为辅助基准。

二、选择题

1. 当孔的公差带完全在轴的公差带之上时,属于(　　)配合。

　　A.过盈配合　　　　　　B.间隙配合　　　　　　C.过渡配合　　　　　　D.不明确性质

2. 当轴的公差带完全在孔的公差带之上时,属于(　　)配合。

　　A.过盈配合　　　　　　B.间隙配合　　　　　　C.过渡配合　　　　　　D.不明确性质

3. 基本偏差是指(　　)。

　　A.上极限偏差　　　　　　　　　　　　　B.下极限偏差

　　C.靠近零线的偏差　　　　　　　　　　　D.远离零线的偏差

4. 允许尺寸变化的两个界限值称为(　　)。

　　A.实际尺寸　　　　　　B.公称尺寸　　　　　　C.极限尺寸　　　　　　D.尺寸偏差

5. 图样上的尺寸是零件的(　　)尺寸。

　　A.下料　　　　　　　　B.毛坯　　　　　　　　C.最后完工　　　　　　D.修理

6. 表面结构符号、代号一般不能标注在(　　)上。

　　A.可见轮廓线　　　　　　　　　　　　　B.尺寸界限

    C.尺寸线　　　　　　　　　　　　　D.引出线或它们的延长线

三、简答题

1.一张完整的零件图包括哪些内容?

2.选择主视图时,应该着重考虑哪些原则?

3.合理标注尺寸的原则有哪些?

四、技能训练

1.图 7-41 所示为轴承盖与轴承座相配合,根据尺寸标注的要求,合理选择基准,将零件的尺寸标注完整(尺寸从图中按1:1量取整数)。

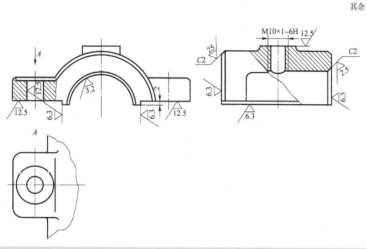

图 7-41　第 1 题图

2.根据给出的零件轴测图(图7-42),绘制下列零件草图或工作图(按1:1比例,A3图幅)。

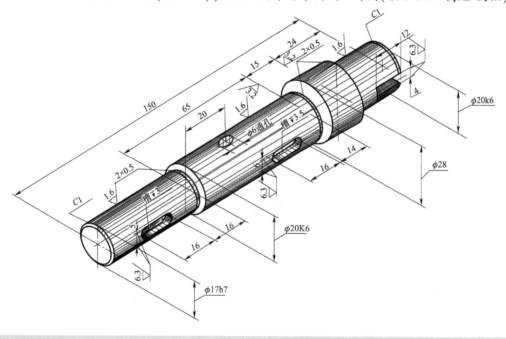

图 7-42　第 2 题图

项目 8

装配图

Chapter 8

概　述

　　一台机器或一个部件都是由一定数量的零件,根据机器的性能和工作原理,按一定的装配关系和技术要求装配在一起的。表达机器或部件的工作原理、结构性能以及各零件之间的连接装配关系的图样称为装配图。表达一台完整机器的装配图,称为总装配图。表达机器中某个部件(或组件)的装配图称为部件(或组件)装配图。设计者设计机器时,需要根据设计任务书,绘制出符合设计要求的装配图,以确定机器中各零件的结构、相对位置、连接方式、传递路线和装配关系;在产品制造过程中,安装工人要按照装配图进行装配和调试,检验工人要根据装配图进行检验,使用和日常维护机器设备时,要通过装配图了解机器的工作原理、构造、装配关系、技术要求等;设备维修时,也要看懂装配图,了解拆装顺序,如果某个零件损坏,还需要根据装配图将该零件拆画出来,绘制出零件图,以便修配;在进行技术改造时,可以通过对同类机器或部件进行测绘,绘制零件图、装配图,以此作为参考进行设计。

　　由此可见,装配图是反映设计思想,指导机器(或部件)的装配、调试、检验、使用、维修等,进行技术交流的重要工具,是生产中不可缺少的重要技术文件。那么,参阅图 8-1 和图 8-2,装配图中应该包含哪些内容? 怎样画装配图? 绘制装配图时需要注意些什么? 等等,下面一一解答。

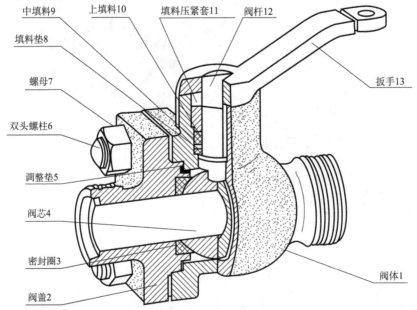

图 8-1　球阀示意图

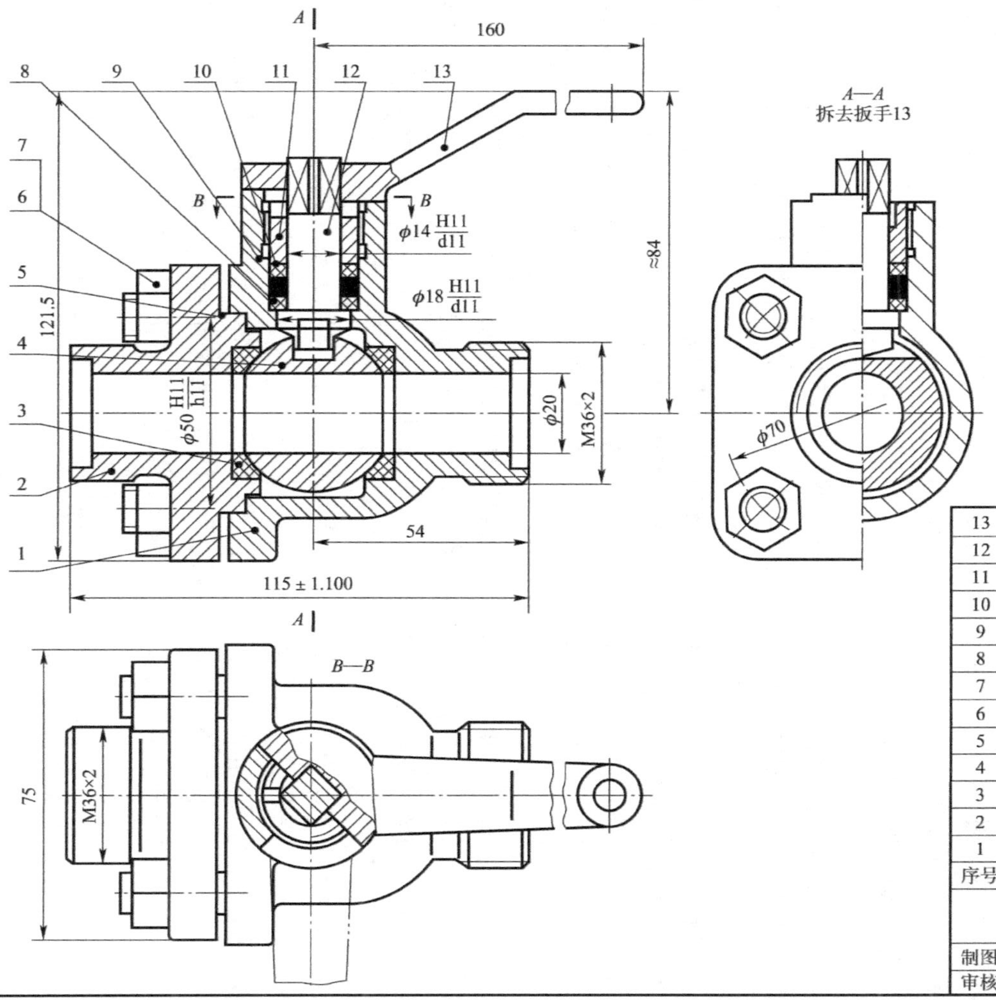

图 8-2 球阀装配图

技术要求
制造与验收条件应
符合国家标准的规定。

13		扳手	1	ZG25	
12		阀杆	1	40Cr	
11		填料压紧套	1	35	
10		上填料	1	聚四氯乙烯	
9		中填料	2	聚四氯乙烯	
8		填料垫	1	40Cr	
7		螺母M12	4	Q235	GB/T 6170—2000
6		螺柱AM12×30	4	Q235	GB/T 897—1988
5		调整垫	1	聚四氯乙烯	
4		阀芯	1	40Cr	
3		密封圈	2	聚四氯乙烯	
2		阀盖	1	ZG25	
1		阀体	1	ZG25	
序号		零件名称	数量	材料	
		球阀			
制图			(厂 名)		
审核				附注及标准	
				比例 1 : 2	
				图号	

任务1　装配图的作用和内容

❶ 任务引入

如图 8-1 和图 8-2 所示,装配图的作用是什么？装配图中包含哪些内容？

❷ 相关理论知识

2.1　装配图的作用

(1)在设计阶段,一般先画装配图,并根据它所表达的机器或部件的构造、形状和尺寸等,设计绘制零件图。

(2)在生产、检验产品时,根据装配图表达的装配关系,制订装配工艺流程,检验、调试和安装产品。

(3)在机器的使用和维修中,根据装配图了解机器或部件工作原理及结构性能,从而决定机器的操作、拆装和维修方法。

2.2　装配图的内容

一张完整的装配图必须具有下列内容:一组视图、必要的尺寸、技术要求、零件的序号、明细表和标题栏。图 8-1 所示为由 13 种零件组成的球阀,图 8-2 所示为球阀的装配图。从中可见装配图的主要内容一般包括如下四个方面。

(1)一组视图。采用常用视图的表达方法和特殊表达方法,完整、准确、清晰地表示机器或部件的工作原理、各零件的装配关系和主要零件的重要结构形状。如图 8-2 所示的球阀的装配图,图中采用了三个视图,主视图采用了全剖视图,俯视图采用了基本视图和局部剖视图,左视图采用了半剖视图。通过这组视图就能清晰地表达球阀中各个零件的装配关系。

(2)必要的尺寸:装配图上标出反映机器或部件的规格、性能、外形及装配、安装和总体尺寸等,主要包括与机器或部件相关的规格尺寸、装配尺寸、安装尺寸、外形尺寸及其他重要尺寸。如图 8-2 所示的球阀装配图中,表示球阀外形的尺寸长 115、宽 75、高 121.5 等,配合尺寸 $\phi14H11/d11$、$\phi18H11/d11$、$\phi50H11/h11$,以及规格尺寸 $\phi20$ 等。

(3)技术要求:在装配图的空白处(一般在标题栏、明细表的上方或左方),用文字及符号等说明机器或部件在装配、调整、试验和使用等方面的有关条件或要求。

(4)零件序号、明细表和标题栏:装配图中的零件序号、明细栏是用于说明装配体及其各组成零件的名称、件数、材料等一般概况。标题栏包括零部件名称、比例、绘图及审核人员签字等。绘图及审核人员签字后就要对图样的技术质量负责,所以画图时必须细致认真。

任务2　装配图的表达方式

❶ 任务引入

生产实际要求图样对装配图和零件图表达的共同点都是要正确、清晰地反映出它们的内、外结构。所以,在零件图上所采用的各种表达方法,如视图、剖视图、断面图和局部放大图等各种表达方法,也正是画装配图所用的一般表达方法。

就表达而言,零件图表达单个零件的结构和形状,其表达必须详尽,才能为制造零件提供详细的技术资料;但由于机器或部件是由若干零件组成的,装配图主要用来表达零件间的工作原理、装配关系、连接方式以及主要零件的结构形状,重点解决"分得开,合得拢"的关键问题,以便为装配提供依据,因此,除了选用前面所讲的各种表达方法,还有一些表达机器或部件的特殊表达方法和规定画法。

② 相关理论知识

2.1 装配图的视图选择

2.1.1 主视图的选择原则

(1)选择尽量多地反映机器或部件主要装配关系、工作原理、传动路线、润滑、密封以及主要零件结构形状的方向作为主视图的投射方向。如图 8-2 所示的主视图采用全剖视图,清楚地表达了球阀的工作原理、两条主要装配干线的装配关系以及密封和主要零件的基本形状。

(2)考虑装配体的安放位置。一般选择机器或部件的工作位置,即:使装配体的主要轴线呈水或铅垂位置作为装配体的安放位置。

2.1.2 其他视图的选择

主视图确定以后,应根据所表达的机器或部件的形状特征配置其他视图。对其他视图的选择,可以考虑以下几点:

(1)还有哪些装配关系、工作原理以及主要零件的结构形状未在主视图上表达或表达的不够清楚。

(2)选择哪些视图及相应的表达方法才能正确、完整、清晰、简便地表达这些内容。

装配图的视图数量,是由所表达的机器或部件的复杂、难易程度所决定的。一般说来,每种零件最少应在视图中出现一次,否则,图样上就会缺少一种零件。但在清楚地表达了机器或部件的装配关系、工作原理和主要零件结构形状的基础上,所选用的视图数量应尽量少。

图 8-3 所示为车床尾座的装配图,其视图配置较好地体现了视图选择的原则。在加工轴类零件时,尾座是通过旋转手轮(序号 10)左右移动顶尖(序号 4)来顶紧工件的。装配图的主视图(采用了全剖)选择了反映这一装配主干线,且主视图表达的也正是车床尾座的工作位置。而左视图(采用了 $A-A$ 阶梯剖)反映了通过转动手柄(序号 5)移动上下夹紧套(序号 11、13)的情况。俯视图反映了尾座的主要和次要装配干线之间的位置关系以及尾座体的外形。主视图采用剖视图来表达螺杆(序号 12)、轴套(序号 2)和顶尖(序号 4)、螺母(序号 6)与两螺钉的螺纹连接方式。

2.2 装配图的规定画法

2.2.1 接触面和配合面的画法

相邻两零件的接触面和公称尺寸相同的两配合表面只画一条线;而公称尺寸不同的非配合表面,即使间隙很小,也必须画成两条线,如图 8-4 所示。

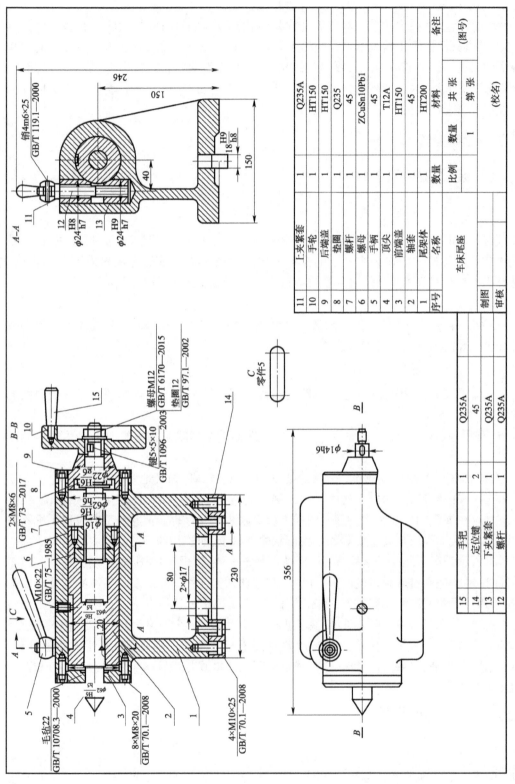

序号	名称	数量	材料	备注
11	上夹紧套	1	Q235A	
10	手轮	1	HT150	
9	后端盖	1	HT150	
8	垫圈	1	Q235	
7	螺杆	1	45	
6	螺母	1	ZCuSn10Pb1	
5	手柄	1	45	
4	顶尖	1	T12A	
3	前端盖	1	HT150	
2	轴套	1	45	
1	尾架体	1	HT200	
序号	名称	数量	材料	备注

15	手把	1	Q235A	
14	定位键	2	45	
13	下夹紧套	1	Q235A	
12	螺杆	1	Q235A	

车床尾座			比例	数量		(图号)
			共 张	第 张		
制图						
审核			(校名)			

图 8-3　车床尾座装配图

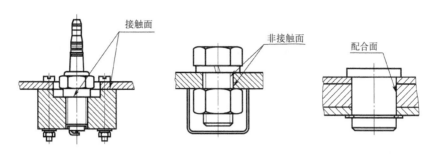

图 8-4　接触面和配合面

2.2.2　剖面线的画法

在装配图中,同一个零件在所有的剖视图、断面图中,其剖面线应保持同一方向,且间隔距离一致。相邻两零件的剖面线则必须不同,即:使其方向相反,或间隔不同,如图 8-4 所示。

注意:在同一张装配图中,不同的零件,尽量使其剖面线不同,即:或使其方向相反,或使其间隔不同,或使其方向和间隔都不同,如图 8-4 所示。

2.2.3　实心件和某些标准件的画法

在装配图的剖视图中,若剖切平面通过实心零件(如轴和杆等)和标准件(如螺栓、螺母、垫圈、销轴和键等)的轴线时,这些零件按不剖绘制,如图 8-4 所示。但其上的孔和槽等结构需要表达时,可采用局部剖的方式进行表达。当剖切平面垂直于其轴线剖切时,则画出剖面线。

2.3　装配图的特殊画法

2.3.1　拆卸画法

(1)在装配图中,如果有些零件在其他视图上已经表示清楚了,而在某个视图上又把需要表达的零件遮住了,可将这类已经表达清楚的零件拆卸掉不画,将需要表达的零件表达出来(如图 8-2 中的左视图取消了扳手),这种画法称为拆卸画法。为了避免看图时产生误解,常在该视图正上方加注"拆去零件 X、X……"。

(2)在装配图中,为了表示内部结构,可假想沿着某些零件的结合面剖开。如图 8-5 所示,滑动轴承视图是沿着零件结合面剖切的画法。其中,由于剖切平面对螺栓、螺钉和圆柱销是横向剖切,故对它们应画剖切线;对其余零件则不画剖切线。

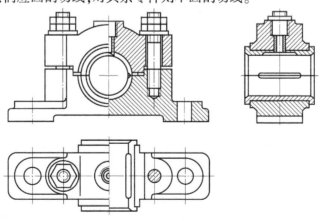

图 8-5　滑动轴承

2.3.2 单独表示某个零件

在装配图中,当某个零件的形状未表达清楚,或对理解装配关系有影响时,可另外单独画出该零件的某一视图,但必须标注清楚。如图 8-6 所示浮动支承装配图中件 1 的 A—A 视图。

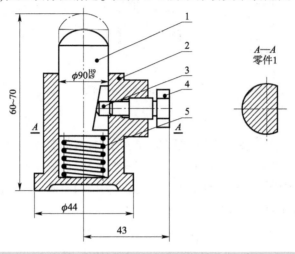

图 8-6 浮动支承装配图

2.3.3 夸大画法

在装配图中,对于一些三维尺寸差异很大的零件(如:薄板零件、细丝弹簧、小的间隙和小的斜度锥度等),允许该部分不按比例进行夸大画出,如图 8-7 所示。

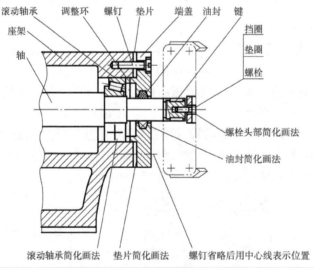

图 8-7 夸大画法、简化画法和假想画法

2.3.4 假想画法

(1)对于运动零件,当需要标明其运动极限位置时,可以在一个极限位置上画出该零件,而在另一个极限位置用双点画线画出其轮廓,如图 8-8 所示为汽车转向垂臂在汽车转向时的极限位置。

(2)为了表明本部件与其他相邻部件或零件的装配关系,可用双点画线画出该部件的轮廓线。如图 8-9 所示为起重设备的支脚盘组件与垂直支腿油缸的安装辅助相邻零件的表示方法。

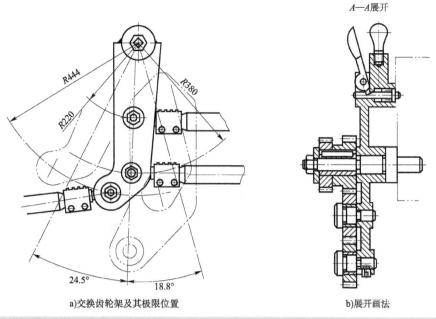

a)交换齿轮架及其极限位置　　　　b)展开画法

图 8-8　汽车转向垂臂在汽车转向时的极限位置

2.3.5　简化画法

（1）在装配图中，零件上的一些工艺结构，如小圆角、倒角、退刀槽和砂轮越程槽等可以不画。

（2）在装配图中，螺栓、螺母等可按简化画法画出。

（3）对于装配图中若干相同的零件组件，如螺栓、螺母和垫圈等，可只详细地画出一组或几组，其余只用细点画线表示出装配位置即可，如图 8-7 所示。

（4）装配图中的滚动轴承可只画出一半，另一半按规定示意画法画出，如图 8-7 所示。

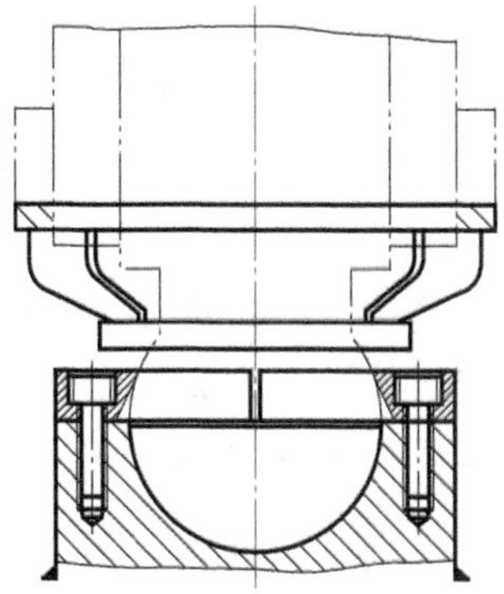

图 8-9　辅助相邻零件的表示方法

（5）在装配图中，当剖切平面通过的某些组件为标准产品，或该组件已由其他视图表达清楚时，则该组件可按不剖绘制。

（6）画装配图时，在不致引起误解，不影响读图的情况下，剖切平面后不需要表达的部分可省略不画。

（7）在装配图中，可用粗实线表示带传动中的传动带，如图 8-10a）所示；用细点画线表示链传动中的链，如图 8-10b）所示。

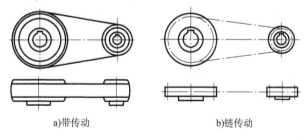

a)带传动　　　　　　　　b)链传动

图 8-10　带传动和链传动的简化画法

2.3.6 展开画法

为了表达某些重叠的装配关系,如多级传动变速箱,需要表示出齿轮传动顺序和装配关系,可以假想将空间轴系按其传动顺序展开在一个平面上,画出剖视图,这种画法称展开画法,如图8-8b)所示。

任务3 装配图的尺寸标注及技术要求

❶ 任务引入

装配图的作用与零件图不同,在图上标注尺寸的要求也不同。在装配图上应该按照对装配机器或部件的设计或生产的要求来标注某些必要的尺寸。装配图上仅需标注机器的性能、工作原理、装配关系和按照要求的尺寸,而对于具体零件的尺寸,如没有特殊的要求,为使图样更加清晰明了,一般不标出。

❷ 相关理论知识

2.1 装配图的尺寸标注

装配图不是制造零件的直接依据,只需标注一些必要的尺寸。装配图的尺寸标注,主要可归纳为规格(性能)尺寸、装配尺寸、安装尺寸、外形尺寸和其他重要尺寸。

2.1.1 规格(性能)尺寸

规格(性能)尺寸,反映部件或机器的规格和性能,是根据机器或部件的实际工作需要,与外部连接配合的重要尺寸,是在设计时确定的,它也是了解和选用该装配体的依据。如深沟轴承6208的轴孔尺寸$\phi40H7$,动力输出轴$\phi80n6$等。

2.1.2 装配尺寸

这类尺寸是保证机器或部件的各零件间装配关系、工作精度和性能要求的尺寸,包括配合尺寸和相对位置尺寸。

(1)配合尺寸。表示零件间配合性质的尺寸。表示机器或部件有关零件间装配关系的尺寸。如图8-2中的阀体与阀杆的配合尺寸$\phi18\frac{H11}{d11}$和阀体与填料压紧套的配合尺寸$\phi14\frac{H11}{d11}$等。

(2)相对位置尺寸。表示装配时需要保证的零件间相互位置的尺寸。如图8-2中阀杆的轴线与最右端面之间的尺寸54等。

2.1.3 安装尺寸

安装尺寸是将机器或部件安装到其他机器上,或机器安装在基座上所需要确定的尺寸。如图8-2中的尺寸$M36\times2$是球阀与管道连接的尺寸。

2.1.4 外形尺寸

外形尺寸是表示机器或部件外形的总体尺寸,即总长、总宽、总高。它反映了机器部件的大小,提供了装配体在包装、运输、安装和厂房设计时所需的尺寸。如图8-2中球阀的总体尺寸 115、75、121.5。

2.1.5　其他重要尺寸

这类尺寸是在设计中确定的,而又未包括在上述几类尺寸之中的主要尺寸。如运动件的极限尺寸和主体零件的重要尺寸等。

上述五类尺寸之间并不是相互孤立无关的,实际上有的尺寸往往同时具有多种作用。此外,在一张装配图中,也并不一定需要全部标注出上述五类尺寸,而是要根据具体情况和要求来确定。如图 8-8 中安装于垂臂上的三根拉杆球头中心相对于垂臂回转中心的位置关系 $R444$、$R380$、$R220$,垂臂的左右转动极限角度分别为 24.5°和 18.8°。

2.2　装配图的技术要求

装配图上应写明有关装配、调整、润滑、密封、检验、维护等方面的技术要求。正确制订这些技术要求将保证机器的各种性能。技术要求通常包括如下几个方面的内容:

(1)对零件的要求。在装配前,应按图样检验零件的配合尺寸,合格零件才能装配。对零件要进行清洁处理,如用煤油或汽油清洗零件,清除箱体内任何杂物等。另外,对零件或整机还有进行防蚀处理的要求。

(2)装配要求。装配过程中的注意事项和装配后应满足的要求等。

(3)检验、试验的条件和要求。机器或部件装配后对基本性能的检验、试验方法及技术指标等要求与说明。

(4)对润滑剂的要求。润滑剂对传动性能影响很大,所以在技术要求中应标明传动件及轴承所用润滑剂牌号、用量、补充及更换时间。选择润滑剂时,应综合考虑传动类型、载荷性质及运转速度。一般对重载、高速、频繁起动、反复运转等情况下的零件,应选用黏度高、油性和极压性好的润滑油;对轻载、间歇工作的零件可选择黏度较低的润滑油。当传动件与轴承采用同一润滑剂时,应优先满足传动件的要求并适当兼顾轴承的要求。对多级传动,由于高速级和低速级对润滑油黏度的要求不同,选用时可取其平均值。

(5)对密封的要求。总成图应注明快速检查总成是否可能存在漏油的方法,如采用气体真空试验、探伤试验等。

(6)对安装调整的要求。在安装调整滚动轴承时,必须保证一定的轴向游隙。因为游隙大小将影响轴承的正常工作。游隙过大会使滚动体受载不均、轴系窜动;游隙过小则会妨碍轴系因发热而伸长,增加轴承阻力,甚至会将轴承卡死。当轴承支点跨度大、运转温度升高时,应取较大的游隙。所以在技术要求中应对轴承游隙的大小提出要求。

(7)其他要求。必要时,可对总成的外观、包装、运输及使用时的注意事项和涂装等提出要求。技术要求的各项内容,根据总成的实际需要提出过高的要求会增加制造难度和成本,过低则影响使用性能。除公差配合标注在视图上,其余一般用文字或表格形式写在图样空白处,也可另编技术文献附上。

任务 4　装配图中的零件序号、明细栏和标题栏

❶ 任务引入

为了便于装配时看图、查找零件,便于作生产准备和图样管理,必须对装配图中的零件进

行编号,这种编号称为零件序号,并在标题栏上方填写与图中序号一致的明细栏。国家标准对标题栏格式以及装配图中的明细栏未作统一规定。

② 相关理论知识

2.1 零件序号的标注

(1)零件或组件的序号应沿水平或垂直方向按顺时针或逆时针方向顺序(一般按顺时针方向)编写,整齐排列,并尽可能均匀分布,如图8-2所示。

(2)序号应注在视图外面,并填写在指引线的横线上或圆圈内,序号的字高应比尺寸数字大一号或两号,如图8-11所示,指引线应从所指的零、组件的可见轮廓内引出并在末端画一小圆点,如图8-11所示。

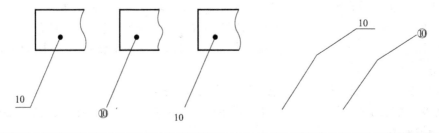

图8-11 零件序号的编写形式

(3)指引线不能相互相交,也不能过长;当指引线通过有剖面线的区域时,不应与剖面线平行,如图8-11所示;必要时,指引线可以画成折线,但只允许曲折一次,如图8-11所示。

(4)对于紧固件(如螺栓、垫圈、螺母)和装配关系清楚的零件组可以利用公共标号引线,如图8-12所示。

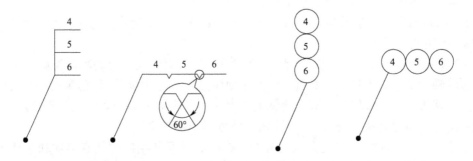

图8-12 零件组的编号形式

(5)装配图中的标准化组件(如油杯、滚动轴承等)可以看作一个整体,只编写一个序号。

(6)装配图中所有的零件都必须编写序号,但相同的零件只编一个序号,其数量填在明细栏内,最常见的是紧固件(如螺栓、垫圈、螺母、螺钉、铆钉等)、轴承、销等标准件。对于某些零件,虽然在同一总成中有多件,但位置没有规律性,且在视图上的形状表达出来又不是很相同的,为了避免看图和装配困难,可以采用重复序号,但第二次出现时应加括号。

(7)指引线应自所指零件的可见轮廓内引出,并在其末端画一圆点;若所指的部分不宜画

194

圆点,如很薄的零件或涂黑的剖面等,可在指引线的末端画一箭头,并指向该部分的轮廓,如图 8-13 所示。

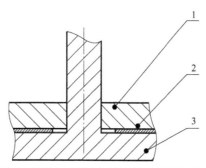

图 8-13　零件序号特殊标注方法

2.2　标题栏

标题栏是图样重要的检索依据,用以说明机器或部件的名称、隶属关系,如图 8-14 所示,其内容及格式与零件图的完全一样。不同的是,装配图的标题栏中的"材料"栏目无须填写。因为装配体不只是一个零件,每个零件的材料又不尽相同,各个零件的材料应填写在明细栏里,如图 8-15 所示。

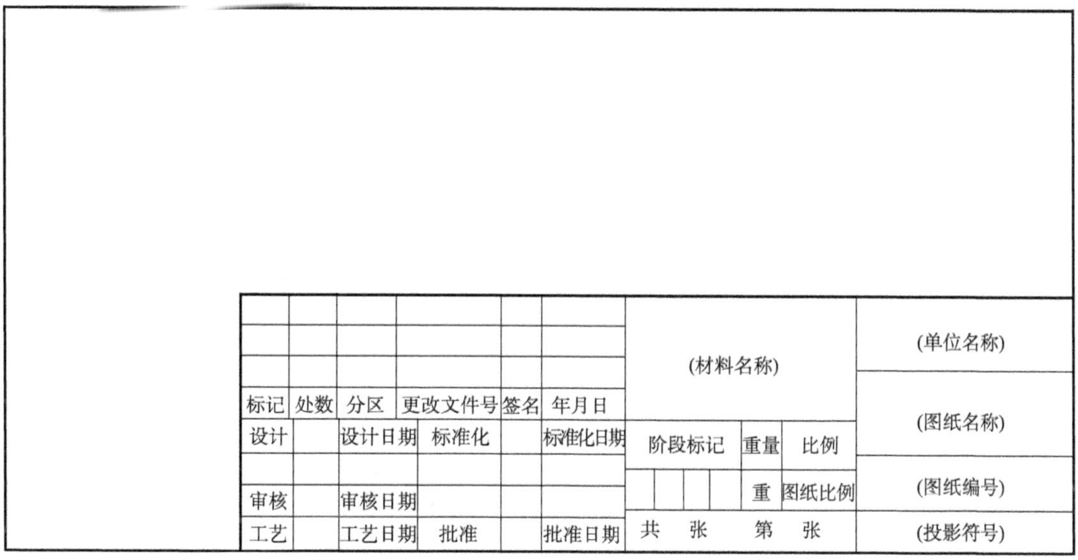

标记	处数	分区	更改文件号	签名	年月日	（材料名称）			（单位名称）
设计		设计日期	标准化		标准化日期	阶段标记	重量	比例	（图纸名称）
审核		审核日期						重　图纸比例	（图纸编号）
工艺		工艺日期	批准		批准日期	共　　张	第　　张		（投影符号）

图 8-14　标题栏

2.3　明细栏

明细栏是指装配图中所有零部件的详细目录,其中填有零件的序号、名称、数量、材料、备注及标准。明细栏位于标题栏的上方,并和标题栏紧连在一起,如图 8-15 所示;如果位置不够,可移一部分紧接标题栏左边继续填写,如图 8-15 所示。若零件过多,在图面上画不下明细栏时,也可在另一页纸上单独编写。明细栏的竖线以及与标题栏的分界线为粗实线,其余为细实线。零件的序号按从小到大的顺序由下而上填写,以便添加漏画的零件,且明细栏中的零件序号应与装配图中标记的零件序号一致。

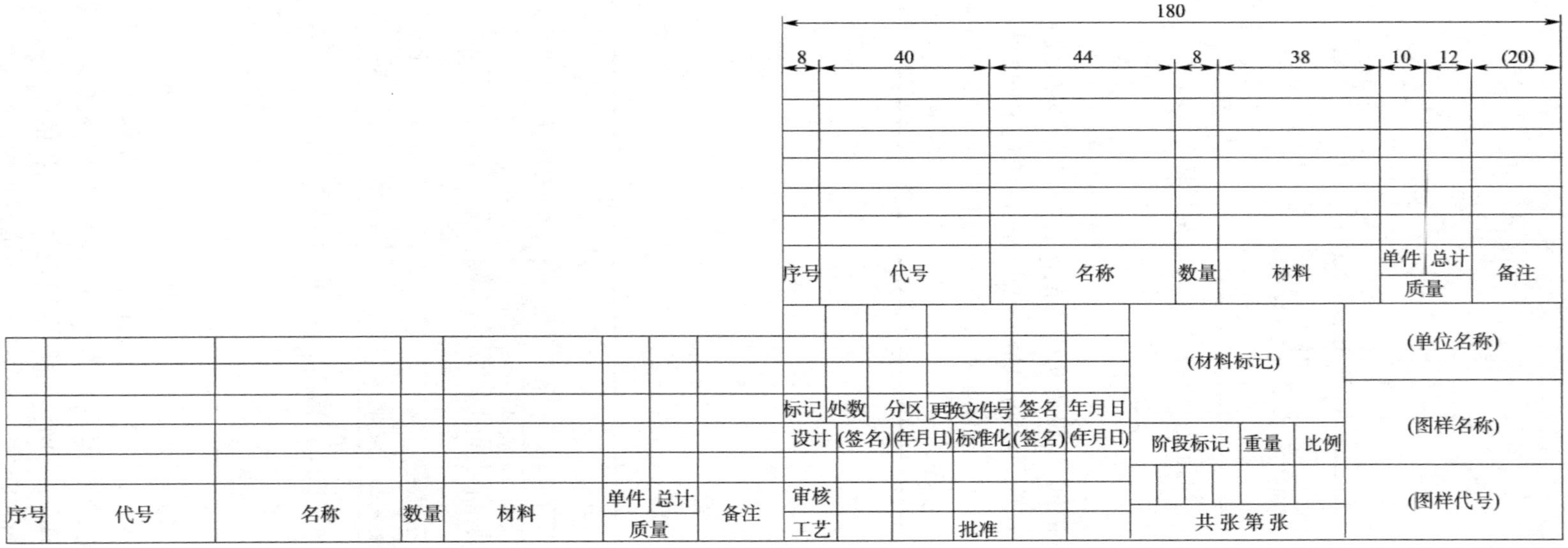

序号	代号	名称	数量	材料	单件	总计	备注
					质量		

| 8 | 40 | 44 | 8 | 38 | 10 | 12 | (20) |

180

标记	处数	分区	更改文件号	签名	年月日		
设计			(签名)	(年月日)	标准化	(签名)	(年月日)	阶段标记	重量	比例
审核							
工艺			批准			共 张 第 张	

(材料标记)

(单位名称)

(图样名称)

(图样代号)

图 8-15　明细栏

序号	代号	名称	数量	材料	单件	总计	备注
					质量		

任务 5 装配图中常见的装配结构

1 任务引入

零件除了应根据设计要求确定其结构外,为保证机器(部件)达到性能和质量要求,还应考虑到装配、拆卸的可能性和简便性,否则就会给装配工作带来困难。下面介绍几种最常见的装配工艺结构。

2 相关理论知识

2.1 接触面、配合面的结构

(1)两个零件在同一个方向上,只能有一对接触面或配合面,避免造成过定位,如图 8-16 所示。这样既可保证零件接触良好,又可降低加工要求。

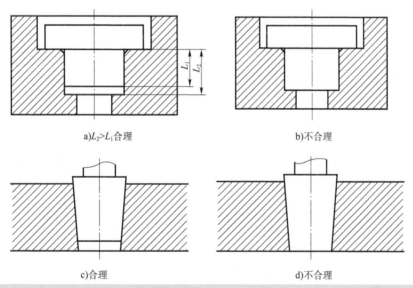

a)$L_2>L_1$合理　　　　　　　　b)不合理

c)合理　　　　　　　　d)不合理

图 8-16 接触面、配合面的结构

(2)轴和孔配合时,为了保证零件接触良好,应在轴肩处加工出退刀槽或凹槽,或在孔端面加工出倒角、倒圆;为避免应力集中,都做成倒角或倒圆角,而且,在孔端面加工出的倒角、倒圆比轴端的倒角、倒圆尺寸大,如图 8-17 所示。

a)合理　　　　　　　b)合理　　　　　　　c)不合理

图 8-17 接触面转角处结构

(3)采用沉孔或凸台结构,减少零件间的接触面积,既减少了加工面积,降低了成本,又可保证良好接触,如图 8-18 所示。

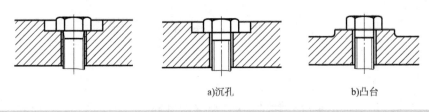

a)沉孔　　　　　b)凸台

图8-18　沉孔和凸台机构

（4）锥面配合时能同时确定轴向和径向的位置，如图8-19所示，必须保证 $L_1 < L_2$，才能得到稳定配合关系。

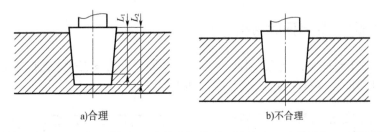

a)合理　　　　　　　　b)不合理

图8-19　锥面配合结构

（5）轴与孔配合时，为保证 ϕA 的配合关系，必须使 $\phi B > \phi C$，如图8-20所示。

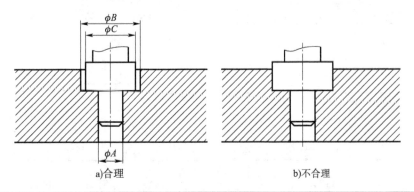

a)合理　　　　　　　　b)不合理

图8-20　轴与孔配合结构

2.2　螺纹连接的合理结构

（1）为保证拧紧，可采用适当加长螺纹尾部、在螺杆上加工出退刀槽、在螺孔上做出凹坑或倒角，如图8-21所示。

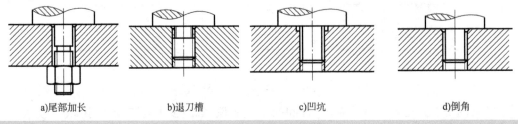

a)尾部加长　　　b)退刀槽　　　c)凹坑　　　d)倒角

图8-21　螺纹连接的合理结构

（2）为便于装配，被连接件上的通孔的尺寸应比螺纹大径和螺杆直径稍大，如图 8-22 所示。

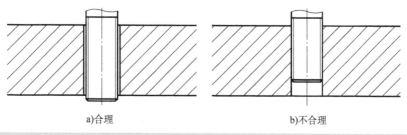

a)合理　　　　　　　　　　　　b)不合理

图 8-22　通孔应大于螺杆大径

（3）当采用螺纹连接结构时，必须留出扳手的活动空间和螺栓等拆装时的操作空间，如图 8-23 所示。

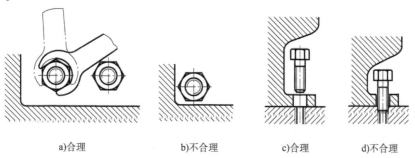

a)合理　　　　b)不合理　　　　c)合理　　　　d)不合理

图 8-23　结构应留有扳手活动空间和螺钉拆装空间

2.3　定位销的装配结构

为保证两零件在装拆前后的装配精度，通常采用圆柱销或圆锥销定位，因此，对销和销孔要求较高。为加工小孔和拆卸销方便，在可能的情况下，将小孔制成通孔；如零件不允许制成通孔，销孔深度应大于销的长度，如图 8-24 所示。

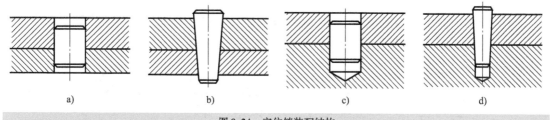

a)　　　　　　　b)　　　　　　　c)　　　　　　　d)

图 8-24　定位销装配结构

2.4　零件轴向定位和固定结构

（1）零件轴向定位和固定结构。使用滚动轴承时，根据受力情况将滚动轴承的内圈、外圈固定在轴上或机体的孔中，所以装在轴上的滚动轴承及齿轮等一般都要固定结构，以保证能在轴线方向不产生移动。同时，考虑到工作温度的变化，会导致滚动轴承卡死而无法工作，所以，不能将两端轴承的内、外圈全部固定，一般可以一端固定，另一端留有轴向间隙，允许有极小的伸缩，如图 8-25 所示。轴上的滚动轴承及齿轮是靠轴的台肩来定位的，齿轮的一端用螺母、垫圈来压紧，垫圈与轴肩的台阶面间应留有间隙，以便压紧。

（2）滚动轴承安装应便于拆装。为了拆卸方便，当以孔肩或轴肩定位时，其高度应小于轴承内圈或外圈的厚度,如图 8-26 所示。

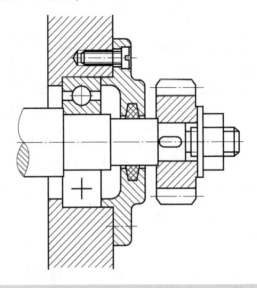

图 8-25　轴向定位和固定结构

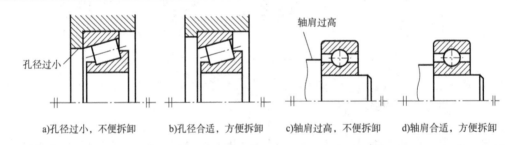

a)孔径过小,不便拆卸　　b)孔径合适,方便拆卸　　c)轴肩过高,不便拆卸　　d)轴肩合适,方便拆卸

图 8-26　滚动轴承安装应便于拆装

2.5　防松装置

机器在运转过程中受到振动的影响,螺纹连接件可能产生松动。这些结构需要加装防松装置,如使用双螺母、弹簧垫片、开口销等锁紧,如图 8-27 所示。

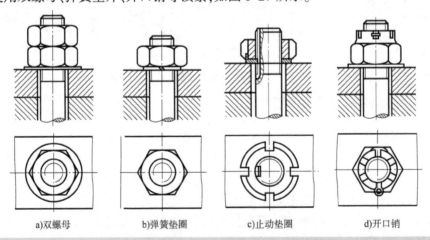

a)双螺母　　　　b)弹簧垫圈　　　　c)止动垫圈　　　　d)开口销

图 8-27　螺纹防松装置

2.6 密封装置

机器或部件的某些部位需要设置密封装置,以防止液体外流或灰尘进入。如图 8-28a)所示为齿轮油泵密封装置的正确画法。通常用油浸石棉绳或橡胶作填料,拧紧压盖螺母,通过填料压盖将填料压紧,起到密封的作用。但填料压盖与泵体端面之间必须留有一定的间隙,才能保证将填料压紧,因此,如图 8-28b)的画法是错误的;填料压盖的内孔应大于轴径,以免轴转动时产生摩擦。

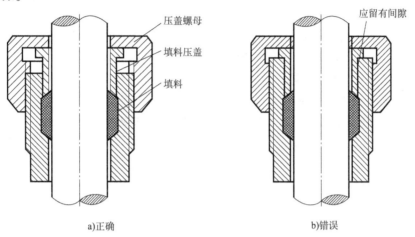

a)正确　　　　　　　　　　　　　　b)错误

图 8-28　密封装置的画法

③ 任务实施

现以图 8-1 所示的球阀为例,画装配图说明画装配图的方法步骤。

3.1 任务准备

(1)无论是设计还是测绘机器或部件,在绘制装配图前都应对其功用、工作原理、结构特点和装配关系等加以分析,先对装配体有整体的了解,然后再确定表达方案,绘制出一张正确、清晰、易懂的装配图。

(2)画装配图的步骤是:

①分析装配示意图、零件图,了解部件的功用和结构特点。

②确定表达方案,先选择主视图,然后选择其他视图。

③按照绘制装配图的步骤绘制。

3.2 具体分析实施步骤

(1)了解部件的装配关系和工作原理。

对照部件的实体进行仔细的观察分析,了解部件的工作原理和装配关系。

①球阀的用途。球阀安装于管道中,用以启闭和调节流体流量。

②装配关系。带有方形凸缘的阀体 1 和阀盖 2 是用四个双头螺柱 6 和螺母 7 连接的,在它们的轴向接触处加了调整垫 5,用以调节阀芯 4 与密封圈 3 之间的松紧程度。阀杆 12 下部的凸块与阀芯 4 上的凹槽榫接,其上部的四棱柱结构套进扳手 13 的方孔内。为了密封,在阀体与阀杆之间加入填料垫 8 和填料 9、10,为防止填料松动而达不到良好的密封效果,选择填料压紧套 11。

③工作原理。如图8-2所示的主视图位置(阀芯通孔与阀体和阀盖孔对中),为阀门全部开启的位置,此时管道畅通。当顺时针方向转动扳手时,由扳手带动与阀芯榫接的阀杆,使阀芯转动,阀芯的孔与阀体和阀盖上的孔产生偏离,从而实现了流量的调节。当扳手旋转到90°时,则阀门全部关闭,管道断流。

(2)视图选择。

根据对部件的分析,即可确定合适的表达方案。

①球阀的安放。球阀的工作位置情况多变,但一般是将通路安放成水平位置。

②主视图的选择。部件的安放位置确定后,就可以选择主视图的投射方向了。经过分析对比,选择如图8-2所示的主视图表达方案,能反映装配关系和工作原理,结合适当的剖视,比较清晰地表达了各个主要零件以及零件间的相互关系。

③其他视图选择。根据确定的主视图,再选取反映其他装配关系、外形及局部结构的视图,为此再增加采用拆卸画法的左视图,用以进一步表达外形结构及其他一些装配关系。为了反映扳手与定位块的关系,再选取作 B—B 局部剖视图,如图8-2所示。

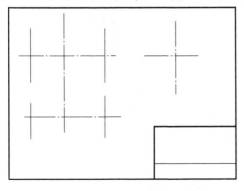

a)画出各视图的主要轴线、对称中心线及基准线

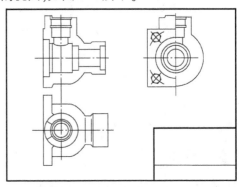

b)先画出主要零件的轮廓线,三个视图要联系起来画

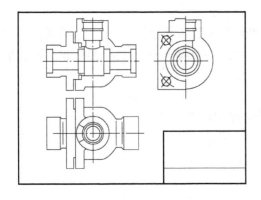

c)根据阀盖和阀体的相对位置画出三视图

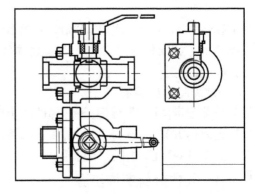

d)画出其他零件,再画出扳手的极限位置(图中位置不够未画出)

图 8-29　画装配图的方法与步骤

3.3　画装配图的具体步骤

在部件的表达方案确定之后,应根据视图表达方案以及部件的大小和复杂程度,选取适当的比例和图纸幅面。确定图幅时要注意将标注尺寸、零件序号、技术要求、明细栏和标题栏等所需占用位置也要考虑在内。

下面以图 8-2 所示装配图为例讨论装配图的具体画图步骤。

（1）确定绘图比例、图幅、画出图框等。

装配图的表达方案后，应根据部件的真实大小以及结构的复杂程度，确定适当的比例和图幅，并画出图框、标题栏和明细栏。

（2）合理布置，画出基准线。

布置图形时，在图纸上画出各视图的主要中心线和基准线，并留出零件编号、标注尺寸和技术要求等所需的位置，如图 8-29a）所示。

（3）画主要零件的投影。

应先从主视图入手，几个视图一起画，这样可以提高绘图速度，减少作图误差，如图 8-29b）所示。画剖视图时，尽量从主要轴线开始，围绕装配干线由里向外画出各个零件。

（4）画其余零件。

按装配关系及零件间的相对位置将其他零件逐个画出，如图 8-29c）、d）所示。

（5）检查、描深、画剖面线。

底稿画完后，要检查校核，擦去多余的图线，进行图线描深，在断面处画剖面线（注意按规定的画法画出）、画尺寸界线、尺寸线和箭头，以及注写尺寸数字。

（6）编写零件序号，填写标题栏和明细栏，编写技术要求。

（7）校核，完成全图，如图 8-2 所示。

任务 6 读装配图

① 任务引入

在从机器或部件的设计、制造、装配、检验和维修工作到进行技术改革、技术交流的过程中，都需要用到装配图，用来了解设计者的意图、机器或部件的用途、装配关系、相互作用、拆装顺序以及正确的操作方法等。因此，工程技术人员必须具备熟练阅读装配图的能力。

② 相关理论知识

下面以图 8-30 所示的齿轮泵为例，说明读装配图的方法步骤。

2.1 概括了解

从标题栏了解部件的名称，从明细栏了解零件名称和数量、材料、尺寸和标准件的规格、代号等，并在视图中找出相应零件的所在位置，大致阅读一下所有视图、尺寸和技术要求等，以便对部件的整体情况有一概括了解，为下一步工作打下基础。在可能的条件下，可参考产品说明书等资料，了解零件部件的用途、性能和工作原理等信息。

图 8-30 所示的齿轮泵装配图，可以看出，齿轮泵由 15 个零件组成，其中标准件 5 种。

齿轮泵的工作原理如图 8-31 所示。当主动齿轮作逆时针旋转时，带动从动齿轮作顺时针方向旋转，齿轮啮合区内右侧两齿轮的齿退出啮合，空间增大，压力降低而产生局部真空，油箱内的油在大气压力作用下，由入口进入齿轮泵的低压区。随着齿轮的旋转、齿槽中的油不断沿着箭头方向送至左边，由于该区压力不断增高，从而将油从此处压出，送到机器中润滑各个部位。

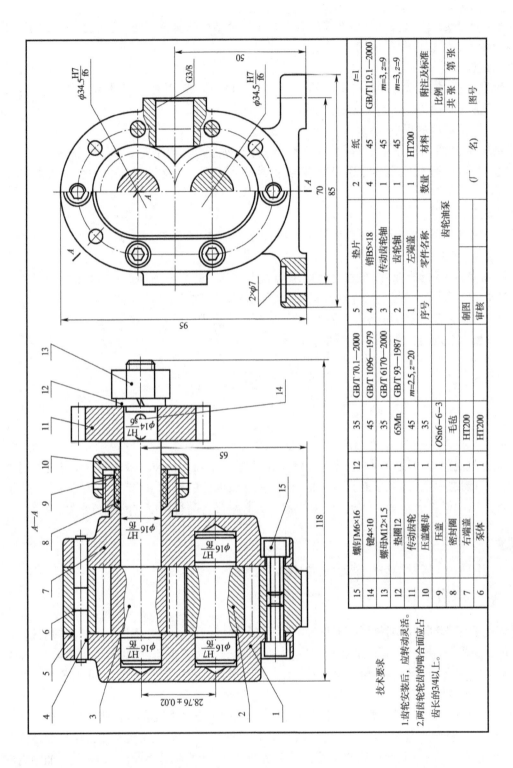

图 8-30 齿轮泵装配图

序号	零件名称	数量	材料	附注及标准
15	螺钉M6×16	12	35	GB/T 70.1—2000
14	键4×10	1	45	GB/T 1096—1979
13	螺母M12×1.5	1	35	GB/T 6170—2000
12	垫圈12	1	65Mn	GB/T 93—1987
11	传动齿轮	1	45	m=2.5,z=20
10	压盖螺母	1	35	
9	压盖	1	QSn6-6-3	
8	密封圈	1	毛毡	
7	右端盖	1	HT200	
6	泵体	1	HT200	
5	垫片	2	纸	t=1
4	销B5×18	4	45	GB/T119.1—2000
3	传动齿轮轴	1	45	m=3,z=9
2	齿轮轴	1	45	m=3,z=9
1	左端盖	1	HT200	
序号	零件名称	数量	材料	附注及标准
制图			比例	共 张 第 张
审核				图号
		齿轮油泵		
		（厂 名）		

技术要求
1. 齿轮安装后，应转动灵活。
2. 两齿轮轮齿的啮合面应占齿长的3/4以上。

2.2 分析视图,了解装配关系和传动路线

齿轮泵的装配图如图 8-30 所示,用两个基本视图表达。主视图采用了全剖视图,表达了组成齿轮泵各个零件间的装配关系。泵体内腔容纳一对起吸油和压油作用的齿轮,而两齿轮又分别是齿轮轴做成一体的。齿轮装入后,两侧有左端盖 1、右端盖 7 支承这一对齿轮轴的旋转运动。左右两端盖与泵体的定位是由销 4 来实现的,并通过螺钉 15 进行连接。为了防止泵体 6 与泵端盖 1、7 的结合面处以及传动齿轮轴 3 伸出端的泄漏,分别采用了垫片 5 及密封圈 8、轴套 9 和压紧螺母 10 进行密封。

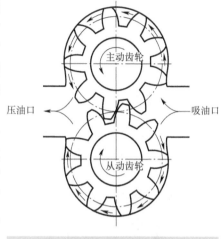

图 8-31　齿轮泵工作原理图

齿轮泵的动力是由传动齿轮 11 传递的。当传动齿轮 11 按逆时针方向旋转时,通过键 14 将转矩传递给传动齿轮轴 3(主动齿轮),经过齿轮啮合带动齿轮轴 2(从动齿轮)作顺时针方向旋转。为了防止传动齿轮沿轴向滑出,在轴端用弹簧垫圈 12 和螺母 13 定位。

左视图采用了沿结合面的剖切画法,从图中可以清楚地分析出其工作原理。同时,在该视图上还反映了左端盖 1、泵体 6 的结构形状,所采用的局部剖视图则反映了油口的内部结构形状。左视图还反映了螺钉 15 和销 4 的分布情况。

2.3 分析尺寸及技术要求

装配图上标注的尺寸包括性能与规格、配合、安装、总体和其他重要尺寸,通过对这些尺寸的标注及技术要求的分析,可以进一步了解装配关系和工作原理:

(1)齿轮轴的齿顶圆与泵体内腔的配合尺寸为 $\phi34.5\frac{H7}{f6}$,这是基孔制间隙配合。

(2)齿轮轴与端盖在支承处的配合尺寸为 $\phi16\frac{H7}{f6}$,这是基孔制的间隙配合。

(3)压盖与右端盖的配合尺寸为 $\phi16\frac{H7}{f6}$,这是基孔制的间隙配合。

(4)传动齿轮与所带动的传动齿轮轴一起转动,两者之间除了有键连接外,还定出了相应的配合,其配合尺寸为 $\phi14\frac{H7}{f6}$,这是基孔制的过渡配合。

以上配合的有关公差和偏差均可根据配合代号由附录 J、附录 K、附录 L 查得,请读者自行练习。在左视图中,吸、压油口的尺寸 G3/8 和泵体底部两个螺栓孔之间的尺寸 70mm 是安装尺寸。给出这两个尺寸的目的是便于在齿轮泵安装之前准备好与之对接的管线和做好安装的基座。

尺寸(28.76±0.02)mm 是两齿轮的中心距,这是一个重要尺寸。中心距尺寸的准确与否将会对齿轮的啮合产生很大影响。面尺寸 65mm 是传动齿轮轴线距离泵体安装底面的高度尺寸,也是一个重要尺寸。

尺寸 118mm、95mm、85mm 是齿轮泵的总体尺寸。

2.4 归纳总结想整体

在对机器或部件的工作原理、装配关系和各个零件的结构形状进行了分析,又对尺寸和技术要求进行了分析研究后,就了解了机器或部件的设计意图和拆装顺序。在此基础上,开始对所有的分析进行归纳总结,最终便可想象出一个完整的装配体形状,如图8-32所示,从而完成看装配图的全过程,并为拆画零件图打下基础。

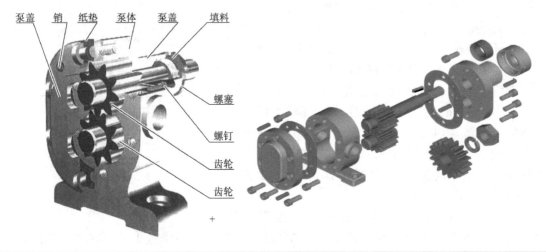

图 8-32　齿轮泵实体

任务7　由装配图拆画零件图

❶ 任务引入

在设计过程中,一般先画出装配图,然后根据装配图拆画零件图,这一环节称为拆图。由装配图拆画零件图是设计过程中的重要环节,必须在全面看懂装配图的基础上,按照零件图的内容和要求拆画零件图。下面介绍拆画零件图的一般步骤。

❷ 相关理论知识

2.1 零件分类

拆画零件图前,要对机器或部件中的零件进行分类,以明确拆画对象。

(1)标准件。标准件一般由标准件厂家加工,故只需列出总表,填写标准件的规定标记、材料及数量即可,不需拆画其零件图。

(2)借用件。系指借用已有定型产品中的零件,可利用已有的零件图而不必另行拆画零件图。

(3)特殊零件。系指设计时经过特殊考虑和计算所确定的重要零件,如汽轮机的叶片、喷嘴等。这类零件应按给出的图样或数据资料拆画零件图。

(4)一般零件。系指拆画的主要对象,应按照在装配图中所表达的形状、大小和有关技术要求来拆画零件图。

如图 8-30 所示的齿轮泵装配图中有五种标准件(序号 4、12～15),两种密封圈和垫片等(序号 8、5),属于特殊零件,因此需要拆画的只有八种一般零件(序号 1、2、3、6、7、9、10、11)。

2.2 分离零件

按本节前面所述读装配图的方法步骤看懂装配图,在弄清机器或部件的工作原理、装配关系、各零件的主要结构形状及功用的基础上,将所要拆画的零件从装配图中分离出来。现在以图 8-30 齿轮泵装配图中的泵体 6 为例,说明分离零件的方法。

(1)利用序号指引线。在主视图中,从序号 6 的指引线起点,可找到泵体的位置和大致轮廓范围。

(2)利用剖面线方向、间隔、配合代号。从主视图上可以看出,泵体 6 两边的剖面线方向,左边相反方向的为左端盖,右边方向虽方向相同,但间隔不同且又错开,因此是右端盖,这样就确定了泵体的位置,借助齿轮轴的剖面线方向和齿轮啮合关系,再借助左视图上的配合代号 $\phi 34.5 \frac{H7}{f6}$,就可以大致确定泵体的形状,并对其位置作进一步的确定。

(3)利用投影关系和形体分析法。在主视图上只能确定泵体的位置,不能很好地反映其形状。左视图采用沿结合面剖切画法,并增加了局部剖视,不仅反映了泵体的外形,而且反映了油孔的内部结构。

综合上述方法和分析过程,便可完整地想象出泵体的轮廓形状和其上六个螺纹孔、两个销孔的形状和相对位置,这样就可以将泵体从装配图中分离出来。同样的方法可将其他零件从装配图中分离出来,如图 8-33 所示。

图 8-33 泵体的实体图

2.3 确定零件的表达方案

装配图的表达方案是从机器或部件的角度考虑的,重点是表达机器或部件的工作原理和装配关系。而零件的表达方案则是从对零件的设计和工艺要求出发,并根据零件的结构形状来确定的,零件图必须把零件的结构形状表达清楚。但零件在装配图中所体现的视图方案不一定适合零件的表达要求,因此,一般不宜照搬零件在装配图中的表达方案,应重新全面考虑。其方案的选择按四大类典型零件表达方法的原则进行。通常应注意以下几点:

(1)主视图选择。箱(壳)体类零件主视图应与装配图(工作位置)一致;轴、套类零件应按工作位置或摆正后选择主视图。

(2)其他视图选择。根据零件的结构形状复杂程度和特点,选择适当的视图和表达方法。

(3)零件上未表达结构的补画。由于装配图不侧重表达零件的结构形状,因此,某些个别结构在装配图中可能表达不清或未给出形状。另外,零件上的标准结构要素,如倒角、圆角、退刀槽、砂轮越程槽及起模斜度等,在装配图中允许省略不画。所以在拆画零件时,对这些在装配图中未表达或省略的结构,应结合设计和工艺要求,将其补画出来,以便满足零件图的要求。

下面介绍选择泵体的表达方案。因为泵体是箱(壳)体类零件,根据前面所述,其主视图就选取它在装配图中的视图,如图 8-34 所示,不需要重新选取。增加一个画外形的左视图,在其上再加适当的局部剖视,反映进出油孔和螺纹孔的形状。为了表达底板及凹槽的形状,加 B 向视图,这样的表达方案对完整、清楚、简洁地表达泵体的结构形状是一个较好的方案。

2.4 确定零件上的尺寸

零件图上的尺寸,应按正确、完整、清晰、合理的要求进行标注。对拆画的零件图,其尺寸来源可以从以下几个方面确定:

(1)抄注。凡是装配图上已注出的尺寸都是非常重要的尺寸,这些尺寸数值,甚至包括公差代号、偏差数值都可以直接抄注到相应的零件图上。例如,如图 8-34 所示,泵体左视图上的尺寸 G3/8 就是直接从齿轮泵装配图得到的。

(2)查取。零件上的一些标准结构(如倒角、圆角、退刀槽、砂轮越程槽、螺纹、销孔、键槽等)的尺寸数值,应从有关标准中查取核对后进行标注,如泵体上的销孔和螺纹孔尺寸均可从明细栏内根据规定标记查得,例如螺钉 M6×16,销 5m6×18。

(3)计算。零件上某些尺寸数值应根据总体所给定的有关尺寸和参数,经过必要的计算或校核来确定,并不许圆整,如齿轮分度圆直径,可根据模数和齿数进行计算。

(4)量取。零件上需标注的大部分尺寸并未标注在装配图上,对这部分尺寸,应按装配图的绘制比例在装配图上直接量取后算出,并按标准系列适当圆整,使之尽量符合标准长度或标准直径的数值。如图 8-34 所示标注的大多数尺寸都是经过量取后换算而来的。

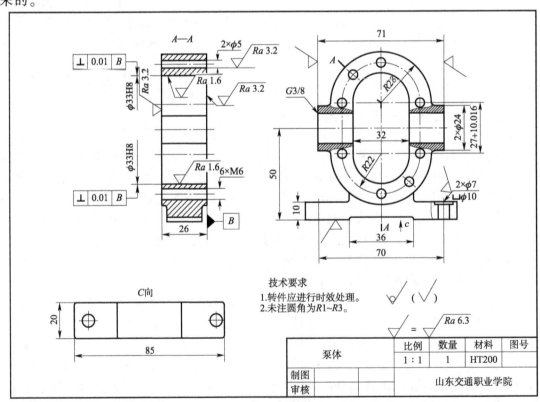

图 8-34 泵体零件图

经过上述四方面工作,可以配齐拆画的零件图的尺寸。标注尺寸时要恰当选择尺寸基准和标注形式,与相关零件的配合尺寸、相对位置尺寸应协调一致,避免发生矛盾,重要尺寸应准确无误。

2.5　确定零件图上的技术要求

技术要求包括数字和文字两种,应根据零件的作用,在可能的条件下结合设计要求,查阅有关手册或参阅同类及相近产品的零件图来确定拆画零件图上的表面结构、极限与配合、几何公差等技术要求。

2.6　填写标题栏

按有关要求填写标题栏。

完成上述步骤,即可完成泵体零件图,如图 8-34 所示。

任务 8　装配体测绘

1 任务引入

在生产实践中,对原有机器设备进行仿造、维修和技术改造时,常常需要对机器或部件的一部分或全部进行测绘,以便得到有关技术资料,称为装配体测绘,其过程大致可按顺序分为:了解分析被测绘装配体的工作原理和结构;拆卸装配体部件;画装配示意图;测绘非标准件并画草图;画部件装配图;画零件图等六个步骤。其中,由零件草图画装配图和由装配图画零件图与任务一、任务二讲述的方法步骤是相同的,因此,任务 8 重点说明前面四个步骤。

2 相关理论知识

2.1　了解分析被测绘装配体的工作原理和结构

测绘前,首先对实物进行观察,对照说明书或其他有关资料作一些调查研究,初步了解机器或部件的名称、用途、工作原理、传动系统和运转情况,了解各部件及零件的构造及其在装配体中相互位置与作用。

2.2　了解分析被测绘装配体的工作原理和结构

拆卸装配体部件时应注意以下几点:

(1)测量必要的数据。拆卸前应先测量一些必要的数据,如某些零件的相对位置尺寸、运动件极限位置等,以作为测绘中校核图样的参考。

(2)拆卸零件。制订拆卸顺序,对配合精度较高的部件或者过盈配合,应尽量少拆或不拆,以免降低精度或损坏零件。选用适当的拆卸工具和正确的拆卸方法,忌乱敲乱打和划伤零件。

(3)编号登记。为了避免零件的丢失和产生混乱,对拆下的零件要分类、分组,并对所有零件进行编号登记,挂上标签,有顺序地放置,防止碰伤、变形,以便在再装配时仍能保证部件的性能要求。

拆卸的同时也是对零件的作用、结构特点和零件间的装配关系、配合性质加深认识的过程。

2.3 画装配示意图

装配示意图是指在拆卸过程中,通过目测,徒手用简单的线条示意性地画出部件或机器的图样,用它来记录、表达机器或部件的结构、装配关系、工作原理和传动路线等。装配示意图可供重新装配机器或部件和画装配图时参考。

装配示意图应按国家标准 GB/T 4460—2013 中所规定的符号绘制。图 8-35 所示为齿轮泵的装配示意图。装配示意图可不对零件进行编号和列明细栏,但应以指引线方式说明零件的名称和个数,对标准件应注明国家标准代号,如图 8-35 所示。

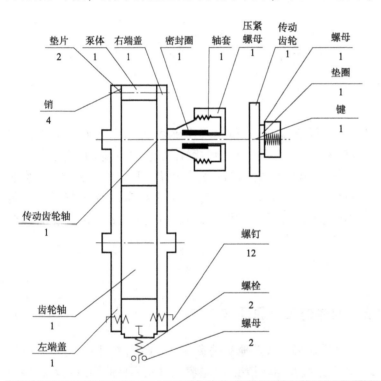

销GB/T 119.1 5m6×18
垫圈GB/T 93 12
螺母GB/T 6170 M12
GB/T 1096 键5×5×10
螺钉GB/T 70.1 M6×16
螺栓GB/T 5782 M6×30
螺母GB/T 6170 M6

图 8-35　齿轮泵装配示意图

2.4 测绘零件,画零件草图

零件的测绘是根据实际零件画出草图,测量出它的尺寸和确定技术要求,最后画出零件的工作图(只画出非标准件,测绘作图方法同项目七的任务 6)。零件草图是凭目测,根据大致比例,徒手绘制的图样,并非潦草之图。零件草图的内容及要求与零件工作图相同,是绘制装配图和零件图的依据。因此,测绘装配体零件草图时,应做到正确、清晰、完整地表达零件结构,并且图面整洁、线型分明、尺寸齐全,还应注明零件的序号、名称、数量、材料及技术要求等。如图 8-36 ~ 图 8-40 所示为齿轮泵的非标准件草图。

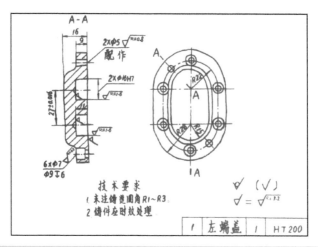

图 8-36　左端盖草图

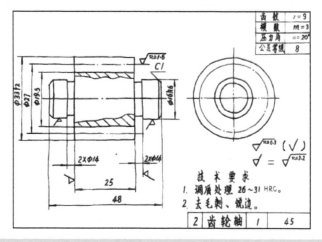

图 8-37　齿轮轴草图

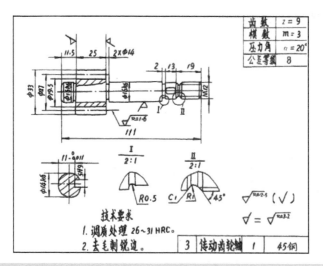

图 8-38　传动齿轮轴草图

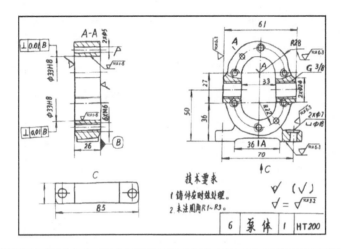

图 8-39　泵体草图

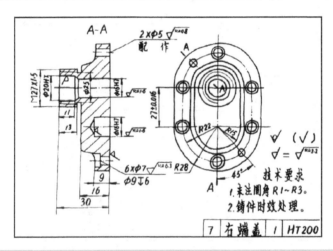

图 8-40　右端盖草图

2.5　画零件工作图

零件草图绘制完成后,经过校核、整理,再依次绘制成零件工作图。

2.5.1　校核零件草图

校核的内容是:

(1)表达方案是否正确、完整、清晰。

(2)尺寸标注是否做到了正确、完整、清晰和合理。

(3)技术要求的确定是否满足零件的性能和使用要求,且经济上较为合理。

校核后,该修改的修改,该补充的补充,确定没有问题后,就可根据零件草图绘制零件工作图。

2.5.2　绘制零件工作图

由测绘草图绘制零件工作图的方法步骤与绘制零件草图的步骤相同。如图 8-41 所示是根据测绘的左端盖草图(图 8-36)绘制的零件图。

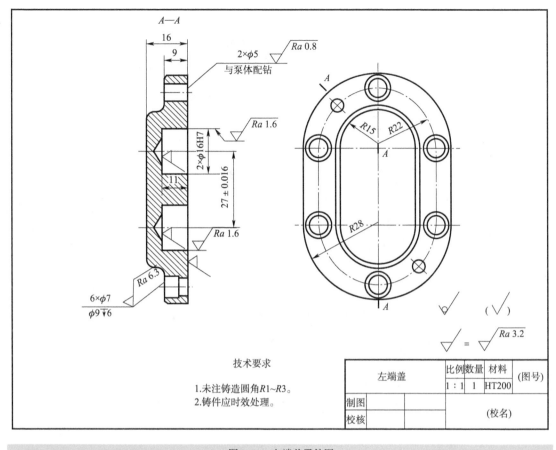

图 8-41　左端盖零件图

 复习与思考题

一、填空题

1. 装配图的内容有_____、_____、_____、_____。

2. 装配图主视图的选择原则是_____、_____。

3. 装配图标注的尺寸有_____、_____、_____、_____。

4. 装配图的规定画法_____、_____、_____。

5. 装配图的特殊画法_____、_____、_____、_____、

_____。

二、简答题

1. 装配图的技术要求通常包括哪几个方面的内容?

2. 装配图最常见的装配工艺结构有哪些?

三、读装配图

1. 读钻模夹具装配图并回答问题(图 8-42)。

(1)钻模夹具工作原理。

钻模是一种专用夹具,用来定位和夹紧工件,以便钻孔,被加工零件放在 V 形块上,并靠在定位支承上,再放上支承板,然后用手转动。

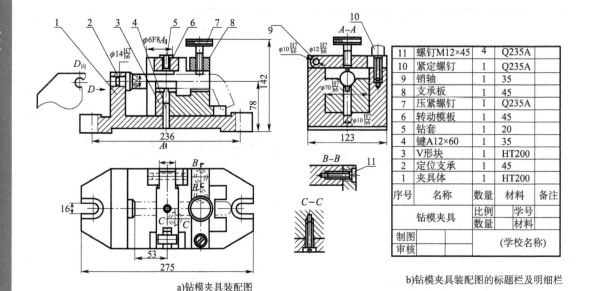

11	螺钉M12×45	4	Q235A	
10	紧定螺钉	1	Q235A	
9	销轴	1	35	
8	支承板	1	45	
7	压紧螺钉	1	Q235A	
6	转动模板	1	45	
5	钻套	1	20	
4	键A12×60	1	35	
3	V形块	1	HT200	
2	定位支承	1	45	
1	夹具体	1	HT200	
序号	名称	数量	材料	备注

钻模夹具		比例		学号
		数量		材料
制图			(学校名称)	
审核				

a)钻模夹具装配图 b)钻模夹具装配图的标题栏及明细栏

图8-42 钻模夹具装配图

压紧螺钉,卡住被加工零件,最后旋紧紧定螺钉,将被加工零件压紧,钻头沿着钻套下降,即可在被加工零件上钻出通孔。

(2)读钻模夹具装配图并回答下列问题。

①B—B、C—C剖视图表达目的是_____,D向视图是为了表达_____。

②件3与件1采用连接方式_____。

③件7的名称为_____,作用是_____。

④主视图中78为_____尺寸,左视图中$\phi10\frac{G7}{H6}$为_____尺寸。

⑤装配尺寸有_____,总体尺寸有_____。

⑥画出零件1的外形图。

2.读拆卸器装配图并回答问题(图8-43)。

(1)拆卸器工作原理。

拆卸器用来拆卸紧密配合的两个零件。工作时,把压紧垫8触至轴端,使抓子7勾住轴上要拆卸的轴承或套,顺时针转动把手2,使压紧螺杆1转动,由于螺纹的作用,横梁5此时沿螺杆1上升,通过横梁两端的销轴,带着两个抓子7上升,直至将零件从轴上拆下。

(2)回答下列问题。

①该拆卸器是由_____种共_____个零件组成。

②主视图采用了_____剖和_____剖,剖切平面与俯视图中_____的重合,故省略了标注,俯视图采用了_____剖。

③图中双点画线表示_____,系_____画法。

④图中件2系_____画法。

⑤图中有_____个10×60的销,其中10表示_____,60表示_____。

⑥S$\phi14$表示_____形的结构。

⑦件4的作用是_____。

214

⑧拆画零件1和零件5的零件图。

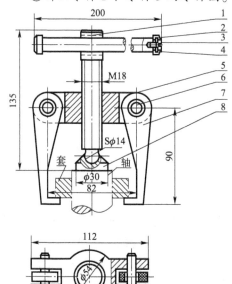

8	压紧垫	1	45	
7	抓子	2	45	
6	销10×60	2		GB/T 119.1—2000
5	横梁	1	Q235-A	
4	挡圈	1	Q235-A	
3	沉头螺钉M5×8	1		GB/T 68—2000
2	把手	1	Q235-A	
1	压紧螺杆	1	45	
序号	名称	数量	材料	备注

拆卸工具	比例		共 张	
	质量		第 张	

制图	(姓名)	(日期)	
设计			
审核			

M18

S\phi 14

套   轴

\phi 30

82

200

135

90

112

\phi 54

\phi 10 \dfrac{H8}{K7}

拆去件2、3、4

a)钻模夹具装配图

b)钻模夹具装配图的标题栏及明细栏

图 8-43 钻模夹具装配图

项目 9

AutoCAD2020 基础

概　　述

AutoCAD(Auto Computer Aided Design,计算机辅助设计)是由美国 Autodesk 公司于20 世纪 80 年代初为计算机上应用 CAD 技术而开发的一种通用计算机辅助设计绘图程序软件包,它的功能强大,操作快捷,是国际上最流行的绘图工具。AutoCAD 应用范围遍及各个工程领域,如机械、建筑、造船、航空航天、土木和电气等。AutoCAD2020 是 Auto-CAD 的最新版本,在界面设计、三维建模和渲染等方面的功能更加强大,可以帮助用户更好地从事图形设计。

本章主要介绍 AutoCAD2020 的操作界面和基本操作要点等内容,通过学习这些内容,能对 AutoCAD 有一个较为全面的认识。

任务 1　AutoCAD2020 认识

❶ 任务引入

AutoCAD2020 的功能强大,是工程技术人员必须掌握的绘图软件之一。这部分主要熟悉AutoCAD2020 的操作界面,学习新建、打开、保存和关闭图形文件的操作。

❷ 相关理论知识

2.1　熟悉 AutoCAD2020 的操作界面及功能

安装好 AutoCAD2020 软件后,双击桌面上的"AutoCAD2020—简体中文(Simplified Chinese)"图标,或选择"开始"|"所有程序"|"autodesk"|"AutoCAD2020—简体中文(Simplified Chinese)"|"AutoCAD2020—简体中文(Simplified Chinese)"菜单,即可启动 Auto-CAD2020 程序。

2.1.1　AutoCAD2020 的初始界面

启动 AutoCAD2020 软件后,将弹出 AutoCAD2020 的初始界面,如图 9-1 所示。该初始界面包含了一个"开始"选项卡,主要提供"快速入门""最近使用的文档""通知""连接"等方面的内容。

(1)"快速入门"选项组:在此选项组中可以执行"开始绘制""打开文件""打开图纸集"

"联机获取更多样板"和"了解样例图形"等操作命令。

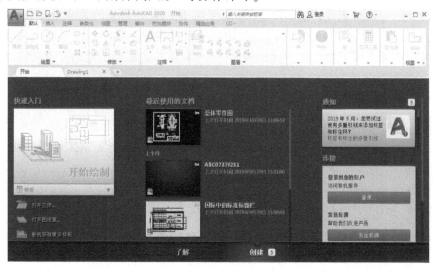

图 9-1　AutoCAD2020 的初始界面

（2）"最近使用的文档"列表：列出了最近使用过的文档，单击某一文档可快速打开该文档。

（3）"通知"区：显示与产品更新、硬件加速、试用期相关的所有通知，以及脱机帮助文件信息。

（4）"连接"区：可登录到 A360 访问联机服务，可以发送反馈以帮助改进产品等。

2.1.2　AutoCAD2020 的操作界面及功能

在 AutoCAD2020 初始界面的"快速入门"选项组中单击"快速绘制"选项，系统会自动创建一个名称为"Drawing1.dwg"的图形文件并显示如图 9-2 所示的操作界面，它主要由"应用程序"按钮、快速访问工具栏、标题栏、功能区、绘图区、ViewCube 工具、导航栏、命令行和状态栏等几部分组成。

图 9-2　AutoCAD2020 的操作界面

（1）"应用程序"按钮：如图9-3所示，单击该按钮将打开"应用程序"下拉菜单，利用该菜单中的相应选项，可进行新建、打开、保存、输出和打印文件，以及查找命令等操作。

（2）"快速访问工具栏"：如图9-4所示，用于放置一些使用频率较高的命令按钮。单击其右侧的 ▾ 按钮，在弹出的下拉列表中选择所需命令，可在该工具栏中添加或删除按钮。

| 图9-3 "应用程序"按钮 | 图9-4 "快速访问工具栏" |

（3）"标题栏"：如图9-5所示，用于显示当前正在运行的程序名及文件名。此外，单击标题栏最右端的 _ □ × 按钮，可以最小化、最大化或关闭程序窗口。

Autodesk AutoCAD 2020　Drawing1.dwg　　▸ 键入关键字或短语　　🔍 & 登录　　▾ 🛒 ♡▾ ⑦▾　　_ □ ×

图9-5 "标题栏"

🔍 为"搜索"按钮，在其编辑框中输入需要帮助的问题，单击此按钮可获得相关的帮助；

⑦ 为"单击此处访问帮助"按钮，单击可打开 AutoCAD 的帮助窗口。

（4）"功能区"：AutoCAD2020 将大部分命令以按钮的形式分类组织在功能区的不同选项卡中，如"默认"选项卡、"插入"选项卡等。单击某个选项卡标签，可切换到该选项卡。在每一个选项卡中，命令按钮又被分类放置在不同的面板中，如图9-6所示。

图9-6 "功能区"

"功能区"的各选项区分别介绍如下：

①"菜单栏"：菜单栏位于界面上部标题栏下面，共有12个，选择其中一个菜单命令，则会弹出一个下拉菜单，这些菜单几乎包含了 AutoCAD 的所有命令，用户可从中选择相应的命令进行操作。

②"选项卡"：如图9-7所示，单击不同的选项卡，显示不同功能的命令按钮。其中 ▣▾ 按钮，单击可以最小化选项卡中的各面板，再次单击该按钮，可以隐藏各选项卡，第三次单击该按钮，可使功能区恢复原状。

默认　插入　注释　参数化　视图　管理　输出　附加模块　协作　精选应用　▣▾

图9-7 "选项卡"

③"隐藏符号"：如果某个面板下方有三角符号 ▾ 按钮，表示该面板中还隐藏着其他选项，单击该按钮可展开面板，从而显示隐藏的选项。此外，展开面板后可单击其左下角的 📌 按钮，使面板保持展开状态。

④"绘图区"：绘图区是用户绘图的工作区域，类似于手工绘图时的图纸，但是 AutoCAD 的绘图区是无限大的，用户可在其中绘图任意尺寸的图形。绘图区除了显示图形外，通常还会显示坐标系和十字光标等。

⑤"命令行"：命令行位于绘图区的底部，用于输入命令的名称及参数，并显示当前所执行命令的提示信息。例如，在命令行中输入"line"或"LINE"并按【Enter】键，此时命令行将提示

指定直线的第一个点,如图 9-8 所示。

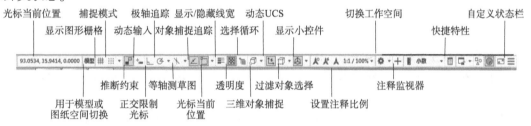

图 9-8 "命令行"

在命令行中输入命令的名称、参数或相关选项后,都必须按空格键或【Enter】键进行确认。否则,所输入的命令或参数无效。但是,若通过单击工具按钮或选择菜单来执行命令,则无需再按空格键或【Enter】键。使用 AutoCAD 绘图时,无论采用什么命令输入方式(选择菜单、单击功能区中的按钮或在命令行中输入命令的英文名称),都应密切关注命令行的提示信息,从而可以按照命令行提示逐步完成操作。此外,通过按快捷键【Ctrl + 9】,可以控制是否显示命令行。

⑥"状态栏":状态栏位于 AutoCAD 操作界面的最下方,主要用于显示和控制 AutoCAD 的工作状态,如当前十字光标的坐标值,各模式的状态和相关图形状态等。用户可对状态栏显示的内容进行自定义,其方法是单击状态栏最右端的"自定义"按钮☰,在弹出的列表中选择要显示或隐藏的工具对象(带有✔符号的工具对象表示已在状态栏中显示的工具或状态内容)。

图 9-9 所示,为经过自定义的状态栏,状态栏左侧的一组即时数字反映了当前十字光标在绘图区中的位置坐标,紧接着坐标区的是一组模式按钮,用户提供单击按钮的方式打开或关闭相应的功能,用户可将鼠标指针停留在相应的按钮上,通过出现的提示了解该工具按钮的功能和开关状态。

图 9-9 "状态栏"

2.2 管理图形文件

使用任何软件进行设计工作,文件管理是一个很重要的部分。AutoCAD2020 图形文件管理功能主要包括新建图形文件、打印图形文件、保存图形文件以及输入和输出图形文件等。下面分别进行介绍。

2.2.1 新建图形文件

绘制图形前,首先应该创建一个新文件。在 AutoCAD2020中,创建一个新文件有 7 种方法。

(1)启动 AutoCAD2020 后,单击 AutoCAD2020 初始界面(图 9-1)中的"开始绘制"选项,系统会自动创建一个名称为"Drawing1.dwg"的图形文件。

(2)按钮△:单击三角,在弹出的"应用程序"下拉菜单中选择"新建"菜单项,如图 9-10 所示。

(3)快速访问工具栏:单击"快速访问工具栏"中的"新建"

图 9-10 选择"新建"选项

按钮□。

（4）菜单命令：依次选择"文件"｜"新建"命令。

（5）工具栏：依次点击"菜单栏"｜"工具"命令｜"工具栏"｜"AutoCAD"下拉菜单｜"标准"显示工具栏中的"新建"按钮□。

（6）命令行：输入 QNEW。

（7）快捷键：Ctrl + N 组合键。

2.2.2　打开图形文件

打开文件的方法有如下 7 种。

（1）启动 AutoCAD2020 后，单击 AutoCAD2020 初始界面（图9-1）中的"快速入门"选项中，单击"打开文件"。

（2）按钮▲：单击三角，在弹出的"应用程序"下拉菜单中选择"打开"菜单项，如图 9-10 所示。

（3）快速访问工具栏：单击"快速访问工具栏"中的"打开"按钮▷。

（4）工具栏：依次点击"菜单栏"｜"工具"命令｜"工具栏"｜"AutoCAD"下拉菜单｜"标准"显示工具栏中的"新建"按钮▷。

（5）菜单命令：依次选择"文件"｜"打开"命令。

（6）命令行：输入 OPEN。

（7）快捷键：Ctrl + O 组合键。

2.2.3　保存图形文件

保存文件的方法有如下 4 种。

（1）按钮▲：单击三角，在弹出的"应用程序"下拉菜单中选择"保存"菜单项，如图 9-10 所示。

（2）快速访问工具栏：单击"快速访问工具栏"中的"保存"按钮◳。

（3）工具栏：依次点击"菜单栏"｜"工具"命令｜"工具栏"｜"AutoCAD"下拉菜单｜"标准"显示工具栏中的"新建"按钮▷。

（4）菜单命令：依次选择"文件"｜"保存"命令。

（5）命令行：输入 QSAVE。

（6）快捷键：Ctrl + S 组合键。

2.3　绘制环境基本设置

用户通常都是在系统默认的环境下工作的。用户安装好 AutoCAD 后，就可以在其默认的设置下绘制图形，但是有时为了使用特殊的定点设备、打印机或为了提高绘图效率，需要在绘制图形前先对系统参数、绘图环境等做必要的设置。

2.3.1　设置绘图界限

绘图界限是在绘图空间中的一个假想的矩形绘图区域，显示为可见栅格指示的区域。当打开图形界限边界检查功能时，一旦绘制的图形超出了绘图界限，系统将发出提示，国家机械制图标准对图纸幅面和图框格式也有相应的规定。一般来说，如果用户不做任何设置，Auto-CAD 系统对作图范围没有限制。用户可以将绘图区看作一幅无穷大的图纸，但所绘图形的大小是有限的。为了更好地绘图，都需要设定作图的有效区域。可以使用以下两种方式设置绘图极限：

（1）菜单命令：依次选择"格式"｜"图形界限"。

（2）命令行：输入 LIMITS。

执行上述操作后，命令行提示如下：

命令：LIMITS

重新设置模型空间界限：   //设置模型空间极限

指定左下角点或[开(ON)/关(OFF)] <0.0000,0.0000>：//指定模型空间左下角坐标

此时，输入 ON 打开界限检查，如果所绘图形超出了图形界限，系统不绘制出此图形并给出提示信息，从而保证了绘图的正确性。输入 OFF 关闭界限检查，可以直接输入左下角点坐标后按【Enter】键，也可以直接按【Enter】键设置左下角点坐标为 <0.0000,0.0000>。按【Enter】键后，命令行提示：

指定右上角点 <420.0000,297.0000>：

此时，可以直接输入右上角点坐标，然后按【Enter】键，也可以直接按【Enter】键设置右上角点坐标为 <420.0000,297.0000>。最后按【Enter】键完成绘图界限设置。

2.3.2 设置绘图单位

绘图前，一般要先设置绘图单位，比如绘图比例设置为1:1，则所有图形都将以实际大小来绘制。绘图单位的设置主要包括设置长度和角度的类型、精度以及角度的起始方向。

可以使用以下两种方式设置绘图单位：

①菜单命令：依次选择"格式"｜"单位"命令。

②命令行：在命令行中输入 DDUNITS 命令。

执行上述操作后弹出如图9-11所示的"图形单位"对话框，在该对话框中可以对图形单位进行设置。在对话框中可以设置以下项目。

（1）长度。

①"类型"下拉列表框：用于设置长度单位的格式类型。可以选择"小数""分数""工程""建筑"和"科学"等5个长度单位类型选项。

②"精度"下拉列表框：用于设置长度单位的显示精度，即小数点的位数，最大可以精确到小数点后8位数，默认为小数点后4位数。

（2）角度。

在"角度"选项组中的"类型"下拉列表框用于设置角度单位的格式类型，各选项的功能如下：

①"类型"下拉列表框：用于设置角度单位的格式类型。可以选择"十进制数""百分度""弧度""勘测单位"和"度/分/秒"5个角度单位类型选项。

②"精度"下拉列表框：用于设置角度单位的显示精度，默认值为0。

③"顺时针"复选框：该复选框用来指定角度的正方向。选择"顺时针"复选框则以顺时针方向为正方向，不选中此复选框则以逆时针方向为正方向。默认情况下，不选中此复选框。

（3）插入比例。

用于缩放插入内容的单位，单击下拉列表右边的下拉按钮，可以从下拉列表框中选择所拖放图形的单位，如毫米、英寸、码、厘米、米等。

（4）方向。

单击"方向"按钮，弹出如图9-12所示的"方向控制"对话框，在对话框中可以设置基准角

度(B)方向。在 AutoCAD 的默认设置中,B 方向是指向右(亦即正东)的方向,逆时针方向为角度增加的正方向。

图 9-11 "图形界限"对话框

图 9-12 "方向控制"对话框

(5)光源。

"光源"选项组用于设置当前图形中光度控制光源强度的测量单位,下拉列表中提供了"国际""美国"和"常规"3 种测量单位。

2.4 图形初步编辑

在图形文件建立之后,就可以进行正常的绘图了。在绘图的过程中,必须掌握图形的一些基本编辑方式。如图形的选择、删除、恢复,命令的放弃和重做等。本节将介绍这些知识。

2.4.1 图形对象的选择方式

在 AutoCAD 中,用户可以先输入命令,后选择要编辑的对象;也可以先选择对象,然后进行编辑,这两种方法用户可以结合自己的习惯和命令要求灵活使用。为了编辑方便,将一些对象组成一组,这些对象可以是一个,也可以是多个,称之为选择集。用户在进行复制、粘贴等编辑操作时,都需要选择对象,也就是构造选择集。建立了一个选择集以后,可以将这一组对象作为一个整体进行操作。需要选择对象时,在命令行有提示,比如"选择对象:"。根据命令的要求,用户选取线段、圆弧等对象,以进行后面的操作。

下面介绍构造选择集的 3 种方式:单击对象直接选择、窗口选择和交叉窗口选择。

(1)单击对象直接选择。

当命令行提示"选择对象:"时,绘图区出现拾取框光标,将光标移动到某个图形对象上,单击,则可以选择与光标有公共点的图形对象,被选中的对象呈高亮显示。单击对象直接选择方式适合构造选择集的对象较少的情况,如图 9-13 所示。

(2)窗选或窗交选择。

当需要选择的对象较多时,可以使用窗选或窗交的选择方式。窗选是指自左向右拖出窗口,此时完全包含在选择区域内的对象均会被选中,具体操作如图 9-14 所示;窗交是指自右向左拖出选择窗口,此时所有完全包含在选择区域中,以及所有与选择区域相交的对象均会被选中,具体操作如图 9-15 所示。

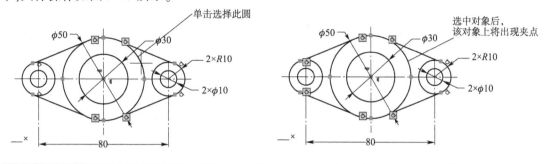

图 9-13　通过单击选择对象

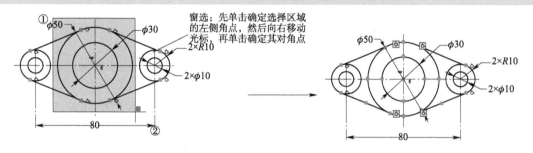

图 9-14　利用窗选方法选择对象

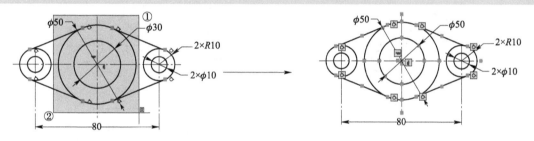

图 9-15　利用窗交方法选择对象

(3)使用窗口多边形选择。

在绘图区某一适当的位置单击确定多边形的起点,此时命令行中提示"指定对角点或[栏选(F)圈围(WP)圈交(CP)]"在命令行中输入"WP",并按【Enter】键启用窗口多边形选择模式,接着单击几个点,这些点定义了一个多边形区域,按【Enter】键闭合多边形区域并完成选择,完成包含在多边形区域内的对象被选中,如图 9-16 所示。

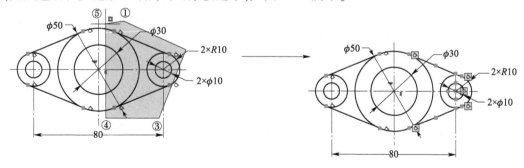

图 9-16　使用窗口多边形方法选择对象

（4）使用交叉多边形选择。

在绘图区某一适当的位置单击确定多边形的起点,此时命令行中提示"指定对角点或[栏选(F)圈围(WP)圈交(CP)]",在命令行中输入"CP",并按【Enter】键启用交叉多边形选择模式,接着单击几个点,这些点定义了一个多边形区域,按【Enter】键闭合多边形区域并完成选择,则与多边形相交或完成包含在多边形区域内的对象均会被选中,如图9-17所示。

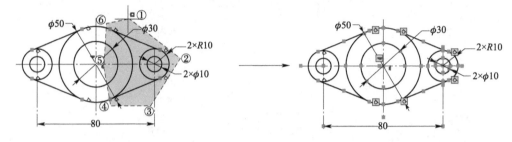

图9-17　使用交叉多边形方法选择对象

（5）栏选。

在绘图区某一适当的位置单击确定一点,此时命令行中提示"指定对角点或[栏选(F)圈围(WP)圈交(CP)]",在命令行中输入"F",并按【Enter】键启用栏选模式,接着单击几个点后按【Enter】键,则与这些点的连线相交的对象均会被选中,如图9-18所示。

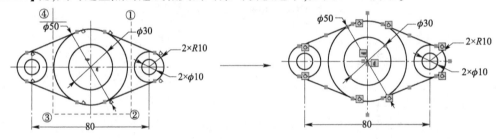

图9-18　栏选

（6）套索选择。

在绘图区按住鼠标左键拖动,拖出一个不规则的选择框,此时可按空格键在"窗口""栏选"和"窗交"这几种套索方式之间循环切换,释放鼠标左键,可按照选定的套索方式选择所需的图形对象。

（7）快速选择法。

在AutoCAD2020中,选择具有某些共同特性的对象时,可以使用"快速选择"方式,根据对象的颜色、图层、线型和线宽等特性和类型来创建选择集。其方法为:在"默认"选项卡的"实用工具"面板中单击"快速选择"按钮 ,打开"快速选择"对话框,在该对话框中进行所需的设置,然后单击"确定"按钮,符合条件的对象将被选中。图9-19为选中素材中颜色为"ByLayer"的圆。

2.4.2　图形的删除和恢复

在实际绘图的过程中,经常会出现一些失误或错误,这时就需要对图形做一些删除。有时会进行一些误删除,这时需要对图形进行恢复。在AutoCAD2020中,图形的删除和恢复方便且简单。

（1）从图形中删除对象。可以使用以下5种方法:

①使用 ERASE 命令删除对象,此时鼠标指针变成拾取小方框,移动该拾取框,依次单击要删除的对象,这些对象将以虚线显示,最后按【Enter】键或右击,即可删除选中的对象。

②选择对象,然后使用 Ctrl + X 组合键将它们剪切到剪贴板。

③选择对象,然后按【Delete】键。

④选择对象,在面板上单击按钮删除对象。

⑤选择对象,在菜单栏上依次选择"编辑"|"清除"命令删除对象。

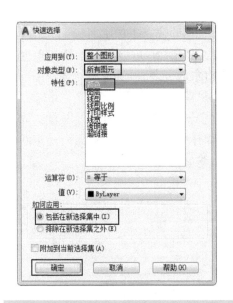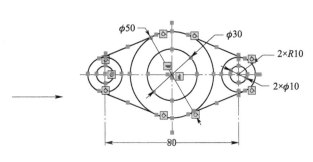

图 9-19 选中颜色为"ByLayer"的圆

(2)从图形中恢复对象。可以使用以下 4 种方式恢复操作:

①使用 AutoCAD 提供的 OOPS 命令将误删除的图形对象进行恢复,但此命令只能恢复最上一次删除的对象。

②使用 UNDO 命令来恢复误删的图形对象。

③选择"编辑"|"放弃"命令,来恢复误删的图形对象。

④使用工具栏按钮来恢复操作。

2.4.3 命令的放弃和重做

在 AutoCAD 绘图过程中,对于某些命令需要将其放弃或者重做。

(1)命令的放弃。

在菜单栏中选择"编辑"|"放弃"选项;或者单击"快速访问工具栏"中的"放弃"按钮；或者在绘图区中右击,在弹出的快捷菜单中选择"放弃"命令,或者在命令输入窗口输入 UNDO 命令后按【Enter】键,均可执行"放弃"命令。

(2)命令的重做。

已被撤销的命令还可以恢复重做。调用"重做"命令的方法如下:

①单击菜单栏中的"编辑"|"重做"命令。

②单击"编辑"工具栏中的"重做"按钮。

③绘图区中单击鼠标右键,选择"重做"命令。

④在命令输入窗口输入 MREDO 命令后按【Enter】键。

2.5　图形的显示控制

视图操作是 AutoCAD 三维制图的基础,视图决定了图形在绘图区的视觉形状和其他特征,通过视图操作,用户可以通过各种手段来观察图形对象。

2.5.1　图形的重画和重生成

在 AutoCAD 中,"重画""重生成"和"全部重生成"命令可以控制视口的刷新以重画和重生成图形,从而优化图形。这 3 种方式的执行方法如下:

(1)选择"视图"|"重画"命令,可以刷新显示所有视口,清除屏幕上的临时标记。

(2)选择"视图"|"重生成"命令,或者在命令行中输入 REGEN,可以从当前视口重生成整个图形,在当前视口中重生成整个图形并重新计算所有对象的屏幕坐标,还重新创建图形数据库索引,从而优化显示和对象选择的性能,更新的是当前视口。

(3)选择"视图"|"全部重生成"命令,或者在命令行中输入 REGENALL,可以重生成图形并刷新所有视口,在所有视口中重生成整个图形并重新计算所有对象的屏幕坐标,还重新创建图形数据库索引,从而优化显示和对象选择的性能,更新的是所有视口。

2.5.2　图形的缩放与平移

(1)滚动鼠标滚轮可缩放视图,如图 9-20a)缩成图 9-20b);按住鼠标滚轮并拖动可平移视图。

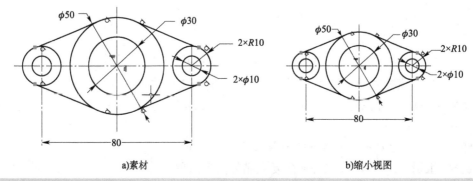

a)素材　　　　　　　　　　　　　　b)缩小视图

图 9-20　图形缩放

图 9-21　子菜单缩放视图下拉列表

(2)在导航栏中单击"平移"按钮,可进入实时平移状态,此时光标变为形状,按住鼠标左键并拖动可以平移视图,按【Esc】键或【Enter】键,可以退出实时平移状态。

(3)选择"视图"|"缩放"命令,在弹出的子菜单中选择合适的命令,如图 9-21 所示的"缩放"下拉列表选择合适的按钮;或者在命令行中输入 ZOOM 命令,都可以执行相应的视图缩放操作。在命令行中输入 ZOOM 命令,如图 9-22 所示。

(4)在 AutoCAD2020 操作界面右侧的导航栏中单击"范围缩放"按钮下方的三角符号,在弹出的下拉列表(图 9-23)中选择相应的选项,可对视图进行多种形式的缩放,其中重要选项的意义如下。

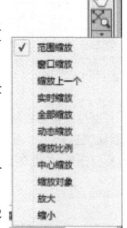

图 9-22　输入 zoom 命令后的显示状态

①范围缩放(E)：选择该选项，在绘图窗口中最大化显示全部图形内容。

②窗口缩放(W)：选择该选项，然后在绘图区拖出一个窗口，选择窗口内的图形将被放大到充满整个绘图区。

③实时缩放：选择该选项，光标将呈 形状，此时按住鼠标左键向上拖动光标可放大图形，反向拖动为缩小图形，按【Esc】键或【Enter】键，可以退出实时缩放状态。

④全部缩放(A)：选择该选项，在绘图区最大化显示图形界限或全部图形(其中较大者)。

⑤缩放对象(O)：选择该选项，在绘图区最大化显示所选图形对象。

⑥上一个(P)：选择该选项，在绘图区中可恢复到上一个窗口画面。

⑦比例(S)：选择该选项，在命令行提示下，进行比例缩放有 3 种方法，分别介绍如下。

图 9-23　导航栏缩放视图下拉列表

a. 相对当前视图：在输入的比例值后输入 X，例如输入 2X 就会以 2 倍尺寸显示当前视图。

b. 相对图形界限：直接输入一个不带后缀的比例因子作为缩放比例，并适用于整个图形，例如输入 2 就可以把原来的图形放大 2 倍显示。

c. 相对图纸空间单位：该方法适用于在布局工作中输入别的比例值后加上 XP，它指定了相对于当前图纸空间按比例缩放视图，并可以用来在打印前缩放视口。

2.6　图层创建与管理

为了方便管理图形，AutoCAD 中提供了图层工具。图层相当于一层"透明纸"，可以在上面绘制图形，将纸一层层重叠起来构成最终的图形。在 AutoCAD 中，图层的功能和用途要比"透明纸"强大得多，用户可以根据需要创建很多图层，将相关的图形对象放在同一层上，以此来管理图形对象。

图层是组织图形的有效手段。绘图时，一般将属性相同或用途相同的图线置于同一图层。例如，将轮廓线置于一个图层中，将中心线置于另一个图层中。以后只要调整某一图层的属性，位于该图层上的所有图形的属性都会自动修改。此外，在绘制一些复杂图形时，为了方便绘图，我们还可以通过暂时隐藏或冻结图层来隐藏或冻结该层上的所有对象。

2.6.1　新建并设置图层

默认情况下，AutoCAD 会自动创建一个图层——图层 0，该图层不可重命名，用户可以根据需要来创建新的图层，然后再更改其图层名。创建图层的方法如下。

选择"格式"｜"图层"命令，或者在命令行中执行 LAYER 命令，或者单击"图层"工具栏中的"图层特性管理器"按钮，此时弹出"图层特性管理器"选项板，如图 9-24 所示，用户可以在此对话框中进行图层的基本操作和管理。在"图层特性管理器"选项板中，单击"新建图层"按钮，即可添加一个新的图层，如图 9-24 所示，可以在文本框中输入新的图层名。

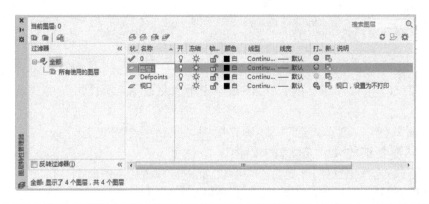

图 9-24　"图层特性管理器"选项板

2.6.2　控制图层状态

通过调整图层状态可以隐藏或冻结位于图层上的图形对象。要调整图层状态,可展开"默认"选项卡中"图层"面板的"图层"下拉列表框,然后根据需要单击要调整的图层名称前的相应图标,如图 9-25 所示。

图 9-25　使用图层下拉列表框控制图层状态

这些图标的具体功能如下:

(1)开/关图层:单击 💡 图标可打开或关闭图层。当图层处于打开状态时,该图层上的所有内容都是可见和可编辑的;当图层处于关闭状态时,该图层上所有内容是不可见和不可编辑的,同时也是不可打印的。

(2)在所有视口中冻结/解冻:单击 ❄ 或 ☀ 图标可以冻结或解冻该图层。冻结图层后,该图层上的所有图形均不可见、不可编辑和不可打印。解冻图层后,该图层上的内容将重新生成,且可见、可编辑和可打印。

(3)锁定/解锁图层:单击 🔓 或 🔒 图标可以锁定或解锁某一图层。锁定图层时,该图层上的图形对象均可见且可打印,但不可编辑。

2.7　通过状态栏辅助绘图

在绘图中,利用状态栏提供的辅助功能可以极大地提高绘图效率。下面介绍如何通过状态栏辅助绘图。

2.7.1　设置捕捉、栅格

捕捉和栅格是绘图中最常用的两个辅助工具,可以结合使用,栅格是经常被捕捉的一个对象。下面对捕捉和栅格进行介绍。

(1)栅格。

栅格是在所设绘图范围内,显示出按指定行间距。

①单击状态栏上的"显示图形栅格"按钮⊞,该按钮按下启动栅格功能,弹起则关闭该功能。

②按 F7 键。按 F 键后,"栅格"按钮会被按下或弹起。

栅格是按照设置的间距显示在图形区域中的点,它能提供直观的距离和位置的参照,类似于坐标纸中的方格的作用,栅格只在图形界限以内显示。栅格和捕捉这两个辅助绘图工具之间有着很多联系,尤其是两者间距的设置。有时为了方便绘图,可将栅格间距设置为与捕捉间距相同,或者使栅格间距为捕捉间距的倍数。

(2)捕捉。

捕捉是指 AutoCAD 生成隐含分布在屏幕上的栅格点,当鼠标移动时,这些栅格点就像有磁性一样能够捕捉光标,使光标精确落到栅格点上。可以利用栅格捕捉功能,使光标按指定的步距精确移动。可以通过以下方法使用捕捉:

①单击状态栏上的"捕捉模式"按钮,该按钮按下启动捕捉功能,弹起则关闭该功能。

②按 F9 键。按 F9 键后,"捕捉"按钮会被按下或弹起。

③在状态栏的"捕捉模式"按钮的三角符号,如图 9-26 所示,单击"捕捉设置",即弹出"草图设置"对话框,如图 9-27 所示,当前显示的是"捕捉和栅格"选项卡,在该对话框中可以进行设置。

图 9-26 "捕捉模式"列表

2.7.2 正交与极轴追踪

正交与极轴追踪是 AutoCAD 的两项重要功能,主要用于控制绘图时光标移到的方向。其中,利用正交功能可以控制绘图时光标只沿水平或垂直(分别平行于当前坐标系的 X 轴与 Y 轴)方向移动;利用极轴追踪功能可控制光标沿由极轴增量角定义的极轴方向移到常用来绘制指定角度的斜线。

单击状态栏中的"正交"按钮与"极轴追踪"按钮,可分别开启或关闭正交和极轴追踪模式,其对应的快捷键分别为【F8】和【F10】,由于正交模式比较简单,因此下面重点讲解极轴追踪模式。

开启极轴追踪模式后,在绘制直线或执行其他操作时,如果光标位于极轴上,光标附近将出现一条极轴追踪线及距离与角度提示信息,如图 9-28 所示。此处极轴追踪线的角度是由如图 9-29 所示的"草图设置"对话框中的"增量角"编辑框中的参数决定的。

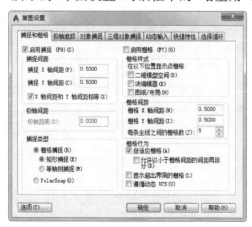

图 9-27 "对象捕捉模式"选项卡

图 9-28 极轴追踪线及提示信息

由于极轴追踪是按事先指定的增量角来进行追踪的，因此改变极轴增量角，极轴也会随之改变。例如，将极轴增量角设置为30，则极轴分别为0°、45°、90°、135°等（45的整数倍）

图9-29　设置极轴增量角

2.7.3　对象捕捉

在绘图时，如果希望将十字光标定位在现有的一些特殊点上，如圆的圆心、直线的中点、端点等处，可以利用对象捕捉功能来实现。在AutoCAD中，对象捕捉模式有"运行捕捉"与"覆盖捕捉"两种，下面分别进行介绍。

（1）"运行捕捉"模式。

打开状态栏中的"对象捕捉"开关（按钮呈现浅蓝色状态显示），则"运行捕捉"模式开启。此时，所有启用的标注模式均有效。例如，要连接如图9-30中两条直线的端点A、B，使其成为一个封闭图形，可按如下步骤操作。

①如果状态栏中的"对象捕捉"按钮成灰色状态显示，表示还没有开启"运行模式"，此时可单击该按钮将其开启，使其呈现浅蓝色状态。

②单击"默认"选项卡"绘图"面板的"直线"按钮，然后将光标移到图9-30所示的端点A处，待出现如图9-31所示的"端点"提示时（表示已捕捉到该点）单击，以确定直线的起点。

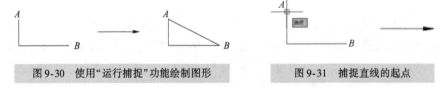

图9-30　使用"运行捕捉"功能绘制图形　　　　图9-31　捕捉直线的起点

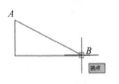

图9-32　捕捉直线的终点

③将光标移到图9-32所示的端点B处，待出现如图9-32所示的"端点"提示时（表示已捕捉到该点）单击，以确定直线的终点。最后按【Enter】键结束"直线"命令，完成直线AB的绘制。

默认情况下，使用"运行捕捉"模式只能捕捉现有图形的端点、圆心和交点。如果需要捕捉图形对象的中点、象限点和切点等，可右击状态栏的"对象捕捉"按钮或单击"对象捕捉"按钮的三角符号，出现如图9-33a）所示的显示，单击"对象捕捉设置"，即出现如图9-33b）所示的"草图设置"对话框。

（2）"覆盖捕捉"模式。

当图形对象的某些特征点的位置相近或重合时，使用"运行捕捉"模式可能难以捕捉到需要的点。例如，要捕捉图9-34中的圆的圆心，但总是捕捉到直线的端点，如图9-34a）所示。为此，AutoCAD提供了另外一种对象捕捉模式——"覆盖捕捉"模式。

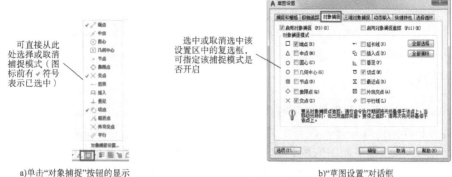

可直接从此处选择或取消捕捉模式（图标前有✓符号表示已选中）

选中或取消选中该设置区中的复选框，可指定该捕捉模式是否开启

a)单击"对象捕捉"按钮的显示　　　b)"草图设置"对话框

图 9-33　设置对象捕捉模式

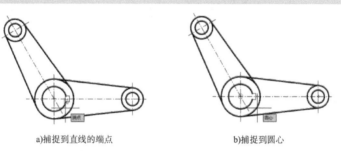

a)捕捉到直线的端点　　　b)捕捉到圆心

图 9-34　对象捕捉

要运行覆盖捕捉，可在执行命令后通过右键快捷菜单来实现。例如，执行"直线"命令后，要捕捉到如图 9-34b)所示圆心，可在按住【Ctrl】或【Shift】键的同时在绘图区右击，在弹出的快捷菜单中选择"圆心"菜单项，如图 9-35 所示，然后将光标移到要捕捉圆的附近，即可出现如图 9-34b)所示的"圆心"提示，表明已捕捉到圆心。

2.7.4　对象捕捉追踪

对象捕捉追踪又称对象追踪，是指在捕捉到对象上的特征点后，将这些特征点作为基点进行正交或极轴追踪，其追踪模式取决于图 9-29 中"对象捕捉设置"设置区中的设置。要打开或关闭对象追踪功能，可单击状态栏中的"对象捕捉追踪"按钮，或按快捷键【F11】。

在绘制时，对象追踪有两种方式：单向追踪和双向追踪。

图 9-35　覆盖捕捉模式快捷菜单

其中，单向追踪是指捕捉到现有图形的某个特征点，并对其进行追踪，如图 9-36 所示；双向追踪是指同时捕捉到现有图形的两个特征点，并分别对其进行追踪，如图 9-37 所示。

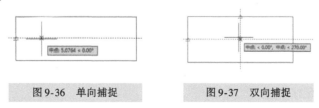

图 9-36　单向捕捉　　　图 9-37　双向捕捉

任务2 绘制二维图形

❶ 任务引入

在 AutoCAD 中,无论是简单的零件图还是复杂的装配图,实际上都是由直线、圆、圆弧、矩形、正多边形和样条曲线等基本图形的对象组成。绘制二维图形是 AutoCAD 的主要功能,也是最基本的功能。二维平面图形的创建,是整个 AutoCAD 的绘图基础。因此,只有熟练掌握二维平面图形的基本绘制方法,才能够更好地更深入的学习并掌握绘制复杂的图样及三维图形。

在本项内容中,我们将主要围绕"默认"选项卡中的"绘图"面板,来学习 AutoCAD 的基本绘图命令。

❷ 相关理论知识

2.1 基本绘图命令

2.1.1 绘制直线、圆、圆弧和椭圆

(1)绘制直线。

①功能:绘图中使用频率最高的命令之一,用于绘制线段。此外,结合 AutoCAD 提供的各种辅助功能(如捕捉功能)就可以方便地绘制平行线、垂直线和切线等,如图 9-38 所示。

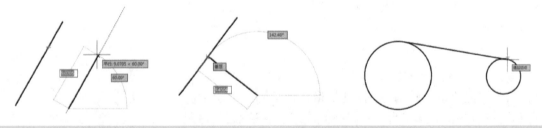

图9-38 绘制平行线、垂直线和切线

②执行方式:"默认"选项卡 | "绘图"面板 | "直线"命令;命令行,LINE(L);工具栏, ✎。

③操作步骤:使用直线命令随意绘制三角形,如图 9-39 所示。

图9-39 绘制三角形

操作方法:命令行,L(执行 LINE 命令);LINE 指定第一点(任意指定,确定第一点);指定下一点或[放弃 U](任意指定,确定第二点);指定下一点或[闭合(C)放弃 U],C(输入 C 闭合二维线段);

按【Enter】键结束命令。

(2)绘制圆。

①功能:圆是制图中较为常用的对象之一。用户可根据不同的已知条件,创建所需圆对象,AutoCAD 提供了 6 种绘制圆的方法。

②执行命令:"默认"选项卡｜"绘图"面板｜"圆"命令;命令行,CIRCLE(C);工具栏,⊙。

③操作步骤:通过确定半径绘制圆,如图9-40所示。

命令行,C(执行画圆命令);CIRCLE 指定圆的圆心或[三点(3P)/两点(2P)/切点、切点、半径(T)](指定圆心);指定圆的半径或[直径(D)],100(输入半径值100);按【Enter】键结束命令。

其余画圆的方法如图9-41所示。

图9-40 绘制圆

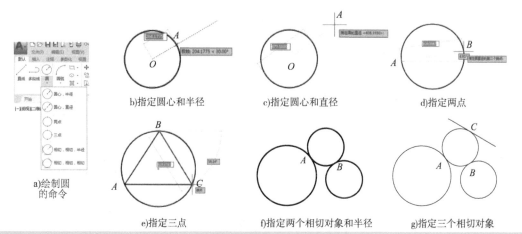

a)绘制圆的命令　b)指定圆心和半径　c)指定圆心和直径　d)指定两点

e)指定三点　f)指定两个相切对象和半径　g)指定三个相切对象

图9-41 绘制圆的6种方法

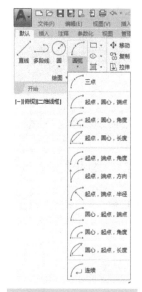

图9-42 绘制圆弧的 11 种命令

(3)绘制圆弧。

①功能:在绘制图形时,经常需要用圆弧连接两直线、两圆弧或直线和圆弧,这样的圆弧称为连接弧。在 AutoCAD 中,可以使用如图9-42所示的11种方法绘制连接弧。

②执行命令:"默认"选项卡｜"绘图"面板｜"圆弧"命令;命令行,ARC;工具栏,⌒。

③操作步骤:通过确定点绘制圆弧,如图9-58a)所示。

命令行,ARC(执行画圆弧命令);指定圆弧的起点或[圆心(C)](指定起点);指定圆弧的第二点或[圆心(C)端点(E)](指定第二点);指定圆弧的端点(指定端点);按【Enter】键结束命令。

其余画圆弧的方法如图9-43b)、c)、d)、e)、f)、g)、h)、i)、j)、k)所示。

(4)绘制椭圆。

①功能:椭圆对象包括长轴、短轴和圆心。椭圆是一种特殊的圆,它的中心到圆周上的距离是变化的。在 AutoCAD 中,提供了两种绘制椭圆的方法,如图9-44所示。

②执行命令:"默认"选项卡｜"绘图"面板｜"椭圆"命令;命令行,ELLIPSE(EL);工具栏,⊙。

③操作步骤:椭圆中心点为椭圆圆心,分别指定椭圆的长轴、短轴,如图9-45a)所示。

命令行,EL(执行椭圆命令);指定椭圆的轴端点或[圆弧(A)/中心点(C)](指定椭圆轴的第一点);指定轴的另一个端点(指定椭圆轴的第二点);指定另一条半轴长度或[旋转(R)](手动指定半轴长度);按【Enter】键结束命令。

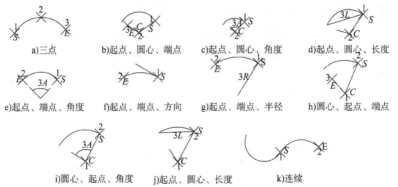

a)三点　　b)起点、圆心、端点　　c)起点、圆心、角度　　d)起点、圆心、长度

e)起点、端点、角度　　f)起点、端点、方向　　g)起点、端点、半径　　h)圆心、起点、端点

i)圆心、起点、角度　　j)起点、圆心、长度　　k)连续

图 9-43　各种圆弧命令的绘制方法

另一种绘制椭圆的方法如图 9-45b)所示。

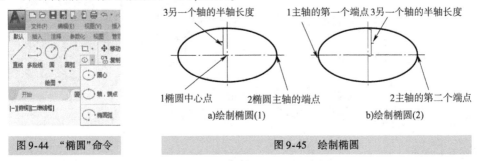

图 9-44　"椭圆"命令

a)绘制椭圆(1)　　b)绘制椭圆(2)

图 9-45　绘制椭圆

(5)绘制辅助线。

在机械制图中,经常需要绘制一些辅助线以帮助用户精确绘图。在 AutoCAD 中提供了两种辅助线,即构造线和射线。如图 9-46 所示。

①绘制构造线。

a.功能:构造线命令用于绘制无限长直线,可以无限延伸的线来创建构造线和参考线,并配合修剪命令来编辑图形。

b.执行方式:"默认"选项卡|"绘图"面板|"构造线"命令;命令行,XLINE(XL);工具栏,。

c.操作步骤:通过正交和极轴辅助方式来绘制构造线,如图 9-47 所示。

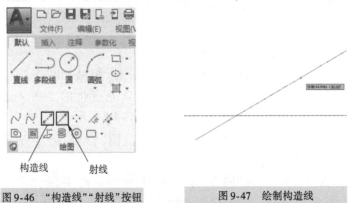

构造线　　射线

图 9-46　"构造线""射线"按钮

图 9-47　绘制构造线

命令行,XL(执行构造线命令);XLINE 指定点或[水平(H)/垂直(V)/角度(A)/二等分(B)/偏移(O)](指定第一点);指定通过点,<正交>(打开正交按钮 F8);指定通过点,(指定下一点);指定通过点,<极轴开>(打开极轴按钮 F10 设置捕捉角度);指定通过点(指定下一点);指定通过点;按【Enter】键结束操作。

②射线。

a.功能:射线是向一个方向无限延伸的直线。该直线通常在绘图过程中作为辅助线使用。

b.执行方式:"默认"选项卡│"绘图"面板│"射线"命令;命令行,RAY;工具栏, 。

c.操作步骤:使用射线命令来绘制,如图 9-48 所示。

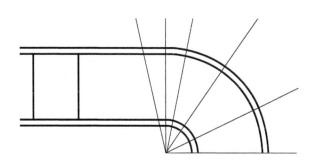

图 9-48 绘制射线

命令行,RAY(执行 RAY 命令);

指定通过点,<正交>(打开正交按钮 F8);指定通过点(指定下一点);指定通过点,<极轴开>(打开极轴按钮 F10 设置捕捉角度);指定通过点;按【Enter】键结束操作。

2.1.2 绘制矩形、正多边形和多段线

虽然利用"直线命令也可以绘制矩形和多边形",但为了提高工作效率,AutoCAD 专门提供了"矩形"和"多边形"命令。其中,利用"矩形"命令可以绘制倒角矩形、圆角矩形及平行四边形等;利用"多边形"可以绘制多种正多边形。此外,利用"多段线"命令还可以绘制既有直线又有圆弧的图形。下面,我们就来学习矩形、正多边形和多段线的具体绘制方法。

(1)绘制矩形。

①功能:创建矩形并可设置长度、宽度等多个属性。矩形是组成复杂的基本元素之一,通过确定矩形对角线上的两个点来绘制。

②执行方式:"默认"选项卡│"绘图"面板│"矩形"命令;命令行,RECTANGLE(REC);工具栏, 。

③操作步骤:精确绘制矩形,如图 9-49 所示为绘制的一般矩形。

命令行,REC(执行构造线命令);指定第一角点或[倒角(C)/标高(E)/圆角(F)/厚度(T)/宽度(W)](任意指定左下角点);指定另一角点或[面积(A)/尺寸(D)/旋转(R)],D(通过输入尺寸确定矩形长宽值);指定矩形的长度 <10.0000>,50(确定长度为 50);指定矩形的宽度 <10.0000>,100(确定长度为 100);指定另一角点或[面积(A)/尺寸(D)/旋转(R)](通过鼠标来确定矩形的方向);按【Enter】键结束命令。

其余绘制矩形的方法如图 9-49 所示。

| 一般矩形 | 倒角矩形 | 圆角矩形 |

图 9-49　矩形的不同形态

（2）绘制正多边形。

①功能：创建正多边形。

②执行方式："默认"选项卡｜"绘图"面板｜"正多边形"命令；命令行，POLYGON(POL)；工具栏，⬠。

③操作步骤：绘制正六边形，如图 9-50 所示。

操作方法：命令行，POL(执行 POLYGON 命令)；POLYGON 输入边的数目 <4>,6(指定多边形的边数为6)；指定正多边形的中心点或[边(E)](任意指定多边形的中心点)；输入选项[内接于圆(I)/外切于圆(C)]<I>,I(使用内接圆绘制正多边形)；指定圆的半径,100(确定半径为100)按【Enter】键结束命令。

其余正多边形的方法如图 9-50 所示。

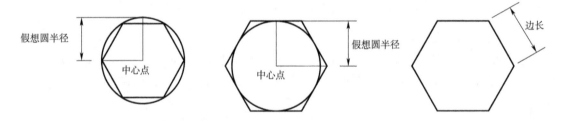

图 9-50　绘制正多边形的三种方法

（3）绘制多段线。

①功能：多段线是由相连的直线段和弧线组成的。其特点是：多段线可以同时包含直线段和圆弧段，因此，多段线通常用于绘制既有直线又有圆弧的图形，如图 9-51 所示；多段线中每段直线或弧线的起点和终点的宽度可以任意设置。因此可使用多段线绘制一些特殊符号，如图 9-52 所示。

②执行方式："默认"选项卡｜"绘图"面板｜"多段线"命令；命令行，PLINE；工具栏，⤵。

③操作步骤：绘制多段线，如图 9-51 所示。

命令行，PLINE(执行 PLINE 命令)；指定起点(任意指定起点)；指定下一个点或[圆弧(A)/半宽(H)/长度(L)/放弃(U)/宽度(W)],100(确定长度为100)；指定下一个点或[圆弧(A)/闭合(C)/半宽(H)/长度(L)/放弃(U)/宽度(W)],A(输入 A 确定圆弧)；PLINE[角度(A)/圆心(CE)/闭合(CL)/方向(D)/半宽(H)/直线(L)/半径(R)/第二个点(S)/放弃(U)/宽度(W)],32(确定圆弧半径为 32)；PLINE[角度(A)/圆心(CE)/闭合(CL)/方向(D)/半宽(H)/直线(L)/半径(R)/第二个点(S)/放弃(U)/宽度(W)],L(输入 L 确定直线)；指定下一个点或[圆弧(A)/半宽(H)/长度(L)/放弃(U)/宽度(W)],100(确定长度为100)；指定下一个点或[圆弧(A)/闭合(C)/半宽(H)/长度(L)/放弃(U)/宽度(W)],A(输入 A 确定圆弧)；PLINE[角度(A)/圆心(CE)/闭合(CL)/方向(D)/半宽(H)/直线(L)/半径

（R）/第二个点（S）/放弃（U）/宽度（W）]，32（确定圆弧半径为32）；指定下一个点或[圆弧（A）/闭合（C）/半宽（H）/长度（L）/放弃（U）/宽度（W）]，C（输入C闭合多段线）；按【Enter】键结束命令。

其余正多边形的方法如图9-50所示。

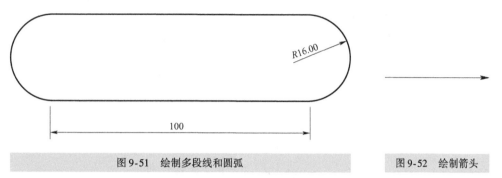

图9-51　绘制多段线和圆弧　　　　　　　　　　图9-52　绘制箭头

绘制多段线时，在"绘图"面板中单击"多段线"按钮 后，在绘图区单击一点作为起点，此时命令行将显示如图9-53所示的提示信息，其中各选项的功能介绍如下。

PLINE 指定下一个点或 [圆弧(A) 半宽(H) 长度(L) 放弃(U) 宽度(W)]:

图9-53　命令提示

a.圆弧（A）：用于绘制圆弧，并显示一些提示选项。

b.半宽（H）：用于设置多段线的半宽，即所输入的数值为线宽的一半。

c.长度（L）：用于绘制指定长度的直线段。如果前一段是直线，则沿此直线段的延伸方向绘制指定长度的直线段；如果前一段是圆弧，则该选项不显示。

d.放弃（U）：用于取消上一步所绘制的一段多段线，可逐次回溯。

e.宽度（W）：用于设定多段线的线宽，默认值为0。多段线的初始宽度和结束宽度可分别设置为不同的值，从而绘制出诸如箭头之类的图形。

f.闭合：用于封闭多段线并结束"多段线"命令，该选项从指定多段线的第三点时才出现。

指定多段线的第一点后，若在命令行输入"A"并按【Enter】键，可切换到绘制圆弧模式，此时，系统将显示如图9-54所示的提示信息，其中，部分选项的功能介绍如下：

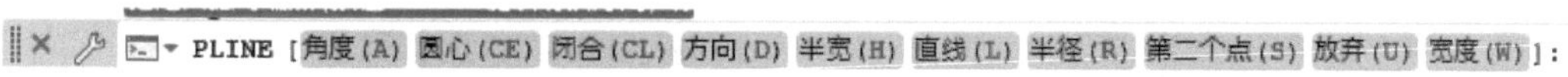

PLINE [角度(A) 圆心(CE) 闭合(CL) 方向(D) 半宽(H) 直线(L) 半径(R) 第二个点(S) 放弃(U) 宽度(W)]:

图9-54　命令提示

a.角度（A）：指定圆弧圆心分别与圆弧起点和端点连线的夹角，及圆弧的包含角。若包含角为正值，则按顺时针方向生成圆弧；否则，将按逆时针方向生成圆弧。

b.方向（D）：指定圆弧起点的切线方向。

c.半宽（H）和宽度（W）：用于设置圆弧多段线的起点和终点的半宽和全宽。

d.直线（L）：切换到绘制直线模式。

e.第二个点（S）：可依次指定要绘制圆弧上的任一点或圆弧的端点。

（1）样条曲线。

①功能：样条曲线是连接控制点之间的一种光滑曲线，主要用于绘制形状不规则的曲线，如波浪线和装饰图案等，如图9-55所示。在AutoCAD中，绘制样条曲线的方法有两种，即样条曲线拟合和样条曲线控制点。

②执行方式："默认"选项卡｜"绘图"面板｜"样条曲线拟合"命令；命令行，SPLINE（SPL）；工具栏，〜。

③操作步骤：使用样条曲线拟合绘制一个S形，如图9-56所示。

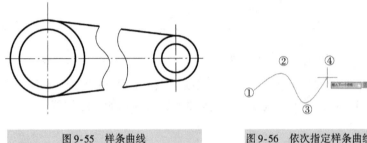

图9-55 样条曲线　　　　　图9-56 依次指定样条曲线拟合

命令行，SPL（执行SPLINE命令）；指定第一个点或［方式（M）/节点（K）/对象（O）］（任意指定样条曲线的第一点）；输入下一点或［起点切向（T）/公差（L）］，＜正交关＞（任意指定样条曲线的第二点）；输入下一点或［端点相切（T）/公差（L）/放弃（U）］（任意指定样条曲线的第三点）；输入下一点或［端点相切（T）/公差（L）/放弃（U）/闭合（C）］；按【Enter】键结束操作。

图9-57 依次指定样条曲线控制点

使用"样条曲线控制点"（按钮〜）绘制样条曲线的方法与"样条曲线拟合"的方法类似，如图9-57所示，在此不再阐述。

（2）图案填充。

a.功能：利用AutoCAD的"图案填充"，通过使用指定线条图案、颜色来填充指定区域，以表达剖切面和不同类型物体的外观纹理，广泛应用于绘制机械图样、建筑图样及地质构造图等，如图9-58b）所示为机械图样绘制剖视图中表达剖切面的剖面线。

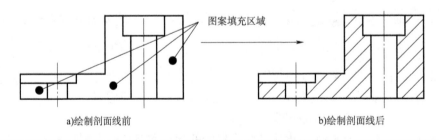

a)绘制剖面线前　　　　　　　　　　　b)绘制剖面线后

图9-58 剖面符号

b.执行方式："默认"选项卡｜"绘图"面板｜"图案填充"命令；命令行，HATCH；工具栏，▨。

c.操作步骤:在进行图案填充时,通常将位于一个定义好的填充区域内的封闭区称为"孤岛"。单击"图案填充"按钮▨,弹出如图 9-59 所示的选项卡,可以对孤岛和边界进行设置,在"图案"选项卡中选择适合金属剖切面表达的选项卡,并对图案进行填充。填充过程如图 9-58 所示。

图 9-59 图案填充选项卡

2.1.4 绘制点的各种方法

在 AutoCAD 中,点既可以作为参考对象,也可以作为绘图对象,它是最基本、最简单的图形元素。下面介绍几种绘制点的方法。

(1)绘制单点与多点。

①功能:"单点"与"多点"是使用 AutoCAD 绘图时常用的两个命令。利用"单点"命令一次只能绘制一个点,而利用"多点"命令可以一次连续绘制多个点,这两个命令的使用方法基本相同,故重点介绍多点的绘制方法。

②执行方式:

a."点样式"的设置:在 AutoCAD 中,绘图前,首先根据需要调整点的样式及大小。具体设置步骤如下:选择"格式"│"点样式",打开"点样式"对话框,点的默认样式为小圆点"▨",用户可根据需要任意选择提供的 20 种点样式的一种,然后在"点大小"编辑框中输入点的大小,单击 确定 按钮,完成点样式及大小设置,如图 9-60 所示。

b."点样式"的使用:"默认"选项卡│"绘图"面板│"多点"命令;命令行,POINT;工具栏,⁑。

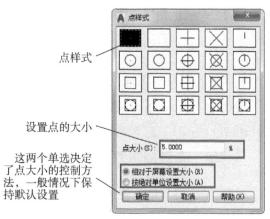

图 9-60 "点样式"对话框

③操作步骤:使用多点绘制图形,如图 9-61 所示。

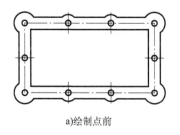

a)绘制点前

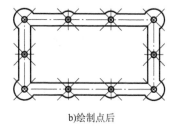

b)绘制点后

图 9-61 绘制点

命令行,POINT(执行 POINT 命令);指定点(指定第一点);指定点(指定第二点);指定点(指定第三点);按【Esc】键结束操作。

(2)绘制定数等分点。

①功能:所谓定数等分点,是指在所指定的对象上按指定数目等间距创建点。

②执行方式:"默认"选项卡│"绘图"面板│"定数等分"命令;命令行,DIVIDE;工具栏, 。

③操作步骤:使用定数等分点绘制图形,如图 9-62 所示。

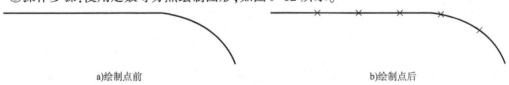

a)绘制点前　　　　　　　　　　　　　　　　　　b)绘制点后

图 9-62　绘制点

操作方法:命令行,DIVIDE(执行 DIVIDE 命令);选择要定数等分的对象(指定对象);输入线段数目或[块(B)],6(输入线段数目 6);按【Enter】键结束操作。

(3)绘制定距等分点。

①功能:所谓定距等分点,是指在所指定的对象上按指定距离放置多个点。

②执行方式:"默认"选项卡│"绘图"面板│"定距等分"命令;命令行,MEASURE;工具栏, 。

③操作步骤:使用定数等分点绘制图形,如图 9-63 所示。

a)绘制点前　　　　　　　　　　　　b)绘制点后

图 9-63　绘制点

命令行,MEASURE(执行 MEASURE 命令);选择要定距等分的对象(指定对象);输入线段长度或[块(B)],5(输入线段长度 5);按【Enter】键结束操作。

2.2　图形编辑命令

利用 AutoCAD 绘制较为复杂的图形时,使用基本的绘图命令是远远达不到要求的,那么就要使用编辑命令进行处理,这时图形编辑显得尤为重要。图形编辑就是对图形对象进行移动、旋转、复制、缩放、修剪等复杂操作。AutoCAD 可以帮助用户合理地构建和组织图形,来完成图样的设计要求。

2.2.1　移动、旋转与对齐对象

(1)移动对象。

①功能:调整对象的移动位置,如图 9-64 所示。

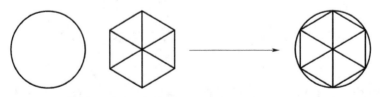

图 9-64　移动对象

②执行命令:"默认"选项卡 | "修改"面板 | "移动"命令;命令行,MOVE;工具栏, ✢。

③操作步骤:命令行,MOVE(执行移动命令);选择对象(选择被移动的对象"圆");指定基点或[位移(D)](指定移动对象圆的基点"圆心");指定第二个点或<使用第一个点作为位移>(指定最终放置位置);按【Enter】键结束操作。

上面这种方法称为"基点法",也可以在"指定基点或[位移(D)]"中选择"位移D"的操作方法,叫"相对位移法",是通过移动的相对移动量来移动对象的方法。例如,移动图9-64所示的图形,执行"位移D"时输入目标位置相对于所选对象"圆"的中心的坐标值,如@40,0并按【Enter】键即可完成操作。

(2)旋转对象。

①功能:旋转选取的对象,如图9-65所示。

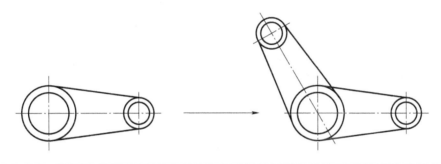

图9-65 旋转对象

②执行命令:

a."默认"选项卡 | "修改"面板 | "旋转"命令;

b.命令行:ROTATE;

c.工具栏: ↻。

③操作步骤:命令行,ROTATE(执行旋转命令);选择对象(选择被旋转的对象);指定基点(指定旋转的基点"圆心");指定旋转角度,或[复制(C)/参照(R)](输入"C",复制旋转对象);指定旋转角度,或[复制(C)/参照(R)](输入旋转角度120°);按【Enter】键结束操作。

(3)对齐对象。

①功能:对齐选取的对象,如图9-66所示。

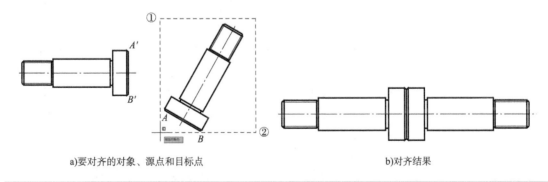

a)要对齐的对象、源点和目标点   b)对齐结果

图9-66 对齐图形对象

②执行命令:"默认"选项卡 | "修改"面板 | "对齐"命令;命令行,ALIGN;工具栏, 昌。

③操作步骤:命令行,ALIGN(执行对齐命令);选择对象(选择被对齐的对象);指定第一

个源点(指定第一个源点 A);指定第一个目标点(指定第一个目标点 A');指定第二个源点(指定第二个源点 B);指定第二个目标点(指定第二个目标点 B');指定第三个源点或 <继续>(指定第三个源点);按【Enter】键结束。

2.2.2 复制图形对象

在 AutoCAD 中,可以利用"复制""偏移""镜像"或"阵列"命令,生成与现有图形相似的图形;其中,利用"镜像"和"阵列"命令还可以创建具有对称关系或均布关系的图形。

(1)复制对象。

①功能:利用"复制"命令可以将一个或多个图形对象复制到指定位置,与一般软件中的复制不同的是,它可以将所选的对象进行多次复制。如图 9-67 所示。

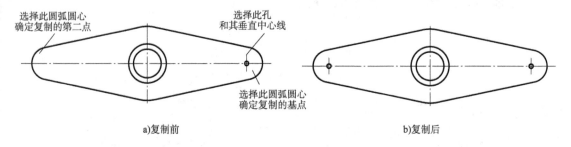

a)复制前   b)复制后

图 9-67 复制图形对象

②执行命令:"默认"选项卡｜"修改"面板｜"复制"命令;命令行,COPY;工具栏,📇。

③操作步骤:命令行,COPY(执行复制命令);选择对象(选择被复制的对象"小孔");指定基点或[位移(D)/模式(O)] <位移>(确定被复制的基点"右侧圆弧的圆心");指定第一个点或[阵列(A)] <使用第一个点作为位移>(指定复制的第二点左侧圆弧的圆心);按【Enter】键结束命令操作。

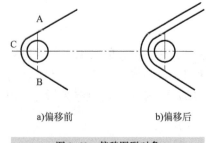

a)偏移前   b)偏移后

图 9-68 偏移图形对象

(2)偏移对象。

①功能:利用"偏移"命令可以创建与选定对象类似的新对象,并使它处于原对象的内侧或外侧。如图 9-68 所示。

②执行命令:"默认"选项卡｜"修改"面板｜"偏移"命令;命令行,OFFSET;工具栏,⊆。

③操作步骤:命令行,OFFSET(执行偏移命令);选择对象(选择被偏移的对象"A、B、C 三段线");指定偏移距离或[通过(T)/删除(E)图层(L)] <通过>,5(输入偏移的距离 5);选择要偏移的对象,或[退出(E)/放弃(U)] <退出>(指定偏移的直线 A);指定要偏移的那一侧上的点,或[退出(E)多个(M)/放弃(U)] <退出>(指定光标偏移的方向单击);按【Enter】键完成直线 A 的偏移。

用相同的操作完成直线 B 和圆弧 C 的偏移。

"偏移"命令和其他命令不同,一次只能选择一个对象进行复制。执行"偏移"命令后,可选择"删除(E)"选项根据需要选择是否删除源对象;可选择"通过(T)"选项,通过指定点来确定偏移距离。例如,选取如图 9-69a)所示的水平直线为偏移的对象,选择 A 点,结果如图 9-69b)所示。

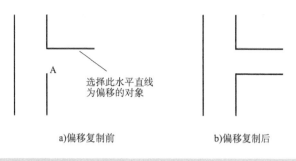

a)偏移复制前　　　　　　　　　　b)偏移复制后

图 9-69　选择通过点偏移复制对象

在 AutoCAD 中,"偏移"命令只能对二维图形界限操作。使用"偏移"命令偏移复制对象时,应注意以下几点。

①只能偏移直线、圆和圆弧、椭圆和椭圆弧、多边形、二维多段线、构造线和射线、样条曲线,不能偏移点、图块、属性、文本和面域。

②对于直线、射线、构造线等对象,平行偏移后的图形对象的长度和角度保持不变。

③对于圆和圆弧、椭圆和椭圆弧等对象,偏移时将同心复制。

④将多段线进行偏移时,系统会将其整体偏移,各段长度将重新调整。

(3)镜像对象。

①功能:利用"镜像"命令可以在由两点定义的轴线的另一侧创建当前所选图形的对称图形,如图 9-70 所示。

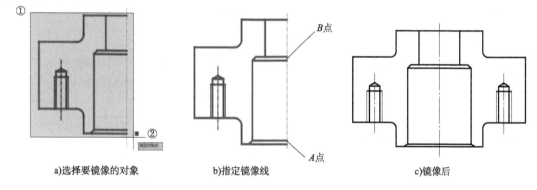

a)选择要镜像的对象　　　　　　b)指定镜像线　　　　　　　　c)镜像后

图 9-70　镜像图形

②执行命令:"默认"选项卡│"修改"面板│"镜像"命令;命令行,MIRROR;工具栏,⚠。

③操作步骤:命令行,MIRROR(执行镜像命令);选择对象(选择镜像对象);指定镜像线的第一点(指定镜像线的起点);指定镜像线的第二点(指定镜像线的终点);要删除源对象吗[是(Y)/否(N)]<否>(采用默认不删除源对象);按【Enter】键结束命令。

(4)阵列对象。

阵列对象是将所选图形按照一定数量、角度或距离等进行复制,以生成多个副本图形。在 AutoCAD 中,可以使用"矩形阵列""环形阵列"和"路径阵列"命令复制图形对象。

①矩形阵列。

a. 功能:"矩形阵列"是将对象按照行和列的数目、间距和选择角度进行复制。如图 9-71 所示。

b. 执行命令:"默认"选项卡│"修改"面板│"阵列"选项│"矩形阵列"命令;命令行,AR-RAYRECT;工具栏,⊞。

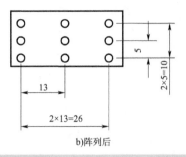

a)阵列前   b)阵列后

图9-71 使用"矩形阵列"命令复制图形

c. 操作步骤：命令行，ARRAYRECT（执行矩形阵列命令）；选择对象（选择矩形阵列对象）；即弹出如图9-72所示的对话框，按照图9-71b)尺寸要求修改行和列的数据，单击按钮 ✔ 完成矩形阵列。

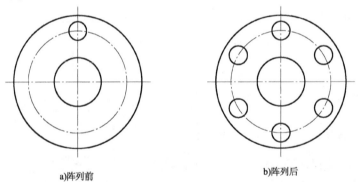

图9-72 设置矩形阵列的相关参数

②环形阵列。

a. 功能："环形阵列"是将对象进行环形阵列，需要指定环形阵列的中心点、生成对象的数目以及填充角度等。如图9-73所示。

a)阵列前   b)阵列后

图9-73 使用"环形阵列"命令复制图形

b. 执行命令："默认"选项卡｜"修改"面板｜"阵列"选项｜"环形镜像"命令；命令行，AR-RAYPOLAR；工具栏，▦。

c. 操作步骤：

命令行，ARRAYPOLAR（执行环形阵列命令）；选择对象（选择环形阵列对象）；即弹出如图9-74所示的对话框，按照图9-73b)要求修改行和列的数据，单击按钮 ✔ 完成环形阵列。

图9-74 设置环形阵列的相关参数

③路径阵列。

a.功能："路径阵列"是将选定的对象沿着指定的路径均匀地分布,路径可以是直线、多段线、三维多段线、样条曲线、螺旋、圆弧、圆和椭圆。如图9-75所示。

a)阵列前   b)阵列后

图9-75 使用"环形阵列"命令复制图形

b.执行命令："默认"选项卡│"修改"面板│"阵列"选项│"路径镜像"命令;命令行,AR-RAYPATH;工具栏,。

c.操作步骤:命令行,ARRAYPATH(执行路径阵列命令);选择对象(择路径阵列对象);即弹出如图9-76a)所示的对话框,按照图9-75b)要求修改的数据,单击"定距等分"按钮,弹出下拉列表,选择"定数等分"按钮,然后再选择如图9-76b)所示项目数等参数,最后单击按钮✔完成路径阵列。

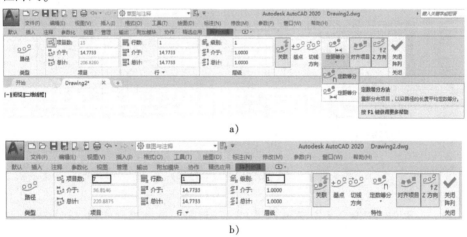

a)

b)

图9-76 设置路径阵列的相关参数

2.2.3 拉伸、拉长、修剪、延伸和缩放对象

在 AutoCAD 绘制图形时,经常需要调整图形的大小或形状,比如将图形沿某个方向拉长,使图形延伸至与其他对象相交,或成倍放大、缩小图形等,实现这些功能的主要命令有拉伸、拉长、延伸和缩放等。

(1)拉伸对象。

①功能："拉伸"命令是图形编辑中使用频率较高的命令之一,利用此命令可以拉长、缩短和移动对象。如图9-77所示。

②执行命令："默认"选项卡│"修改"面板│"拉伸"命令;命令行,STRETCH;工具栏,。

③操作步骤:命令行,STRETCH(执行拉伸命令);选择对象(选择拉伸对象);指定基点[位移(D)]<位移>(指定拉伸对象的基点);指定第二点或<使用第一个点作为位移>(指定第二个点);按【Enter】键结束命令。

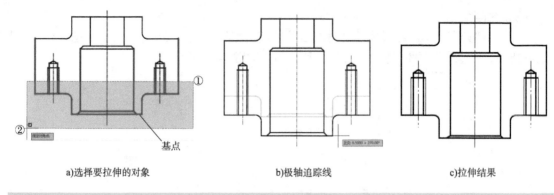

a)选择要拉伸的对象	b)极轴追踪线	c)拉伸结果

图9-77　拉伸图形

使用"拉伸"命令拉伸二维图形时,完成包含在交叉窗口中的对象或通过单击方式选定的对象将被移动,而与交叉窗口相交的对象将被拉伸,如图9-78所示。只能拉伸用直线、圆弧和椭圆弧、多段线等命令绘制的带有端点的图形对象。对于没有端点的图形对象,如图块、文本、圆、椭圆、剖面线等,AutoCAD在执行"拉伸"命令时,将根据其特征点(如圆心)是否包含在交叉窗口内而决定是否进行移动操作,若特征点在交叉窗口内,则移动对象,否则不移动对象。

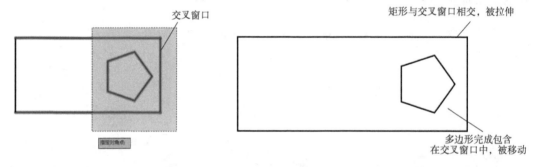

图9-78　拉伸图形示意图

(2)拉长对象。

①功能:利用"拉长"命令可以调整直线、非封闭圆弧、椭圆弧和多段线的长度。如图9-79所示。

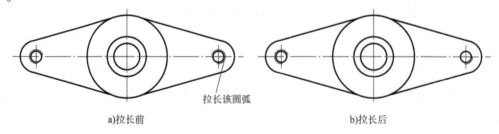

a)拉长前	b)拉长后

图9-79　拉长对象

②执行命令:"默认"选项卡 | "修改"面板 | "拉长"命令;命令行,LENGTHEN;工具栏, 。

③操作步骤:命令行,LENGTHEN(执行拉长命令);选择要测量的对象或[增量(DE)/百分比(P)/总计(T)/动态(DY)]<总计(T)>(DY选择拉长方式);选择要修改的对象或[放弃(U)](选择拉长对象圆弧及方向);指定新端点(确定拉长对象的终点);按【Enter】键结束命令。

在图9-80所示的命令提示信息栏中,其中各选项的功能说明如下。

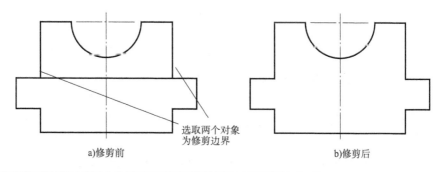

图9-80　命令提示信息

增量(DE):用指定增量值的方法来改变对象的长度或角度,正值表示拉长,负值表示缩短。

百分比(P):通过指定百分比来改变对象的长度,百分比大于100,将拉长对象,否则将缩短对象。

总计(T):通过指定对象的新长度或角度来改变图形的尺寸。

动态(DY):在此模式下,可以使用拖动鼠标的方法动态地改变对象的长度或角度,例如,要拉长图9-79a)中螺纹孔中的圆弧,即按照上述的操作步骤操作。

(3)修剪对象。

①功能:"修剪"命令用于修剪图形,该命令要求用户首先定义修剪边界,然后再选择希望修剪的对象。如图9-81所示。

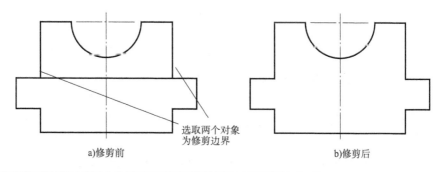

选取两个对象
为修剪边界

a)修剪前　　　　　　　　　　　　　　b)修剪后

图9-81　修剪对象

②执行命令:"默认"选项卡│"修改"面板│"修剪"命令;命令行,TRIM;工具栏,。

③操作步骤:命令行,TRIM(执行修剪命令);选择对象或<全部选择>(选择修剪边界);TRIM[栏选(F)窗交(C)投影(P)边(E)删除(R)](修剪对象);按【Enter】键结束命令。

使用"TRIM"命令时应注意以下几点:

即使对象被作为修剪边界,也可以被修剪。例如,当图9-82a)所示的水平直线作为修剪边界时可以相互修剪,结果如图9-82b)所示。

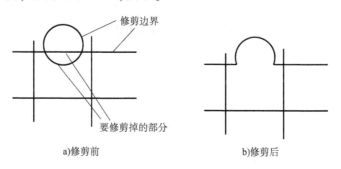

修剪边界

要修剪掉的部分

a)修剪前　　　　　　　　　　　　　b)修剪后

图9-82　修剪边界同时被修剪

当修剪边界太短而没有与被修剪对象相交时,利用"修剪"命令也可以修剪图形,如

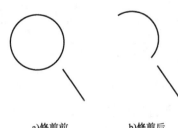

a)修剪前　　　　　b)修剪后

图9-83　延伸修剪

图9-83所示。即在指定修剪边界后,根据命令行提示选择"边"选项,此时若选择"延伸"选项,系统会自动虚拟延伸修剪边界,并修剪图形;若选择"不延伸"选项,则无法修剪图形,除非两者真正相交。

(4)延伸对象。

①功能:"延伸"命令可以将直线、圆弧、椭圆弧和非闭合多段线等对象延长到指定对象的边界。如图9-84所示。

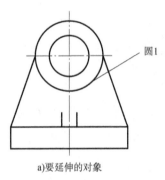

圆1

a)要延伸的对象

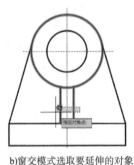

b)窗交模式选取要延伸的对象

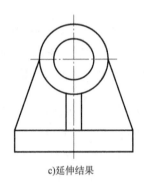

c)延伸结果

图9-84　延伸对象

②执行命令:"默认"选项卡｜"修改"面板｜"延伸"命令;命令行,EXTEND;工具栏, 。

③操作步骤:命令行,EXTEND(执行延伸命令);选择对象或＜全部选择＞(选择延伸边界);EXTEND[栏选(F)窗交(C)投影(P)边(E)](选择要延伸的对象);按【Enter】键结束。

说明:

执行"延伸"命令并指定延伸边界后,命令行中出现的部分选项功能介绍如下。

①栏选(F)/窗交(C):使用栏选或窗交方式选择对象时,可以快速地一次延伸多个对象。

②投影(P):指定延伸对象时使用的投影方法,包括无投影、将其他平面上的对象延伸到与当前坐标系的XY平面上的对象相交,以及沿当前视图的观察方向延伸对象。

③边(E):可将对象延伸到隐含边界。当边界对象太短,延伸对象后不能与其直接相交时,选择该选项可将所选对象隐含延长,从而使该对象与边界对象相交。

(5)缩放对象。

①功能:"缩放"命令可以将所选对象按指定的比例放大或缩小。在缩放图形时,既可以通过输入坐标值确定基点(缩放中心),也可以通过选择图形中的某个特征点来确定基点。当确定基点后,所有要缩放的对象将以该点为中心,按指定的比例进行缩放。如图9-85所示。

②执行命令:"默认"选项卡｜"修改"面板｜"缩放"命令;命令行,SCALE;工具栏, 。

③操作步骤:命令行,SCALE(执行缩放命令);选择对象(选择缩放对象"圆");指定基点(确定圆的圆心为基点);指定比例因子或[复制(C)参照(R)],0.7;按【Enter】键结束。

2.2.4　对象的圆角和倒角

为了提高绘图速度,图形上的圆角和斜角可使用"圆角"和"倒角"命令来绘制。下面介绍"圆角"和"倒角"命令的操作方法。

(1)圆角。

①功能:利用"圆角"命令可以在两个对象间绘制一段指定半径的圆弧,且该圆弧与两个

对象保持相切。可以进行圆角处理的对象有直线、样条曲线、多段线、圆和圆弧等,且当直线相互平行时也可以进行圆角处理。如图9-86所示。

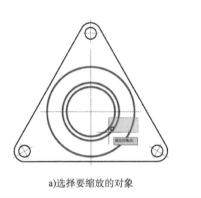

a)选择要缩放的对象   b)缩放结果

图9-85 缩放对象

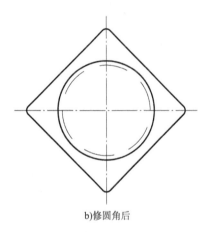

a)修圆角前   b)修圆角后

图9-86 缩放对象

②执行命令:"默认"选项卡│"修改"面板│"圆角"命令;命令行,FILLET;工具栏, 。

③操作步骤:命令行,FILLET(执行圆角命令);选择第一个对象或[放弃(U)多段线(P)半径(R)修剪(T)多个(M)],R(选择执行圆角命令方式"半径(R)");指定圆角半径<10.0000>,5(确定圆角的半径值"5");选择第一个对象或[放弃(U)多段线(P)半径(R)修剪(T)多个(M)](选择第一个执行圆角命令的对象);选择第一个对象或按住Shift键选择对象以应用角点或[半径(R)](选择第二个执行圆角命令的对象单击确定完成操作)。

在选择进行圆角处理的对象时,如果拾取点的位置不同,其圆角效果也会不同,如图9-87所示。

图9-87 拾取点位置对圆角效果的影响

上述操作是依照当前设置的圆弧半径操作的,如图9-88所示提示栏的其他选项的功能介绍如下。

✕ 🔧 📄▾ **FILLET** 选择第一个对象或 [放弃(U) 多段线(P) 半径(R) 修剪(T) 多个(M)]：

图9-88　提示信息

多段线(P)：选择该选项后,系统将在选定的多段线的各拐角处创建圆角。

半径(R)：指定生成圆弧的半径尺寸。如果将圆角半径设置为0,可使两个不想交的对象延伸至相交,但不创建圆弧。

修剪(T)：利用该选项,可以设置是否在创建圆角时修剪对象。

多个(M)：利用该选项,可连续对多组对象进行尺寸相同的圆角处理。

(2)倒角。

①功能：利用"倒角"命令可以在两条不平行的线段间绘制斜角,即通过延伸或修剪,使它们相交或将它们用斜线连接,如图9-89所示。

初始对象　　　　　　零倒角距离　　　　　　非零倒角距离

图9-89　倒角示例

②执行命令："默认"选项卡｜"修改"面板｜"倒角"命令;命令行,CHAMFER;工具栏,⌒。

③操作步骤：命令行,CHAMFER(执行倒角命令);选择第一条直线或[放弃(U)多段线(P)距离(D)角度(A)修剪(T)方式(E)多个(M)]:D(选择倒角命令方式"距离(D)";指定第一个倒角距离<0.0000>,3(确定倒角距离为"3");指定第二个倒角距离<0.0000>,5(确定倒角距离为"5");选择第一条直线或[放弃(U)多段线(P)距离(D)角度(A)修剪(T)方式(E)多个(M)](选择第一条直线);选择第二条直线或按住Shift键选择直线以应用角点或[距离(D)角度(A)方法(M)](选择第二条直线单击确定完成操作)。

上述操作是依照当前设置的倒角距离操作的,如图9-90所示提示栏的其他选项的功能介绍如下。

✕ 🔧 📄▾ **CHAMFER** 选择第一条直线或 [放弃(U) 多段线(P) 距离(D) 角度(A) 修剪(T) 方式(E) 多个(M)]：

图9-90　提示信息

多段线(P)：选择该选项后,可在所选多段线的各拐角处加倒角。

角度(A)：确定第一个选定边的倒角长度和角度。

修剪(T)：设置是否将选定的边修剪或延伸到倒角斜线的端点。

方式(E)：可在"距离"和"角度"两个选项之间选择一种倒角方式。

多个(M)：选择该项后,可依次对多组图形进行倒角,而不必重新启动命令。

2.2.5　打断、合并和分解对象

（1）打断对象。

打断对象有"打断于点"和"打断"两个选项，下面分别介绍。

①打断。

a.功能：利用"打断"命令可以将对象指定的两点间的部分删掉，或将一个对象打断成两个而不创建间隔，如图9-91所示。

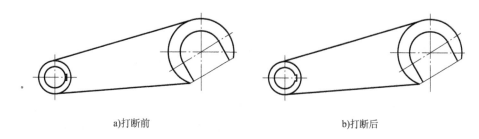

a)打断前　　　　　　　　　　　　　　　　b)打断后

图9-91　打断对象

b.执行命令："默认"选项卡｜"修改"面板｜"打断"命令；命令行，BREAK；工具栏，凸。

c.操作步骤：命令行，BREAK（执行打断命令）；选择对象（确定打断对象）；指定第二个打断点或［第一点（F）］，F（输入"F"确定第一个打断点）；指定第二个打断点（确定第二个打断点，单击，确定完成操作）。

②打断于点。

a.功能：利用"打断于点"命令可以将选定对象在指定位置断开，但断开前后的图形没有变化，如图9-92所示。

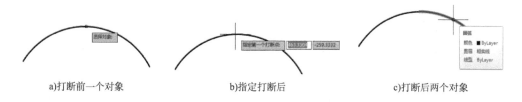

a)打断前一个对象　　　　　b)指定打断后　　　　　c)打断后两个对象

图9-92　利用打断于点命令打断图线

b.执行命令："默认"选项卡｜"修改"面板｜"打断于点"命令；命令行，BREAK；工具栏，凸。

c.操作步骤：命令行，BREAK（执行打断命令）；选择对象（确定打断对象）；指定第一个打断点（确定打断点位置，单击，确定完成操作）。

使用"打断"命令时应注意两点：如果要删除对象的一端，可在选择被打断的对象后，将第二个打断点指定在要删除端的端点；在"指定第二个打断点"命令提示下，若输入@，表示第二个打断点与第一个打断点重合，此时"打断"命令与"打断于点"命令作用相同。

（2）合并对象。

使用"合并"命令可以将多个同类对象（包括打断后的对象）合并成一个对象。在AutoCAD中，可以合并的对象有：直线、多段线、圆弧、椭圆弧和样条曲线等。下面分别介绍。

①合并直线。

a. 功能:利用"合并"命令合并的直线可以是相互交叠的、带缺口的或端点相连的,但必须在同一方向线上,如图9-93所示。

a)合并前　　　　　　　　　　　b)合并后

图9-93　合并直线

b. 执行命令:"默认"选项卡 | "修改"面板 | "合并"命令;命令行,JOIN;工具栏,➡。

c. 操作步骤:命令行,JOIN(执行合并命令);选择源对象或要一次合并的多个对象(选择源对象);选择要合并的对象(选择要合并的对象);按【Enter】键完成"合并"命令操作。

②合并圆弧。

利用"合并"命令也可以合并具有相同圆心和半径的多条连续或不连续的弧线段。合并两条或多条圆弧时,将从源对象开始按逆时针方向合并圆弧。如图9-94a)、b)所示。若要使圆弧闭合,需要在提示栏输入"L",按【Enter】键即完成"合并"命令操作,如图9-94b)、c)所示。

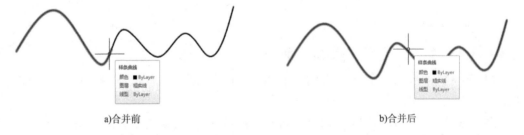

a)合并前　　　　　　　　b)合并后　　　　　　　　c)闭合圆弧

图9-94　合并圆弧

③合并其他对象。

合并样条曲线时,各样条曲线必须在同一平面且首尾相邻,如图9-95所示。

a)合并前　　　　　　　　　　　　　　　b)合并后

图9-95　合并直线

使用"合并"命令可以将多段线与其他对象合并(合并前多段线与其他对象必须是相连的),合并后整个对象将变成一条单一的多段线。

(3)分解对象。

①功能:利用"分解"命令合可以将一个具有闭合特性的图形或符合对象打散,使其成为多个独立的对象,如图9-96所示。

②执行命令:"默认"选项卡 | "修改"面板 | "分解"命令;命令行,EXPLODE;工具栏,🗇。

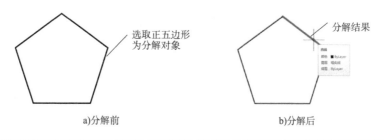

a)分解前   b)分解后

图9-96　分解正五边形

③操作步骤:命令行,EXPLODE(执行分解命令);选择对象(选择要分解的对象);按【Enter】键完成"分解"命令操作。

使用"分解"命令时,注意以下几点:使用"分解"命令可以分解多段线、矩形、多边形、剖面线、平行线、尺寸线、图块、三维曲面和三维实体;具有宽度值的多段线分解后,其宽度为"0";带有属性的图块分解后,其属性值将被还原为属性定义的标记。

2.2.6　修改对象属性

如前所述,AutoCAD 中的所有图形对象都是在某一图层上绘制的,因此,图形使用的是其所在图层的属性,如颜色、线型和线宽等。那么,能否可以单独修改对象的某个属性,使其不随图层属性的变化而变化呢?答案是肯定的,下面介绍几种方法来修改对象的特性。

(1)利用"快捷特性"浮动面板。

打开状态栏中的"快捷特性"开关🔲,然后选择已绘制的图形对象,此时绘制区将出现一个浮动面板,该显示了所选对象的常规属性和其他参数。要修改该对象的某个属性,只需在其后的列表框中双击,然后在弹出的下拉列表中选择所需选项即可,如图9-97 所示。

图9-97　利用"快捷特性"浮动面板修改对象属性

在"快捷特性"浮动面板中,"颜色"和"线型"选项后的"ByLayer"(随层)表示其属性始终与该对象所在图层的属性相同。

单击图9-97 所示的"快捷特性"浮动面板右上角的"自定义"按钮🔲,可在打开的对话框中设置需要在"快捷特性"浮动面板中显示的属性。

(2)利用"特性"选项板。

利用"特性"选项板可以修改图形对象的图层,以及颜色、线型、线宽、线型比例等属性。要修改图形对象的某一属性,可选中图形对象后在"视图"选项卡的"选项板"面板中单击"特性"按钮🔲,或直接在命令行中输入"PR"命令。打开"特性"选项板,然后在要修改的属性右侧的列表框中进行修改即可。

若当前已选中一个对象,则在"特性"选项板中将显示该对象的详细特性;若已选中多个对象,则在"特性"选项板中将显示它们的共同特性。例如,在只选中的圆和同时选中圆与直线时,"特性"选项板显示的内容是不同的,如图9-98所示。

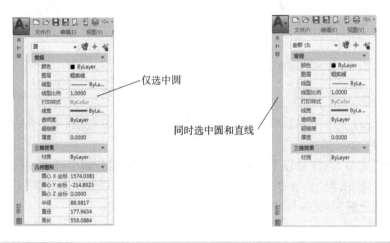

图9-98 "特性"选项板显示的内容

（3）利用"特性匹配"命令。

①功能："特性匹配"命令用于将源对象的颜色、图层、线型、线型比例、线宽、透明度等属性一次性复制给目标对象。如图9-99所示。

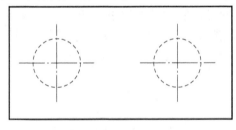

a)特性匹配前

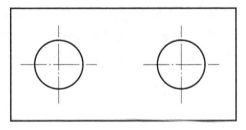

b)特性匹配后

图9-99 使用"特性匹配"命令修改圆的属性

②执行命令："默认"选项卡｜"特性"面板｜"特性匹配"命令;命令行,MATCHPROP;工具栏,▦。

③操作步骤:命令行,MATCHPROP(执行特性匹配命令);选择源对象(选择要修改的对象的源对象);选择目标对象或[设置(S)](选择要修改的对象);按【Enter】键完成"特性匹配"命令操作。

使用"特性匹配"命令可以将所选对象的所有属性(包括在"特性"选项板中修改的属性)匹配给其他对象。

默认情况下,"特性设置"对话框中"基本特性"设置区中的各复选框都处于选中状态。如果不需要重新设置属性,则可直接进行匹配操作。

2.3　文本注释与表格

零件图是制造和检验零件的依据,在实际生产中起着十分重要的指导作用,一张完整的零件图除了包括必要的图形和尺寸标注等基本信息外,还应包括一些重要的非图形类信息,如技术要求、标题栏、明细栏等,如图9-100所示,表达这些信息的主要手段就是文字注释和表格。

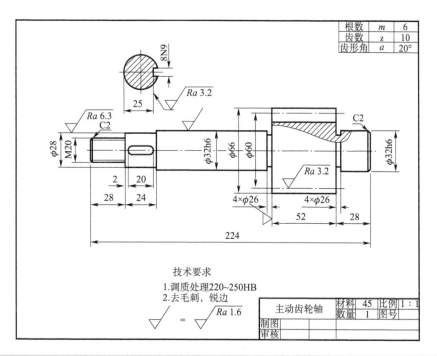

图 9-100 主动齿轮轴零件图

2.3.1 创建和修改文字样式

在为图形添加文字注释前,应首先创建合适的文字样式。文字样式主要用来控制文字的字体、高度,以及颠倒、反向、垂直、宽度比例和倾斜角度等外观。使用文字样式的好处是:一旦修改文字样式,所有采用该文字样式的文字外观将会相应修改。

利用 AutoCAD 的"文字样式"对话框,如图 9-100 所示,用户可以方便地管理文字样式,如修改、新建、删除、重命名文字样式等。

(1)创建文字样式。

默认情况下,AutoCAD 自动创建了一个名为"Standard"的文字样式,用户既可以对该文字样式进行修改,也可以创建自己需要的文字样式。例如,要创建一个用于注写汉字的文字样式,要求字体采用"仿宋_GB2312",宽度因子为 0.7,其具体操作步骤如下。

步骤 1:打开"文字样式"命令。打开方式有以下几种。

①菜单命令:依次选择"格式"│"文字样式"命令;

②在"默认"选项卡中"注释"面板,单击"文字样式"按钮 ⅄;

③直接在命令行输入命令"ST",按【Enter】键,即可打开如图 9-101 所示的"文字样式"对话框。

步骤 2:单击 新建(N)... 按钮,打开"新建文字样式"对话框,如图 9-102 所示。默认的样式名称为"样式 1",用户可以输入新的样式名称,然后单击 确定 按钮,返回至"文字样式"对话框。

步骤 3:在"文字样式"对话框的"字体""大小"和"效果"设置区设置文字样式的相关参数,例如,在"字体名"下拉列表中选择字体类型"仿宋_GB2312",在"宽度因子"编辑框中输入"0.7"。

步骤 4:依次单击 应用(A) 和 关闭(C) 按钮,即可完成文字样式的设置,此时,系统自动将所创建的文字样式设置为当前样式。

图9-101 "文字样式"对话框　　　　　　　　图9-102 "新建文字样式"对话框

说明：

在机械制图中，国家标准对文字的字号、英文字体（包括字母和数字）和汉字字体等都有一定的要求，用户可以根据行业情况和相关制图标准来定制所需的文字样式。

在"文字样式"对话框的"字体名"下拉列表中有两类字体，其中字体前缀为▥的是True-Type字体，是由Windows系统提供的字体；字体前缀为◎的是SHX字体，是一种由AutoCAD编译的存放在AutoCAD的fonts文件夹中的字体。此外，字体名称前带有@符号表示文字竖向排列，不带@符号表示文字横向排列。

AutoCAD2020为使用中文的用户提供了符合国家标准的中西文字体，包括两种西文字体和一种中文字体，它们分别是正体的西文字体"gbenor.shx"、斜体的西文字体"gbetic.shx"和中文字长仿宋工程字体"gbcbig.shx"。

选中"文字样式"对话框中的"使用大字体"复选框后，可在显示的"大字体"下拉列表框中选择为亚洲语言设置的大字体。只有在"字体名"下拉列表框中选择SHX字体时，该复选框才处于可用状态。

在AutoCAD中创建文字对象时，所创建文字将自动应用当前文字样式。若要为已创建的文字对象应用其他文字样式，只需选中文字对象，然后展开"注释"面板，在"文字样式"下拉列表框中选择所需样式即可，如图9-103所示。与此同时，所选文字样式将被自动设置为当前文字样式。

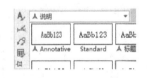

工程图样　　　　　　　　　　　　　　　　　　　工程图样

图9-103 为已添加的位置注释应用文字样式

（2）修改文字样式。

对于已设置好的文字样式，若要对其进行修改，可打开"文字样式"对话框，在该对话框的"样式"列表框中选择要修改的样式，然后根据需要修改文字的字体、高度，以及颠倒、反向、垂直、宽度比例和倾斜角度等外观，其操作过程与创建文字样式相似，在此不再重述。

修改文字样式时应注意以下几点。

①修改完成后，必须单击"文字样式"对话框中的"应用"按钮 应用(A)，以使修改生效，并

立即更新图样中使用该文字样式的文字外观。

②修改文字样式时,修改不同参数对单行文字或多行文字的影响效果有所不同。

2.3.2 为图形添加文本注释

设置完文字样式后,就可以为图形添加注释文字了。AutoCAD2020 为我们提供了"单行文字"和"多行文字"两种文字注释方法。

"单行文字"主要用来标注一些简短的文字信息,如规格说明和标题栏中的信息等。用"单行文字"输入文字时,每行文字都是一个独立的对象。

"多行文字"主要用来注释内容复杂且较长的文字信息,如工艺流程、技术要求等。相对于单行文字而言,多行文字的可编辑性较强,是我们学习的重点。使用"多行文字"输入文字时,将作为一个整体。

(1)使用"单行文字"。

①执行命令:"默认"选项卡,"注释""文字""单行文字";命令行,TEXT;工具栏,A。

②操作步骤:命令行,TEXT(执行单行文字命令);指定文字的起点或[对正(J)样式(S)](指定输入文字的起点位置);指定文字的旋转角度＜0.00＞,0(输入角度"0"按【Enter】键);TEXT(输入文字内容);按一次【Enter】键,是转入下一行文字的内容输入;按两次【Enter】键是结束命令。

说明:如图 9-104 所示中,若输入"J"或"S"并按【Enter】键,来设置文字的对齐方式或文字样式。

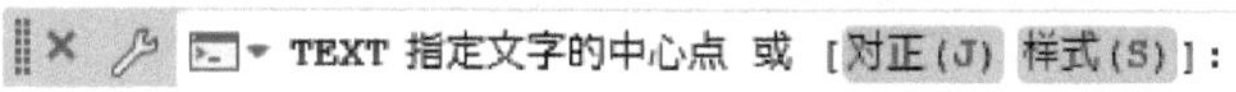

ⅠⅠ✕ 🔧 ⌐▾ TEXT 指定文字的中心点 或 [对正(J) 样式(S)]:

图 9-104　提示信息

(2)使用"多行文字"。

①执行命令:"默认"选项卡,"注释""文字""多行文字";命令行:MTEXT;工具栏:A。

②操作步骤:

命令行,MTEXT(执行多行文字命令);指定第一角点(指定输入文字的起点位置);指定对角点或[高度(H)对正(J)行距(L)旋转(R)样式(S)宽度(W)栏(C)](指定输入文字框的对角点);MTEXT(在带有标尺的文本框内输入文字内容,单击"文字编辑器"的✔确定);

说明:在绘图区单击确定文本框的一个角点时,命令行将给出如图 9-105 所示的提示信息,其作用介绍如下。

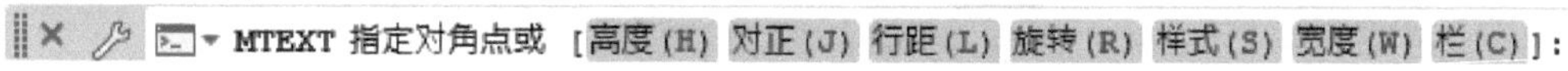

ⅠⅠ✕ 🔧 ⌐▾ MTEXT 指定对角点或 [高度(H) 对正(J) 行距(L) 旋转(R) 样式(S) 宽度(W) 栏(C)]:

图 9-105　提示信息

①高度(H):设置文字的高度。如果不设置此数值,且当前文字样式的高度不为0,则该文字将使用文字样式的高度。设置文字高度值后,系统将重新显示上述提示信息,此时可继续设置其他参数,或单击某处确定文本的对角点。

②对正(J):与输入单行文字时出现的"对正"选项的作用相同。

③行距(L):控制多行文字中行与行之间的距离。

④旋转(R):设置文字的书写方向。

⑤样式(S):设置文字所使用的文字样式。

⑥宽度(W):设置文本框的宽度。设置此参数后,系统将自动进入文本编辑状态。

在指定文本框的对角点后,出现一个带有标尺的文本框,且在绘图区上方显示"文字编辑器"选项卡。如图9-106所示。在文本框内输入文字内容,当输入的文字到达文本框边缘时会自动换行。如果要在另一处再书写一段内容,可按【Enter】键。如果想要调整文本框的宽度和高度,可分别拖动标尺右侧的标记 ▯(或文本框右侧框线)和文本框下边框线,如图9-106所示。

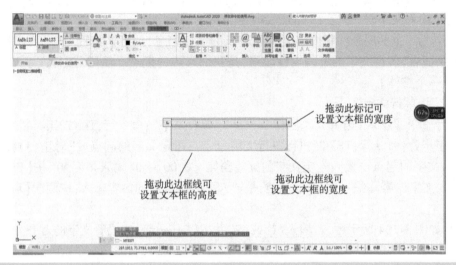

拖动此标记可设置文本框的宽度

拖动此边框线可设置文本框的高度

拖动此边框线可设置文本框的宽度

图9-106 多行文字编辑界面

下面对"文字编辑器"选项卡中的面板设置(如多行文字、字体、颜色、宽度、行距和段落对齐方式等)逐一介绍。

①设置样式:单击"样式"面板中的▯按钮,可在弹出的列表中重新选择文字样式,此时文本框中的所有文字都将应用所选样式的格式。

②设置文字格式:对于多行文字而言,其各部分文字可以采用不同的字体、颜色、粗体 **B**、斜体 *I*、下划线 U̲、上划线 O̅、倾斜角度 *αℓ* 和宽度因子 ○ 等(与文字样式无关)文字格式。如果希望调整部分已输入文字的格式,应先选中要修改的文字,然后利用"格式"面板(图9-107)中的选项进行设置。

图9-107 "格式"面板

③设置段落格式:利用"段落"面板可设置所选段落的行距、对齐方式,以及项目符号等。另外,单击该面板右下角的 ▯按钮,还可在弹出的"段落"对话框中设置缩进和制表位位置。

④输入分数和公差:如果需要输入分数和公差(堆叠字符),可先输入分别作为分子(或公差上界)和分母(或公差下界)的文字,其间使用"/"(创建水平分数),"#"(创建对角分数)或"^"(创建公差)分隔,然后选择这一部分文字,并在绘图区右击,从弹出的快捷菜单中选择"堆叠"菜单,如图9-108所示。

$$2/5 \longrightarrow \frac{2}{5} \qquad 2\#5 \longrightarrow {}^2\!/_5 \qquad 80+0.01\text{^}-0.15 \longrightarrow 80^{+0.01}_{-0.15}$$

图9-108 输入分数和公差

说明:若选择已堆叠的文字且右击,从弹出的快捷菜单中选择"堆叠"菜单,如图9-109a)所示。还可打开"格式"对话框,利用对话框可编辑堆叠文字的内容或特性,如图9-109b)所示。

a)右击弹出"堆叠"快捷菜单

b)"多行文字"选项板"格式"面板的"堆叠" 按钮

图9-109 "堆叠特性"对话框

⑤设置段落缩进:利用文字编辑区上方的标尺可调整段落文字的首行缩进、悬挂缩进和段落宽度。如果希望精确设置首行缩进和段落缩进,还可右击标尺,从弹出的快捷菜单中选择"段落"菜单项,打开"段落"对话框,然后进行设置,如图9-110所示。

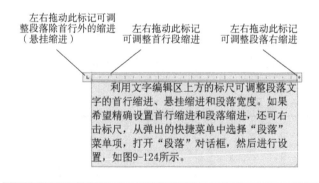

图9-110 设置段落缩进

⑥使用制表位对齐:默认情况下,文字编辑区上方的标尺中已设置了一组标准的制表位,即每按一下【Tab】键,光标自动移动一定的间距,从而对齐数据,如图9-111a)所示。如果标准制表位不能满足要求,用于可反复单击标尺左侧的制表符标记来选择不同的对齐方式,然后在标尺上需要设置制表位的位置单击,来设置制表位,如图9-111b)所示。

说明:如图9-110所示的"段落"面板中└表示左对齐,┴表示居中对齐,┘表示右对齐,⊥表示按小数点对齐。

0.3	0.4	0.5	0.6	0.7	0.8	0.9
0.1	2	5	6	7	8	9

0.3	0.4	0.5	0.6
0.1	0.022	0.55	0.06
0.1	0.2	0.3	0.5

a)使用标准制表位对齐数据　　　　　　　　b)使用设置的制表位对齐数据

图9-111　使用制表位对齐数据

⑦输入特殊符号：对于一般符号，可直接单击"文字编辑器"选项卡"插入"面板中的"符号"按钮@，在弹出的下拉列表中选择相应符号即可，如图9-112所示。如果其中没有所需符号（例如，输入"♥"），可选择该下拉列表中的"其他选项"，然后在打开的图9-113所示的"字符映射表"对话框中选择所需符号，并依次单击 选择(S) 和 复制(C) 按钮，最后在位置编辑区按【Ctrl + V】快捷键即可。

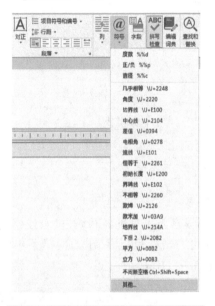

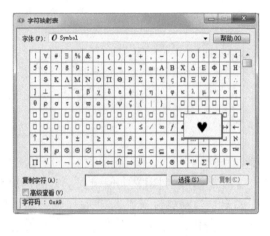

图9-112　"符号"下拉列表　　　　　　　图9-113　"字符映射表"对话框

说明：在注写单行文字或多行文字时，均可通过输入所需符号的代码来输入符号，表9-1列出了一些常用特殊符号及其代码。

常用特殊符号及其代码　　　　　　　　　　表9-1

输入代码	对应字符	输入代码	对应字符
%%c	直径符号(ϕ)	\U+2220	角度符号($\angle$)
%%p	正负符号($\pm$)	\U+2248	约相等($\approx$)
%%d	度数符号($°$)	\U+2260	不相等($\neq$)
%%o	上划线（成对出现）	\U+00B2	上标2
%%u	下划线（成对出现）	\U+2282	下标2
%	百分号（%）		

2.3.3　编辑文本注释

无论是单行文字还是多行文字，若要对其进行修改，均可采用以下几种方法进行操作。

（1）双击。

双击要修改的单行文字后，可以修改其内容；双击多行文字，系统将进入多行文字编辑界面,此界面与输入多行文字时的界面完全相同,用户可以根据需要对多行文字的内容、样式及对正方式等进行修改。

(2)使用"ED"命令。

在命令行中输入"ED"命令并按【Enter】键,然后选择要修改的单行文字或多行文字进行修改,其修改方法与使用双击方式修改相同。

(3)使用"特性"选项板。

要修改文字的样式、高度、旋转角度,以及多行文字的行距比例和行间距等特性,可先选中要修改的文字并在绘图区右击,然后在弹出的快捷菜单中选择"特性"选项,接着在打开的"特性"选项板中进行修改,如图9-114所示。

图9-114 "特性"选项板

2.3.4 创建表格

表格主要用来表达与图形相关的消息,如标准件、各零部件的名称、材料及其他相关消息等。

在 AutoCAD2020 中,利用"默认"选项卡"注释"面板中的"表格"按钮,可以方便地创建表格。但在创建表格前,应首先设置好表格样式,然后再基于表格样式创建表格。创建好表格后,用户不但可以向表格中添加文字、块、字段和公式等,还可以对其进行其他操作,如插入、删除行或列及合并单元等。

下面来介绍创建如图9-115所示的表格的操作方法。

序号	合页	把手	门锁
1	32	33	20
2	37	65	25
3	43	39	36
4	50	40	12
5	56	42	30
小计	218	219	123

图9-115 表格示例

(1)创建和修改表格样式。

表格样式主要用于控制表格单元的填充颜色、内容对齐方式,以及表格文字的文字样式、高度、颜色和表格边框的线型、线宽、颜色等。

①创建表格样式。

a.依次选择"默认"|"注释"|"表格样式"命令按钮打开,出现如图9-116所示的"表格样式"对话框。

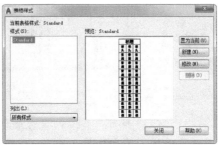

图9-116 "表格样式"对话框

图 9-117　"创建新的表格样式"对话框

b. 单击该对话框中的"新建"按钮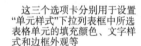，打开"创建新的表格样式"对话框，在"新样式名"编辑框中输入新表格样式的名称，如"零部件明细表"，在"基础样式"下拉列表框中选择基础样式（默认基础样式为 Standard），如图 9-117 所示，然后单击按钮　继续　，打开"新建表格样式:零部件明细表"对话框，并在"表格方向"下拉列表中选择"向下"选项，如图 9-118 所示。

这三个选项卡分别用于设置"单元样式"下拉列表框中所选表格单元的填充颜色、文字样式和边框外观等

图 9-118　"新建表格样式:零部件明细表"对话框

说明:图 9-118 所示的对话框中，部分选项及按钮的功能介绍。

"选择起始表格"按钮：单击此按钮，可通过在绘图区指定一个已有表格来设置表格样式。

"表格方向"下拉列表框:用于设置表格内容的方向。其中"向下"表示创建由上向下读取的表格，标题行和表头行位于表格的顶部，如图 9-118 所示。"向上"表示创建由下向上读取的表格，标题行和表头行位于表格的底部，如图 9-119 所示。

c. 在"单元样式"下方的下拉列表框中选择"数据"选项，然后单击"常规"选项卡，再在"对齐"下拉列表框中选择"正中"选项，如图 9-120 所示。

图 9-119　方向"向上"的表格效果

图 9-120　设置表格内容的对齐方式

d. 单击"文字"选项卡，然后单击"文字样式"下拉列表框后的▢▢▢按钮，在打开的"文字样式"对话框中将"Standard"样式的字体设置为"仿宋_GB2312"，宽度因子设置为"0.7"，"文字高度"设置为"5"，依次单击　确定　按钮返回"新建表格样式:零部件明细表"对话框，单击

图9-121　设置表格内容的字体及大小

关闭(C)完成设置,如图9-121 所示。

e. 在"单元样式"下方的下拉列表框中选择"表头"选项,然后采用同样的方法将其对齐方式设置为"正中",文字样式设置为"Standard","文字高度"设置为"5",其余采用默认设置,依次单击 确定 和 关闭(C) 完成表格样式"零部件明细表"的创建。

②修改表格样式:若要修改表格样式,可单击"注释"选项卡的"表格"面板右下角的▫按钮,然后在打开的"表格样式"对话框的"样式"列表框中选中要修改的样式并单击 修改(M)… 按钮,接着在打开的对话框中进行修改,其修改方法与创建表格样式类似。

(2)创建表格并输入内容。

在创建完所需表格样式后,就可以绘制表格了。绘制表格时,必须先指定表格的列数、列宽、行数、行高,以及表格单元的样式,其具体操作方法如下。

①单击"注释"选项卡的"表格"面板中的"表格"按钮▦,打开"插入表格"对话框。

②在"列和行设置"区域中设置表格列数为"5",列宽为"25",数据行数为"3",行高为"1";然后在"设置单元样式"设置区的"第一行单元样式"下拉列表框中单击,在弹出的下拉列表中选择"表头"选项,接着在"第二行单元样式"和"所有其他行单元样式"的下拉列表框中选择"数据"选项,如图9-122 所示。

单击此按钮,可在打开的对话框中新建或修改表格样式

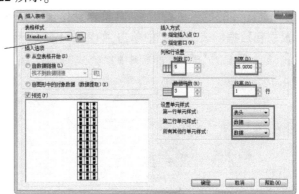

图9-122　"插入表格"对话框

③单击 确定 按钮,然后在绘图区的合适位置单击以放置表格,此时,系统将自动进入表格文字编辑状态,如图9-123 所示。

④在当前表格单元中输入所需内容后,可通过按【Tab】键或【→】、【←】、【↑】、【↓】方向键移到光标,然后在其表格中输入相应的文字,如图9-124 所示。

图9-123　放置表格

	A	B	C	D
1	序号	合页	把手	门锁
2	1	32	33	20
3	2	37	65	25
4	3	43	39	36
5	4	50	40	12
6	5	56	42	30
7	小计			

图9-124　输入表格内容

⑤表格内容输入完成后,可按两次【Esc】键或在表格外的任意空白处单击退出表格编辑状态。

⑥若要使表格中的所有数字位于其所在表格单元的正中间,可先在 A2 单元格中单击,然后按住【Shift】键并在 D6 单元格中单击,如图 9-125a) 所示,接着在"表格单元"选项卡的"单元样式"面板中单击"对齐"按钮,在弹出的下拉列表中选择"正中"选项,如图 9-125b) 所示。最后在表格外的任意空白处单击,退出表格编辑状态。

| a)选中单元格 | b)选择"正中"选项 |

图 9-125　调整表格内容的对齐方式

(3)在表格中使用公式。

通过在表格中插入公式,可以对表格单元中的数据执行求和、均值等运算。例如要对如图 9-130 所示的各类配件的数量进行汇总,其具体操作步骤如下。

①在要放置求和数据的表格单元中单击,如图 9-126 所示,此时系统将自动显示"表格单元"选项卡;单击该选项卡的"插入"面板中的"公式"按钮 $f(x)$,并在弹出的下拉列表中选择"求和"选项,如图 9-127 所示。

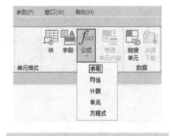

| 图 9-126　选中放置求和数据的表格单元 | 图 9-127　选择"求和"命令 |

②根据命令行提示选取要进行求和运算的表格单元,依次单击图 9-128a) 所示的 B2 和 B6 表格单元,从而选取了这两个表格单元之间的所有表格单元,此时表格如图 9-128b) 所示。按【Enter】键或在绘图区任意空白处单击,即可完成求和运算。

| a)选中要求和的单元格 | b)显示公式 |

图 9-128　进行"求和"运算

③采用同样的方法分别对"把手"和"门锁"列进行求和运算,最终结果如图9-129所示。

2.3.5　编辑表格

在创建好表格后,可以根据需要对已建的表格进行编辑,如修改文字,合并表格单元,插入、删除行和列,以及调整表格单元的行高和列宽等。

(1)选择表格与表格单元。

要对表格的外观及内容进行编辑,首先应掌握如何选择表格和表格单元,下面具体介绍一下操作方法。

①要选择整个表格,可直接单击任一表格线,或利用窗选或窗交方式选取整个表格。表格被选中后,表格线将显示为虚线,并显示了一组夹点,如图9-129所示。

②要选择一个表格单元,可直接在该表格单元中单击,此时将在所选表格单元四周显示夹点,如图9-130所示。

	A	B	C	D
1	序号	合页	把手	门锁
2	1	32	33	20
3	2	37	65	25
4	3	43	39	36
5	4	50	40	12
6	5	56	42	30
7	小计	218	219	123

图9-129　选择整个表格

	A	B	C	D
1	序号	合页	把手	门锁
2	1	32	33	20
3	2	37	65	25
4	3	43	39	36
5	4	50	40	12
6	5	56	42	30
7	小计	218	219	123

图9-130　选择一个表格单元

③要选择表格单元区域,可先在选择区域的某一角点处的表格单元中单击并按住鼠标左键不放,然后向选择区域的另一角点处拖动,释放鼠标后,选择区域内的所有表格单元和选择区域相交的表格单元均被选中,如图9-131所示。

	A	B	C	D
1	序号	合页	把手	门锁
2	1	32	33	20
3	2	37	65	25
4	3	43	39	36
5	4	50	40	12
6	5	56	42	30
7	小计	218	219	123

	A	B	C	D
1	序号	合页	把手	门锁
2	1	32	33	20
3	2	37	65	25
4	3	43	39	36
5	4	50	40	12
6	5	56	42	30
7	小计	218	219	123

图9-131　选择表格单元区域

④要退出表格单元的形状状态,可按【Esc】键,或直接在表格外的任意空白处单击。

(2)编辑表格内容。

要编辑表格内容,可直接双击要编辑的表格单元,进入文字编辑状态。要删除表格单元或表格的内容,可先将其选中,然后按【Delete】键。

(3)插入、删除行和列。

要在某个表格单元的左侧或右侧插入列,可首先选中该表格单元,然后右击,从弹出的快捷菜单中选择"列">"在左侧插入"或"在右侧插入"项。若选择"列">"删除"项,则可将该表格单元所在的列删除,如图9-132所示。同样,要插入或删除行,可选择"行"菜单中的子菜单。

(4)表格单元的合并与取消合并。

要合并表格单元,应先选中要合并的对象,然后右击,从弹出的快捷菜单中选择"合并""全部""按行"或"按列"等项来合并表格单元,如图9-133所示。

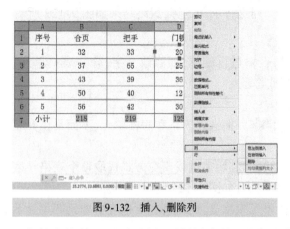

图9-132　插入、删除列

图9-133　合并单元格

合并表格单元后，如果想要撤销合并，可先选中要撤销合并的表格单元，然后右击，从弹出的快捷菜单中选中"取消合并"，或者单击"表格单元"选项卡的"合并"面板中"取消合并单元"按钮▦。

2.4　尺寸标注命令

尺寸是表达零件图和装配图的重要图形信息之一，它反映零件的真实大小以及零件间的相对位置关系，是实际生产中的重要依据。AutoCAD为我们提供了非常完整的标注体系，其中包括标注样式的设置与管理，标注各种尺寸、公差和多重引线等，可以轻松地完成图样标注任务。

2.4.1　添加尺寸标注的一般流程

在AutoCAD中，添加尺寸标注的一般流程如下。

(1)创建用于专门放置尺寸标注的图层，以方便管理尺寸标注。

(2)专门为尺寸文本创建文字样式。

(3)创建合适的尺寸标注样式。如果需要的话，还可以为尺寸标注样式创建子标注样式或替代标注样式，以标注一些特殊尺寸。

(4)设置并打开对象捕捉模式，利用各种尺寸标注命令标注尺寸。

2.4.2　创建标注样式

在添加尺寸标注前，一般应先创建尺寸标注样式。尺寸标注样式用于控制尺寸标注的外观，它主要定义尺寸线、尺寸界线、箭头的样式，尺寸文本的对齐方式，以及公差值的格式和精度等。

(1)新建尺寸标注样式。

默认状态下，AutoCAD自动创建了"Annotative""ISO-25"和"Standard"三种标注样式，用户可以根据需要对其修改，也可以根据需要创建符合国家标准规定的尺寸标注样式，具体操作介绍如下。

①展开"默认"选项卡的"注释"面板(图9-134)，然后单击"标注样式"按钮ᵇ，或单击"注释"选项卡的"标注"面板右下角的按钮◥，或在命令行中输入"D"("DIMSTYLE"的缩写)并按【Enter】键，打开"标注样式管理器"对话框，如图9-135所示。

在"标注样式管理器"对话框中，用户可以创建新的标注样式，或对"样式"列表框中的标注样式进行修改、删除、重命名等操作。该对话框中部分按钮及右键快捷菜单的功能介绍如下。

a.置为当前(U)按钮：在"样式"列表框中选择某一标注样式，然后单击该按钮可将所选择的样式设置为当前样式。

单击此处,可在弹出的下拉列表中选择所需标注样式

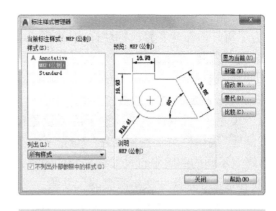

图9-134 展开的"注释"面板　　　　图9-135 "标注样式管理器"对话框

b. 修改(M)... 按钮:在"样式"列表框中选择某一标注样式,然后单击该按钮可在打开的对话框中对当前所选择的样式进行修改。修改标注样式后,所有使用该标注样式的尺寸对象会自动调整。

c. 替代(O)... 按钮:单击该按钮,可为当前标注样式创建临时替代样式。临时替代样式只影响后面将要添加的尺寸标注,而不影响已使用当前标注样式的尺寸标注。

d. 比较(C)... 按钮:单击该按钮,可在打开的对话框中比较了解两个标注样式的异同,如图9-136所示。

e. 在"样式"列表中选择某一标注样式,然后右击,可利用弹出的快捷菜单重命名或删除所选样式,但不能删除当前标注样式和已经用于标注尺寸的样式。

②单击 新建(N)... 按钮,打开"创建新标注样式"对话框。在该对话框中用户可以为新创建的标注指定样式名称、基础样式(选择创建新样式的基础样式,默认情况下是ISO-25)和用于标注特定对象的子样式,如图9-137所示。

说明:在"用于"下拉列表框中,如果选择"所有样式"选项,则创建的新标注样式适合于标注所有尺寸,如直径、半径、角度、坐标尺寸等;如果选择其他选项,则创建的新标注样式是基础样式的子样式,仅适用于特定对象的标注。例如,若选择"角度标注"选项,则使用该标注样式只能标注角度尺寸。

③单击 继续 按钮,打开如图9-138所示的"新建标注样式:公差尺寸"对话框;利用该对话框中的"线""符号和箭头""文字""调整""主单位"等7个选项卡,可以设置新建的标注样式的尺寸线、箭头、文字等特性。

④最后依次单击 确定 和 关闭 按钮,即可完成该标注样式的创建。

图9-136 "比较标注样式"对话框　　　　图9-137 "创建新标注样式"对话框

（2）设置尺寸标注样式。

为了更好地新建和修改标注样式,以图9-138所示的"新建标注样式:公差尺寸"对话框中各选项卡为例,介绍其功能。

①"线"选项卡。

图9-138所示的"线"选项卡主要用于设置尺寸线与尺寸界线的外观,各设置区的功能如下。

a. "尺寸线"设置区。该设置区用于设置尺寸线的颜色、线型、线宽和基线间距等。其中"基线间距"编辑框用于控制使用"基线"命令所标注的两平行尺寸线之间的距离,即起点相同,而终点不同的一组平行尺寸线之间的距离,如图9-139所示;"尺寸线1/尺寸线2"复选框用来控制是否显示尺寸文本两侧的尺寸线。

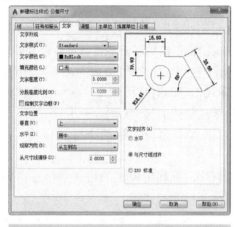

图9-138 "新建标注样式:公差尺寸"对话框

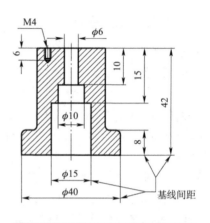

图9-139 基线间距

b. "尺寸界线"设置区。该设置区用于设置尺寸界线的颜色、线型、线宽、尺寸界线超出尺寸线的长度、尺寸界线的起点偏移量,以及是否隐藏尺寸界线等,其中部分选项的功能如图9-140所示。

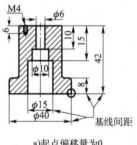

a)起点偏移量为0

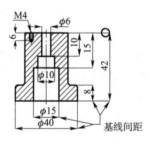

b)超出尺寸线的距离为0

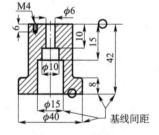

c)尺寸线的距离和起点偏移量均不为0

图9-140 超出尺寸线和起点偏移量

②"符号和箭头"选项卡。

该选项卡主要用于设置尺寸标注的箭头样式、圆心标记和弧长符号等。

③"文字"选项卡。

该选项卡主要用于设置尺寸文本的文字样式、高度、位置和对齐方式等,如图9-141所示。说明如下。

a. "文字外观"设置区:该设置区主要用于设置尺寸文本的文字样式、文字颜色、填充颜色、文字高度及分数高度比例等。其中"分数高度比例"选项用来控制分数或公差高度相对于标注文字的比例,只有在"主单位"选项卡中将"单位格式"设置为"分数"或选择某一公差形式时,该选项才可使用。

b. "文字位置"设置区:该设置区用来控制尺寸文本相对于尺寸线和尺寸界线的位置,如图9-142所示。

c. "文字对齐"设置区:用于控制尺寸文本是沿水平方向还是平行于尺寸线的方向放置,各单选按钮的功能如图9-143所示。注意的是,"ISO标准"表示将尺寸数字按照国际标准放置,即当尺寸文本能够放置在尺寸界线内部时,采用"与尺寸线对齐"方式放置,否则采用"水平"方式放置。

④"调整"选项卡。

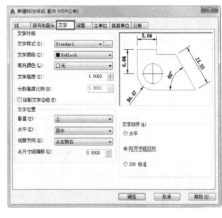

图9-141 "文字"选项卡

当尺寸界线间的空间不足时,利用该选项卡可设置尺寸线、尺寸文本和箭头的优先顺序及相对位置,如图9-144、图9-145所示。此外,利用"标注特性比例"设置区中的"使用全局比例"编辑框,可设置尺寸标注的全局比例等,即将尺寸标注的各组成部分按该编辑框中比例缩放。

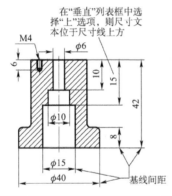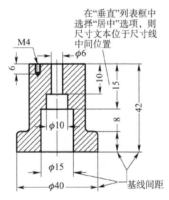

图9-142 尺寸文本相对于尺寸线的位置

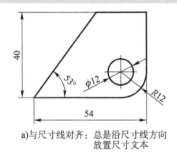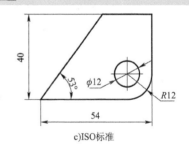

a)与尺寸线对齐:总是沿尺寸线方向 b)水平:将尺寸文本始终沿 c)ISO标准
放置尺寸文本 水平方向放置

图9-143 文字的三种对齐方式

⑤"主单位"选项卡。

该选项卡用于设置尺寸文本的单位格式、精度、前缀、后缀等。通常情况下,尺寸文本的单位格式设置为"小数",如图9-146所示。

此外,若选中该选项卡中"消零"设置区中的"前导"复选框,则不输出十进制尺寸的前导零,即尺寸0.5000变成.5000;若选中"后续"复选框,则不输出十进制尺寸的后续零,即尺寸12.5000变成12.5。

默认情况下，尺寸文本位于两尺寸界线之间，当两尺寸界线间的距离太小时，可利用这三个单选按钮设置尺寸文本的放置位置，如图9-159所示

图9-144　"调整"选项卡

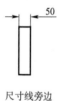

尺寸线旁边

尺寸线上方，带引线

尺寸线上方，不带引线

图9-145　尺寸文本的位置

⑥"换算"选项卡。

在该选项卡中既可以控制是否在标注的尺寸中显示换算单位，也可以设置换算单位的格式、精度、位数、舍入精度、前缀、后缀和消零方法等。

⑦"公差"选项卡。

利用图9-147所示的"公差"选项卡，可以设置公差的类型、精度、上极限偏差和下极限偏差值及公差的放置位置等。在机械制图中，经常需要利用"方式"下拉列表框中的相关选项，为图形标志图9-148所示的4种尺寸。

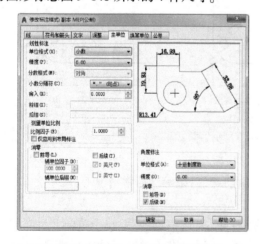

图9-146　"主单位"选项卡

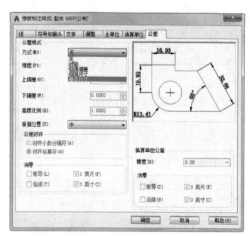

图9-147　"公差"选项卡

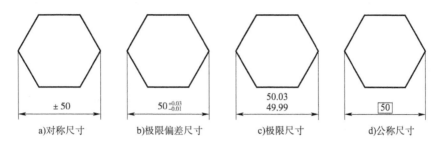

| a)对称尺寸 | b)极限偏差尺寸 | c)极限尺寸 | d)公称尺寸 |

图 9-148　各种公差的标注效果

2.4.3　主要尺寸标注命令

设置好标注样式后,就可以利用相应的标注命令对图形对象进行尺寸标注了。在 Auto-CAD 中,要标注长度、弧长、半径等不同类型的尺寸,应选择不同的标注命令,各标注命令分别介绍如下。

(1)基本尺寸标注命令。

要为图形标注线性、对齐、角度、半径和直径等公称尺寸,其标注操作方式如下。以如图 9-149 所示标注线性尺寸 50 为例说明操作过程。

①执行命令:"默认"选项卡丨"注释"丨"线性";命令行,DIMLINEAR;菜单栏,"标注"丨"线性";工具栏,⊢。

②操作步骤:命令行,DIMLINEAR(执行线性尺寸标注命令);指定第一个尺寸界线原点或<选择对象>(指定尺寸 50 的尺寸界线的起点);指定第二条尺寸界线原点(指定尺寸 50 的尺寸界线的终点);[多行文字(M)文字(T)角度(A)水平(H)垂直(V)旋转(R)],50(输入尺寸值 50 确定)。

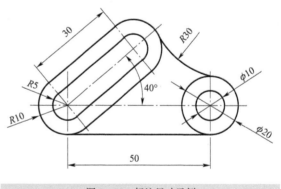

图 9-149　标注尺寸示例

说明:多行文字(M):选择该选项将打开多行文字编辑界面,在该界面中可编辑尺寸文本,例如,该尺寸文本添加前缀、后缀,或输入文字来取代测量值。

文字(T):选择该选项,可通过在命令行中输入要标注的文字,按【Enter】键以标注尺寸。如果要为尺寸文本添加前缀、后缀等内容,可用"<>"表示尺寸文字,用控制代码表示特殊字符。例如,要为尺寸 20 添加前缀 φ,可在命令提示行中输入"%%%c<>",此时标注文本即可变为"φ20"。

角度(A):选择该选项,可以设置尺寸文本的旋转角度。

水平(H):选择该选项,表示标注两点之间水平方向上的距离。

垂直(V):选择该选项,表示标注两点之间垂直方向上的距离。

旋转(R):选择该选项,可以通过输入数值或捕捉两点来定义旋转角度,以标注两点之间在指定方向上的距离。该选项使用较少,要标注两点之间的直线距离,使用较多的是"对齐"命令。如图 9-149 所示的尺寸"30"。

在"注释"面板中"标注"选项的"线性"下拉列表框的其他命令的功能介绍,见表 9-2。

命令	功 能	标 注 方 法
线性	用于标注两点之间的水平或垂直方向的距离	依次单击尺寸界线的起点、终点和尺寸文本的位置
已对齐	用于标注两点间的直线距离,且尺寸标注中的尺寸线始终与标注点之间的连线平行	
角度	用于标注圆弧的角度、两条直线间的角度和三点间的夹角	单击角度的两个边界对象,然后指定尺寸文本的位置
弧长	用于标注圆弧的长度。弧长标注包含一个弧长符号,以便与其他标注区分开来	直接选择要标注的对象,然后指定尺寸文本的位置
半径/直径	可分别标注圆弧或圆的半径或直径尺寸	
已折弯	用于标注半径过大,或圆心位于图样或布局之外的圆弧尺寸	直接选择标注对象,然后依次指定圆心的替代位置和两个折弯位置
坐标	基于当前坐标系标注任意点的 X 或 Y 坐标	指定要标注的点,然后向 X 或 Y 轴方向移到光标并单击

（2）连续标注。

①功能：使用"连续"命令可以创建与前一个或指定尺寸首尾相连的一系列尺寸或角度尺寸。要使用该命令标注尺寸,必须先指定一个尺寸界线作为连续尺寸的第一条尺寸界线的起点,然后根据命令行提示,依次选择其他点作为连续尺寸的第二条尺寸界线的原点,如图 9-150 所示。

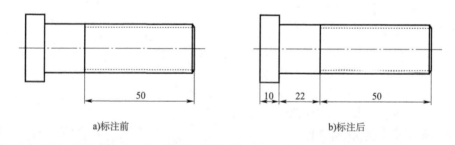

a)标注前　　　　　　　　　　　b)标注后

图 9-150　标注连续方式

②执行命令："注释"选项卡 |"标注" |"连续"；菜单栏,"标注" |"连续"；命令行,DIMCONTINUE；工具栏, ᚻᚻ。

③操作步骤：命令行,DIMCONTINUE（执行连续尺寸标注命令）；选择连续标注（指定连续标注尺寸的第一点）；指定第二个尺寸界线原点或［选择(S)放弃(U)］<选择>（指定第二个尺寸界线的点）；指定第二个尺寸界线原点或［选择(S)放弃(U)］<选择>（指定第三个尺寸界线的点）；按【Esc】键完成尺寸标注。

（3）基线标注。

①功能：使用"基线"命令可以创建一系列由同一尺寸线处引出的多个相互平行且间距相等的线性标注或角度标注。在进行基线标注前,必须先选择一个尺寸界线作为尺寸基准,如图 9-151 所示。

②执行命令："注释"选项卡 |"连续右下角按钮 ⏷" |"基线"；菜单栏,"标注" |"基线"。命令行,DIMBASELINE；工具栏, ᚻ。

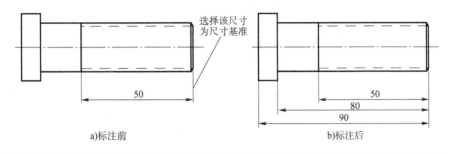

a)标注前　　　　　　　　　　　　　　b)标注后

图9-151　标注基线尺寸

③操作步骤:命令行,DIMBASELINE(执行基线尺寸标注命令);选择基线标注(指定基线标注尺寸的位置);指定第二个尺寸界线原点或[选择(S)放弃(U)]<选择>(指定第二个尺寸界线的终点);指定第二个尺寸界线原点或[选择(S)放弃(U)]<选择>(指定第三个尺寸界线的终点);按【Esc】键完成尺寸标注。

(4)快速标注。

①功能:使用"快速"命令,可以快速创建一系列基线、连续、阶梯和坐标标注,快速标注命令可以标注多个圆、圆弧以及编辑现有标注的布局,如图9-152所示。

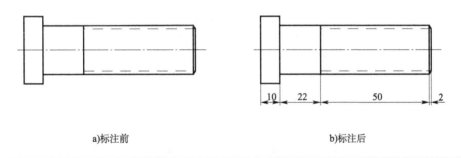

a)标注前　　　　　　　　　　　　　　b)标注后

图9-152　标注快速尺寸

②执行命令:"注释"选项卡|"快速";菜单栏,"标注"|"快速标注"。命令行,QDIM;工具栏,。

③操作步骤:命令行,QDIM(执行快速尺寸标注命令);选择要标注的几何图形(指定标注尺寸的图形);指定尺寸线位置或[连续(C)并列(S)基线(B)坐标(O);半径(R)直径(D)基准点(P)编辑(E)设置(T)]<连续>(指定第二个尺寸界线的终点);单击完成尺寸标注。

说明:执行"QDIM"命令时,在选择想要标注的图形对象并结束对象选择后,命令行将显示如图9-153所示的提示,该提示中各选项的功能介绍如下。

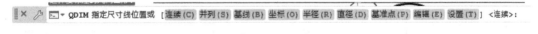

图9-153　提示信息

a.连续(C)、并列(S)、基线(B)、坐标(O)、半径(R)、直径(D):用于一次性创建多个对象的半径、直径或具有连续、并列和基线等性质的尺寸标注。

b.基准点(P):为基线标注和坐标标注设置新的基准点或原点。

c.编辑(E):可以显示所有的标注节点,并提示用户在现有标注中添加或删除标注节点。

d. 设置(T)：为尺寸界线原点设置对象捕捉模式。默认情况下，系统以"端点捕捉"作为尺寸界线的原点捕捉模式。

注意："QDIM"命令适合标注基线尺寸、连续尺寸、一系列圆或圆弧的半径、直径等，但不能标注圆心和标注公差。

2.4.4 添加多引线和形位公差标注

多重引线一般由带箭头或不带箭头的直线或样条曲线（又称引线）、一条短水平线（又称基线），以及处于引线末端的文字或块组成，常用于标注图形的倒角尺寸、形位公差的引线以及装配图中各组件的序号等，如图9-154所示。

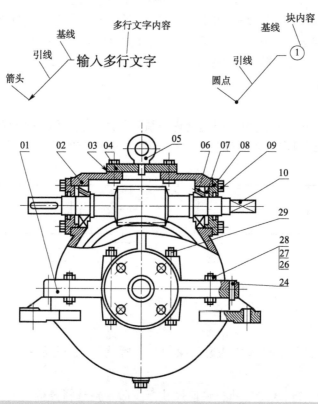

图9-154 引线标注示例

与尺寸标注相似，多重引线标注中的字体和线型都是由多重引线样式所决定的。因此，标注引线以及前，根据需要应预先设置所需要的多重引线样式，即指定引线、箭头和注释内容的样式等。

（1）使用多重引线注释图形。

①功能：在 AutoCAD 中，系统默认提供了一个"Standard"多重引线样式，该样式由闭合的实心箭头、直线引线和多行文字组成。以如图9-155所示的图形为例，阐述多重引线样式的设置及其标注方法。具体操作如下。

②操作步骤：

a. 创建多重引线样式，如图9-156所示，其操作方

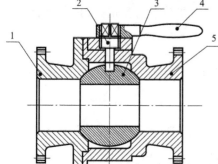

图9-155 使用多重引线标注图形

法有:菜单栏,依次选择"格式"|"多重引线样式"|"多重引线样式管理器"；选项卡,依次选择"默认"|"注释"|右下角按钮 ▼ |"多重引线样式管理器"；选项卡,"注释"|"引线"|右下角按钮 |"多重引线样式管理器"。

b. 单击该对话框中的 修改(M)... 按钮,打开图9-157所示的"修改多重引线样式"对话框。

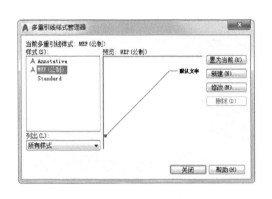

图9-156　"多重引线样式管理器"对话框

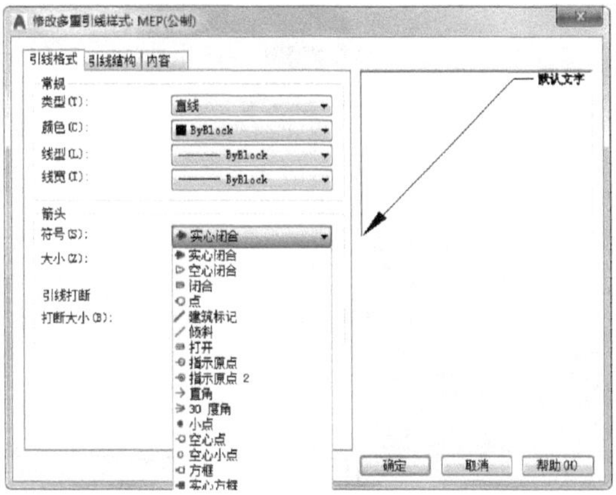

图9-157　"修改多重引线样式"对话框

说明:如图9-157所示的对话框用于设置多重引线的引线格式、引线结构和内容样式,其各选项卡的功能有:"引线格式",此选项卡主要用于设置引线的类型、线宽、线型,以及引线箭头的形状和大小等;"引线结构",此选项卡用于设置引线的段数、引线每一段的倾斜角度、是否包含基线和基线的距离,以及多重引线的缩放比例;"内容",此选项卡用于设置引线标注的文字类型及属性,其文字类型可在"多重引线类型"下拉列表框中选择。

c. 如图9-155所示,要标注的多重引线由带圆点的引线和数字组成。因此,应在图9-158所示"引线格式"选项卡中的"符号"下拉列表框中选择"小点",然后在"大小"编辑框中输入"5"。

d. 选择"引线结构"选项卡,取消选中"基线设置"设置区中的"自动包含基线"和"设置基线距离"复选框,其他选项采用默认设置,如图9-158所示。

e. 选择"内容"选项卡,采用系统默认选择的多重引线类型"多行文字",然后在"文字样式"列表框中选择已创建好的"文字及字母"文字样式,在"文字高度"编辑框中输入"5",其他设置如图9-159所示,设置完成后,依次单击 确定 和 关闭 按钮,完成引线样式的设置。

f. 在"注释"选项卡的"引线"面板中单击"多重引线"按钮 ,依次在图9-160所示A、B两处单击,然后在弹出的编辑框中输入值1,并在绘图区任意位置处单击,完成多重引线1的标注,结果如图9-160所示。

g. 按【Enter】键重复执行"多重引线"命令,采用同样的方法标注其他引线,结果如图9-155所示。

(2)编辑多重引线。

标注多重引线后,我们既可以修改多重引线中所注释的文字内容,也可以为现有的多重引线添加或删除引线,还可以对齐或合并多重引线的内容。

图9-158　"引线结构"选项卡

图9-159　"内容"选项卡

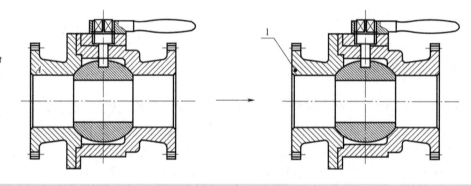

图9-160　标注多重引线

图9-161　"特性"选项板

①修改注释文字及引线格式。

标注多重引线后,若要修改多重引线中的文字内容,可在命令行中输入"ED"并按【Enter】键,然后选择要修改的多重引线,在弹出的文本编辑框中进行修改;若要修改多重引线中箭头的大小、基线距离或文字的高度等特性,可通过修改多重引线的样式进行修改,或利用"特性"选项板进行修改,如图9-161所示。

②添加与删除多重引线。

当零件图中具有多个大小相同的倒角对象时,为了便于读图,可用一个具有多条引线的多重引线来注释这些对象。标注时,可先利用"多重引线"命令标注一个多重引线,然后在"注释"选项卡的"引线"面板中单击"添加引线"按钮 ，选择已标注的多重引线,如图9-162a)所示,接着依次移动光标,并在合适位置单击以指定引线箭头的位置,结果如图9-162b)所示。

如果添加的多重引线不符合设计要求,还可以在"注释"选项卡的"引线"面板中单击"删除引线"按钮 ，然后根据命令行提示重新选择要修改的多重引线和要删除的引线,最后按【Enter】键结束操作。

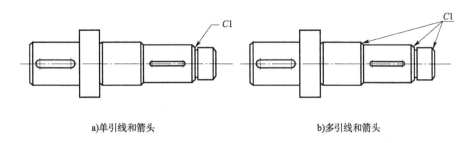

a)单引线和箭头　　　　　　　　b)多引线和箭头

图9-162　添加多重引线

③对齐与合并多重引线。

使用"对齐"命令可将选定的多个多重引线对象按一定角度进行对齐。例如,要将图9-163a)所示的多重引线进行对齐,可在"注释"选项卡的"引线"面板中单击"对齐"按钮 ,依次选择要对齐的两条多重引线并按【Enter】键,然后根据命令行提示选择要对齐的多重引线,如编号为①的多重引线,接着移动光标在合适位置单击以指定其放置位置,结果如图9-163b)所示。

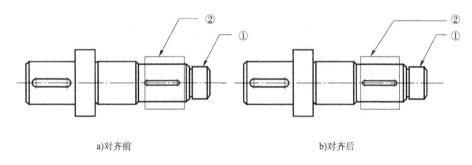

a)对齐前　　　　　　　　　　　b)对齐后

图9-163　对齐多重引线

此外,在"注释"选项卡的引线面板中单击"合并"按钮 ,然后选择要进行合并的多重引线并移动光标,在合适的位置单击即可完成多重引线的合并。

(3)标注几何公差。

一般情况下,几何公差需要与多重引线结合使用,因此,在创建几何公差前,通常需要先创建类型为"无"的多重引线。以图9-164所示的图形为例来介绍创建几何公差的方法。

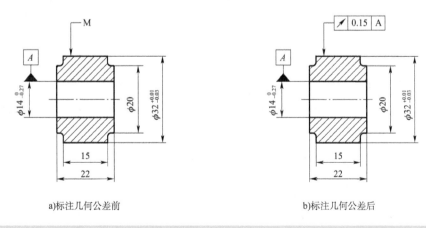

a)标注几何公差前　　　　　　　　b)标注几何公差后

图9-164　标注形位公差

①执行命令:"注释"选项卡|"标注"|"公差";菜单栏,"标注"|"公差";命令行,TOLERANCE;工具栏,▦。

②操作步骤:命令行,TOLERANCE(执行公差标注命令);弹出如图9-165所示的对话框(输入指定的符号、公差数值,单击 确定 按钮);输入公差位置(确定几何公差框放置的M位置);完成几何公差的标注,如图9-164b)所示。

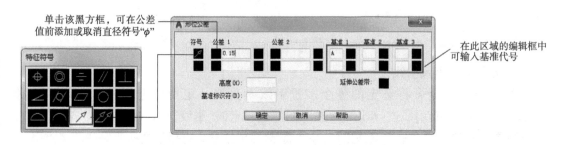

图9-165 "几何公差"和"特征符号"对话框

2.4.5 编辑尺寸标注

对已添加的尺寸标注,可以对其尺寸文本、尺寸界线和尺寸线等进行各种编辑。

(1)编辑尺寸文本和尺寸界线。

利用编辑尺寸标注命令"DIMEDIT"可以倾斜尺寸界线、旋转尺寸文本或者修改尺寸文本内容等。该命令的最大特点是可以同时对多个尺寸标注的对象进行编辑。以如图9-166所示的图形为例介绍操作步骤。

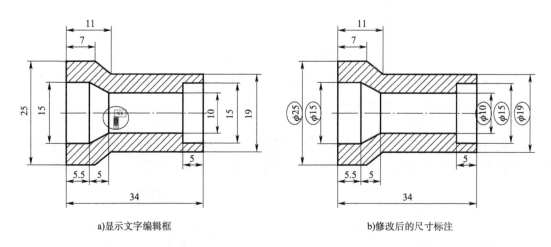

a)显示文字编辑框   b)修改后的尺寸标注

图9-166 修改尺寸标注

①在命令行输入"DIMEDIT"并按【Enter】键,此时,命令行显示出图9-167所示的提示信息。

× ✗ H▾ DIMEDIT 输入标注编辑类型 [默认(H) 新建(N) 旋转(R) 倾斜(O)] <默认>:

图9-167 命令提示

说明:"默认(H)",选择该选项可以移动尺寸文本到默认位置;"新建(N)",选择该选项可以修改尺寸文本;"旋转(R)",选择该选项可以旋转尺寸文本;"倾斜(O)",选择该选项可以倾斜尺寸界线。

②根据命令提示输入"N"并按【Enter】键,此时进入文字编辑界面,并且出现图9-167a)所示的文字编辑框。

③在此编辑框中输入"%%C",在绘图区其他任意位置单击,然后依次单击选中想要在尺寸文本前添加"ϕ"符号的尺寸标注,按【Enter】键完成命令操作,如图9-167b)所示。

(2)对齐尺寸文本。

使用"DIMEDIT"命令可对齐和旋转尺寸文本。要执行"DIMEDIT"命令,可在命令行中输入"DIMEDIT"并按【Enter】键,或选择"标注"|"对齐文字"菜单中的相应子菜单项。如图9-168a)所示的尺寸文本"90",要移动到尺寸线的正中间,操作步骤如下。

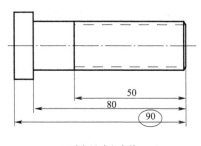
a)对齐尺寸文本前

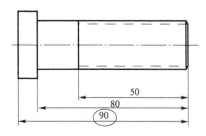
b)将尺寸文本居中对齐

图9-168 命令提示

①在命令行输入"DIMTEDIT",按【Enter】键。

②在命令行提示:选择标注,选择尺寸"90",此时命令行显示出如图9-169所示的提示信息。

DIMTEDIT 为标注文字指定新位置或 [左对齐(L) 右对齐(R) 居中(C) 默认(H) 角度(A)]:

图9-169 命令提示

说明:"左对齐(L)",选择该选项可使尺寸文本沿尺寸线左对齐,适用于线性、半径和直径标注;"右对齐(R)",选择该选项可使尺寸文本沿尺寸线右对齐,适用于线性、半径和直径标注;"居中(C)",选择该选项可使尺寸文本放在尺寸线的中央;"默认(H)",选择该选项可使尺寸文本移到默认位置;"角度(A)",选择该选项可使尺寸文本旋转至指定位置。

③此时可直接移动光标来移动尺寸线的位置,然后单击确认。也可以选择某个选项,如图9-168a)即在命令行输入"C"并按【Enter】键,结果如图9-168b)所示。

(3)更新尺寸标注。

通常,尺寸标注和样式是相关联的,因此,当标注样式修改后,标注会自动更新。另外,如果想要使用当前标注样式更新某些尺寸标注,可单击"注释"选项卡|"标注"|"更新",选择想要更新的尺寸标注,右击,结束对象选择,则所选尺寸标注均被更新。

2.5 创建和使用块

绘制机械图形时,有许多图形是经常被使用的,如各种规格的螺栓、螺母、螺钉和轴承等,为了减少重复工作,即将这类经常被使用的图形对象定义为块,使用时直接将其插入到所需位

置即可。此外,还可以将一些形状相同而文字不同的图形定义为带属性的块,使用时,只需要将该图块直接插入到所需位置并修改文字即可。

2.5.1　创建和使用普通块

块是由一个或多个图形对象组成的图形单元,可以作为一个独立、完整的对象来操作。

(1)使用系统内置的块。

为了方便用户使用,AutoCAD 的"工具选项板"和"设计中心"中内置了螺钉、螺母、轴承等一些常用的机械零件块,用户可根据绘图需要方便地使用这些块。

①使用"工具选项板"中的图块。

使用"工具选项板"选择图块,其操作过程是:单击"视图"选项卡 │ "选项板"面板 │ "工具选项板" │ "机械"选项卡标签,然后选择想选的图块,如图 9-170 所示。

例如,绘图区插入"六角圆柱头"图块,其步骤为:先打开"工具选项板" │ "机械" │ 单击要插入的图块"六角圆柱头",如图 9-171 所示。此时,可根据命令行提示通过输入"S""X""Y"或"Z"来设置该图块的比例。设置完成后,在绘图区单击即可插入该图块,如图 9-171 所示。

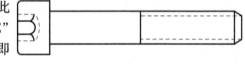

图9-171　"六角圆柱头立柱"图块

"工具选项板"中提供的块大多数都是动态块。如果选择已插入的动态块,然后单击出现的▼夹点,可在弹出的快捷菜单中选择该图块的型号,如图 9-172 所示。

图9-172　利用夹点调整图块的尺寸和位置

②使用"设计中心"中的图块。

如图 9-173 所示的"设计中心"对话框中包含了机械、建筑、电子、管道等多种行业经常使用的一些零件块。若要使用这些块,可单击"视图"选项卡 │ "选项板"面板 │ "设计中心"按钮▨,在打开的对话框中选择所需图块并右击,然后在弹出的快捷菜单中选择"插入块"菜单项,接着在打开的"插入"对话框中分别设置 x、y、z 轴方向的比例,最后在绘图区单击以指定插入位置即可。

(2)创建和存储自定义的图块。

除了使用系统提供的图块外,还可以将一些常用的图形或符号制作成块,然后将其储存在合适的文件夹中,以便绘图工程中随时使用。

①创建块。

创建块时,需要指定块的名称、组成块的图形对象、插入时要使用的基点及块的单位等。以如图 9-174 所示图形为例,介绍操作方法。

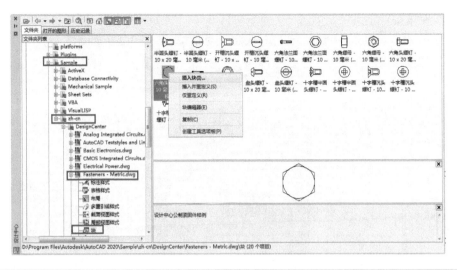

图9-173　使用"设计中心"中的图块

a.执行命令:"默认"选项卡｜"块"｜"创建";菜单栏,"绘图"｜"块"｜"创建"。命令行,BLOK;工具栏, 。

b.操作步骤:

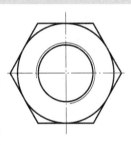

图9-174　六角螺母

命令行,BLOK(执行创建块命令,打开块定义对话框,如图9-175所示);在"名称"框:输入"六角螺母";在"基点"栏单击"拾取点"按钮:选择六角螺母的基点"圆心";在"对象"栏:单击"选择对象"按钮,选取图9-175所示的"六角螺母";在"对象"栏:采用默认的"转换为块";单击 确定 完成块的创建。

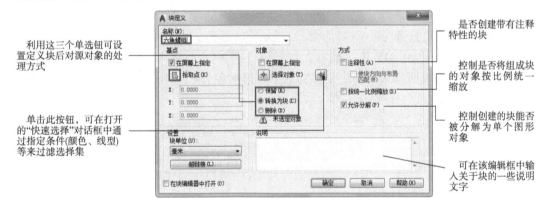

图9-175　"块定义"对话框

②储存块。

创建块后,便可在当前图形文件中使用它了。但是,如果想要在其他图形文件中也能使用该图块,则需要先将该块储存为独立的图形文件(称为外部块),然后在其他图形文件中直接调用。

要储存块,可执行"WBLOK"命令。例如,要将前面创建的"六角螺母"块进行储存,可按如下方法操作。

a.执行命令:"插入"选项卡｜"块定义"面板｜"创建块"下方的三角符号 ｜"写块";命令行,WBLOK。

b. 操作步骤：

命令行，WBLOK（执行写块命令，打开块定义对话框，如图 9-176 所示）。

如果当前图形文件中没有定义的块，可以选中"对象"单选钮，然后通过指定基点和图形对象创建块；也可以选中"整个图形"单选钮，将整个图形定义为块，其插入基点为坐标原点

单击此按钮，可在打开的"浏览图形文件"对话框中设置该块的存储位置

使用块时，系统将按照此处的单位插入该块

图 9-176 "写块"对话框

其中："源"｜单击"块"框：输入"六角螺母"；"对象"｜单击"基点"的"拾取点"按钮，选择六角螺母的基点"圆心"；"对象"｜单击"选择对象"按钮，选取图 9-174 所示的对象"六角螺母"；在"目标"栏中，单击浏览按钮，确定文件名"六角螺母"和保存写块的路径；单击 确定 按钮，将该块存储起来。

（3）插入块。

要使用当前图形文件或其他图形文件中所创建的块，可按如下步骤操作。以图 9-177 为例介绍。

① 执行命令："插入"选项卡｜"块"面板｜"插入"；"默认"选项卡｜"块"面板｜"插入" 命令行，INSERT。工具栏，。

② 操作步骤：

执行插入块命令，打开"插入"对话框，如图 9-193 所示。"比例"，选择该选项，命令行将会提示输入 X、Y 比例因子的数值；"旋转"，选择该选项，命令行将会提示旋转角度的数值；"分解"，选择该选项，可将所插入的图块分解成单个图形对象；说明：在图 9-178 所示的对话框中显示了"比例""旋转"和"分解"复选框。

图 9-177 图形

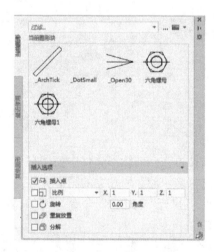

图 9-178 "插入"对话框

要在生成块的源文件中插入所创建的块（为内部块），只需在"插入"对话框的"名称"下拉列表框中选择要插入块的名称。否则，单击　按钮，然后在打开的"选择图形文件"对话框中选择要插入的块，如选择前面所储存的"六角螺母"块，如图 9-179 所示。

③单击 打开(O) 按钮，然后显示如图 9-180 所示的块图形对话框，选中"六角螺母"图形，在命令行出现如图 9-181 所示的提示信息，单击插入点即可完成块插入，如图 9-182 所示。

图 9-179　选择要插入的块

图 9-180　块图形对话框

INSERT 指定插入点或 [基点(B) 比例(S) X Y Z 旋转(R)]:

图 9-181　提示信息

④按【Enter】键重复执行"插入"命令，或使用"复制""镜像"等命令将六角螺母插入到另一个位置。

（4）编辑块。

一般情况下，组成块的图形对象是不能被编辑修改的。若要修改块图形的形状，有两种方法。

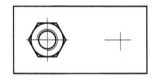

图 9-182　插入"六角螺母图块"

方法一：使用"分解"命令将其分解为多个单独的图形对象，然后再进行编辑修改。使用这种方法只能编辑某个指定的块对象，也就是说，如果一副图形中插入了多个同一图块，一次只能修改其中一个。

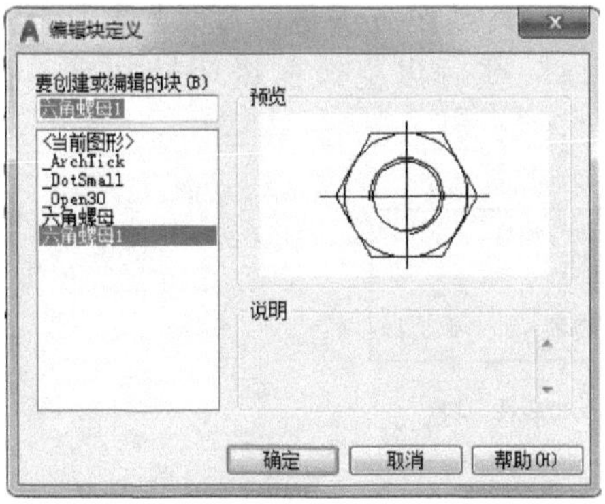

方法二：借助块编辑器进行编辑修改，使用这种方法的优点是：只要修改绘图区中的任何一个块对象，则绘图区中所有该块的引用都会自动更新。其操作步骤如下。

①双击绘图区中已经插入的任一"六角螺母"块；或选中该图块，然后在"默认"选项卡｜"块"面板｜单击"编辑"按钮 ，即打开如图 9-183 所示的"编辑块定义"对话框；

图 9-183　"编辑块定义"对话框

②在该对话框中选择要编辑的块，然后单击

按钮,可打开块编辑界面,如图9-184所示。该界面默认显示的选项卡为"块编辑器",但"默认""插入"等选项卡都可使用。因此,我们可以借助这些选项卡中的相关命令对绘图区中的块进行编辑修改。

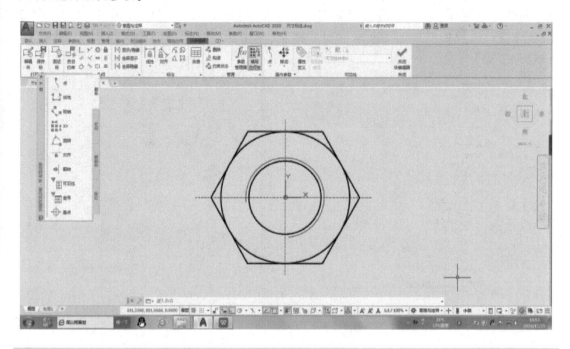

图9-184 块编辑界面

③修改结束后,应先在"块编辑器"选项卡的"打开/保存"面板中单击"保存块"按钮 ,然后单击"关闭"面板中的"关闭块编辑器"按钮 ,并在打开的"块 – 是否保存参数更改?"对话框中选择"保存更改",即可保存修改结果。

2.5.2 创建和使用带属性的块

在AutoCAD中,除了可以创建普通块外,还可以创建带有附加信息的块,这些附加信息被称为属性。这些属性类似商品上面的标签,可包含块中所有可变参数,从而方便用户进行修改。下面介绍创建和使用带属性的块的操作方法。

(1)创建带属性的块。

带属性的块实际上是由图形对象和属性对象组成的。其操作方法是:"默认"选项卡 | "块"面板 | 单击"定义属性"按钮 ,即可为图形添加一些可以更改的说明性文字。以图9-185为例介绍操作步骤。

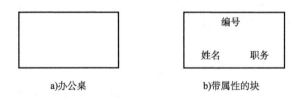

a)办公桌   b)带属性的块

图9-185 创建带属性的办公桌

①"默认"选项卡 | "块"面板 | 单击"定义属性"按钮 ,打开"属性定义"对话框。

②在"属性"设置区的"标记"编辑框中输入"编号",在"提示"编辑框中输入"请输入编号",在"插入点"设置区选中"在屏幕上指定"复选框,在"文字高度"编辑框中输入"120",如图9-186所示。

说明:"属性定义"对话框的"模式"设置区中各复选框的功能介绍如下。

a.不可见:选择该复选框,表示所提及的属性不可见。

图9-186 "属性定义"对话框

b.固定:选择该复选框,表示所提及的属性的内容由"默认"编辑框中的值确定。

c.验证:选择该复选框,表示插入块时系统将提示检查该属性值的正确性。

d.预设:选择该复选框,表示插入块时命令行中不再出现"提示"编辑框中的信息,而直接使用属性的"默认"值。但是,用户仍可在插入块后更改该属性值。

e.锁定:选择该复选框,表示锁定块参照中属性的位置。

f.多行:选择该复选框,表示属性值可以包含多行文字。

③其他采用系统默认设置,单击 确定 按钮后在矩形办公桌内的合适位置单击,指定属性文字的插入点,如图9-187所示。

④重复执行"定义属性"命令,参照图9-185所示的文字为办公桌添加其他属性。

⑤在"默认"选项卡|"块"面板|单击"创建"按钮 ,在打开的"块定义"对话框的"名称"编辑框中输入"办公桌",在"基点"设置区中单击"拾取点"按钮 ,捕捉办公桌左下角点,当出现"端点"提示时单击,如图9-188所示。

图9-187 放置"编号"属性

图9-188 指定基点

⑥单击"块定义"对话框中的"对象选择"按钮 ,采用窗交方式选取办公桌图形及所有属性标记,按【Enter】键结束块对象的选取;单击选中"保留"单选钮,其他设置采用默认,如图9-189所示。单击该对话框中的 确定 按钮,完成带属性块的创建。

说明:若选中图9-204所示"块定义"对话框中的"转换为块"单选钮,则在单击该对话框中的 确定 按钮后,系统会打开"编辑属性"对话框,在该对话框中可输入所需文字(见图9-190)后单击 确定 按钮,则所创建的块如图9-191所示。

⑦在"插入"选项卡|"块定义"面板|单击"创建块"下方的三角符号 ,在弹出的按钮列表中选择"写块"命令,然后在打开的"写块"对话框中选中"块"单选钮,并在其后的下拉列表框值选择"办公桌"选项,接着单击"文件名和路径"编辑框后的"浏览"按钮 设置块的保存位置,最后单击 确定 按钮,即可将该块存储起来。

图9-189 "块定义"对话框

图9-190 "编辑属性"对话框

图9-191 更改属性文字效果

（2）使用带属性的块。

插入带属性的块的方法和插入普通块的方法相同，只是在插入结束时需要重新输入属性值。例如，要使用前面创建的"办公桌"图块，布置图如图9-192a）所示的办公室，结果如图9-192b）所示，操作步骤如下。

a)办公室

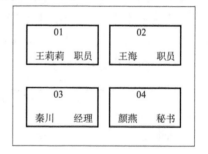

b)插入带属性的块

图9-192 创建带属性的办公桌

①在"默认"选项卡｜"块"面板｜单击"插入"按钮，打开的"插入"对话框；单击该对话框中的"浏览"按钮，在打开的"选择图形文件"对话框中选择之前保存的"办公桌"图块后单击。

②采用默认的插入比例和旋转角度，单击对话框中的 确定 按钮，然后捕捉图9-192a）的左下角的点，待出现"节点"提示时单击，指定"办公桌"块的位置，接着按照命令行提示信息依次输入"职务"为"经理"、"姓名"为"秦川"、"编号"为"03"，按【Enter】键完成操作。结果如图9-193所示。

③重复执行"插入"命令，按照相同的方法插入其他"办公桌"图块，或在"默认"选项卡的"修改"面板中单击"复制"按钮，将图9-193所示的图块依次复制到其他所需的位置，然后双击某图块，参照图9-192b）内容在打开的"增强属性编辑器"对话框中修改个属性值，如

图9-194所示。

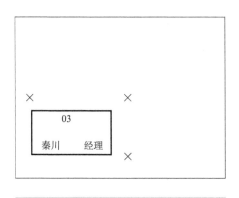

图9-193 插入属性块并更改属性文字

图9-194 "增强属性编辑器"对话框

(3)编辑块属性。

在图形中插入带属性的块后,可根据需要对块属性进行编辑。例如,要编辑插入的"办公桌"块的属性内容,可双击该块,或选择该块后,单击"默认"选项卡｜"块"面板｜单击"单个"按钮🖐,打开"增强属性编辑器"对话框(图9-194)进行操作。

在图9-194所示的"增强属性编辑器"对话框中不仅可以修改属性值,还可以在"文字选项"选项卡中修改各属性值的文字样式、对正方式和大小等,在"特性"选项卡中为各属性值重新设置图层、线型、颜色和线宽等。

此外,展开"默认"选项卡中"块"面板,单击"块属性管理器"按钮🖐,打开"块属性管理器"对话框,在该对话框中选择某个属性后,单击"编辑按钮",可利用打开的"编辑属性"对话框编辑块属性,如图9-195所示。

图9-195 编辑块属性

复习与思考题

一、填空题

1. 要重复执行命令,可按_____键;要取消命令,可按_____键。

2. 在 AutoCAD 中,系统默认的坐标系为_____,用户也可以根据需要定义_____。

3. 要绘制两个圆的公切线,可在执行"直线"命令后,按住_____键在绘图区右击,从弹出的快捷菜单中选择"切点"菜单项。

4. 使用_____模式，只能绘制水平直线或垂直直线。

5. 绘制平行线的方法主要有利用_____功能和利用"偏移"和"复制"命令。

6. 执行延伸命令操作时应指定_____与_____对象。

7. 创建单行文字时，要输入直径符号"φ"，可输入_____控制代码；要输入正负号"±"，可输入_____控制代码。

8. 使用_____命令可以一次性创建多个对象的半径、直径或具有连接、并列和基线等性质的尺寸标注。

9. 要创建块，可执行_____命令；要将块保存为单独的文件，可执行_____命令。

10. 在打断对象时，若在"指定第二个打断点"命令提示下输入_____，表示第二个打断点与第一个打断点重合。

二、选择题

1. 下列属于合理的绝对坐标 X、Y 的表示方法的是(　　)。

　　A. 6.0,10.7　　　　　B. 17 < 64　　　　　C. @9,10　　　　　D. @45 < 80

2. (　　)功能可控制光标沿由极轴角定义的极轴线方向移动。

　　A. 捕捉　　　　　　　B. 正交　　　　　　　C. 对象捕捉　　　　　D. 极轴追踪

3. 要使用"直线"命令绘制图形，可在命令行中输入(　　)后按【Enter】键进行绘制。

　　A. C　　　　　　　　B. LINE　　　　　　　C. REC　　　　　　　D. CEN

4. 在利用夹点进行操作时，既可以通过输入"C"进行复制，也可以在操作的同时按住(　　)键进行复制。

　　A.【Shift】　　　　　B.【Ctrl】　　　　　　C.【Enter】　　　　　D.【Esc】

5. 执行倒角或圆角命令时，按住(　　)键选取两条直线，可以直接生成零距离倒角或零半径圆角。

　　A.【Shift】　　　　　B.【Ctrl】　　　　　　C.【Enter】　　　　　D. 空格键

6. "特性匹配"命令用于将源对象的特性复制给目标对象，可复制的对象特性不包括图形的(　　)。

　　A. 颜色　　　　　　　B. 线宽　　　　　　　C. 线型　　　　　　　D. 大小

7. 要创建堆叠字"½"，要输入(　　)做分隔符。

　　A. \　　　　　　　　B. #　　　　　　　　C. ^或\　　　　　　　D. ^

8. 进行(　　)标注时，总是从同一条基线绘制尺寸标注。

　　A. 对齐　　　　　　　B. 角度　　　　　　　C. 基线　　　　　　　D. 连续

9. 在插入带属性的块时，若不需要填写某一属性值，可直接按(　　)键。

　　A.【Shift】　　　　　B.【Ctrl】　　　　　　C.【Enter】　　　　　D.【Esc】

10. 下列不属于绘制连接弧的方法的是(　　)。

　　A. 使用"圆弧"命令绘制　　　　　　　　B. 通过修剪圆绘制

　　C. 使用"圆角"命令绘制　　　　　　　　D. 使用"倒角"命令绘制

三、操作题

1. 利用圆、矩形、直线等工具绘制图 9-196 所示的图形(不要标注尺寸)。

2. 绘制如图 9-197 所示的闷盖剖视图(不要标注尺寸)。

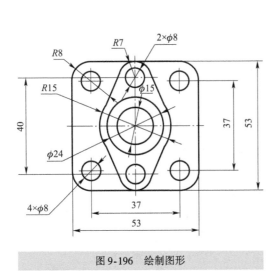

图 9-196　绘制图形

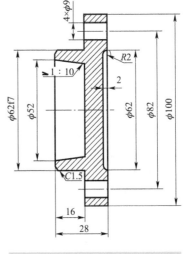

图 9-197　绘制图形

3. 利用前面所学知识, 标注如图 9-198 所示图形尺寸。

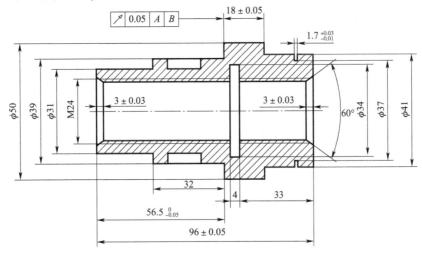

图 9-198　标注图形

参考文献

[1] 陈彩萍. 机械制图[M]. 北京:高等教育出版社,2018.

[2] 杨小刚. 汽车机械制图[M]. 北京:机械工业出版社,2019.

[3] 袁世先. 机械制图[M]. 北京:北京理工大学出版社,2016.

[4] 洪友伦. 机械制图[M]. 北京:清华大学出版社,2017.

[5] 刘永强. 机械图样的识读与绘制[M]. 北京:机械工业出版社,2018.

[6] 杨豪虎. AutoCAD 2016 机械制图案例教程[M]. 上海:上海交通大学出版社,2016.

[7] 张学明. 机械制图与 AutoCAD[M]. 成都:西南交通大学出版社,2016.